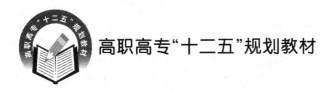

高职高专"十二五"规划教材

CAD/CAM

——基于 UG NX9.0 项目实训指导教程

主　编　刘晓明

U0245438

北京航空航天大学出版社

内容简介

本书全面系统地介绍了 UG NX9.0 的建模方法、模具设计和数控编程技术与技巧,依据企业生产实际流程,基于目前企业对 UG 应用人才的需求,根据各院校 UG 教学的需求组织编写。主要包含 2D 草图、3D 实体建模、3D 曲面建模、装配设计、注塑模设计以及数控车、铣加工等内容。

全书各章均从基础入手,精选实例,图文并茂,实用性强,针对性强,详细介绍了各类零件的建模、模具设计和零件数控加工编程等过程及操作步骤和方法。

本书可作为高职高专院校和培训学校的 CAD/CAM 课程教材,也可作为工程技术人员的自学参考书。

本书配有教学课件和视频资料供读者参考,若有需要请发邮件至 goodtextbook@126.com 或致电(010)82317037 申请索取。

图书在版编目(CIP)数据

CAD/CAM：基于 UG NX9.0 项目实训指导教程 / 刘晓明主编. -- 北京：北京航空航天大学出版社,2015.2

ISBN 978 - 7 - 5124 - 1613 - 0

Ⅰ. ①C… Ⅱ. ①刘… Ⅲ. ①计算机辅助设计—应用软件—教材 Ⅳ. ①TP391.72

中国版本图书馆 CIP 数据核字(2014)第 244294 号

CAD/CAM——基于 UG NX9.0 项目实训指导教程

主　编　刘晓明

责任编辑　宋淑娟

*

北京航空航天大学出版社出版发行

北京市海淀区学院路 37 号(邮编 100191)　http://www.buaapress.com.cn
发行部电话:(010)82317024　传真:(010)82328026
读者信箱:goodtextbook@126.com　邮购电话:(010)82316936
北京兴华昌盛印刷有限公司印装　各地书店经销

*

开本:787×1 092　1/16　印张:24.25　字数:652 千字
2015 年 2 月第 1 版　2015 年 2 月第 1 次印刷　印数:3 000 册
ISBN 978 - 7 - 5124 - 1613 - 0　定价:49.00 元

学武编写；第5～9章及附表由黑龙江农业工程职业学院王锋、刘晓明、闫玉蕾，长春职业技术学院赵洪波和黑龙江煤炭职业技术学院郑力维编写。全书由刘晓明任主编，孔凡坤、王锋、孙丽杰、赵洪波、贾学武任副主编。广东轻工职业技术学院宋丽华教授审阅了全书并提出了许多宝贵意见和建议，在此深表感谢！

由于编者水平有限，教材中一些疏漏和不妥之处，恳请使用本书的各教学单位和读者指正，以便今后改进。

所有意见和建议请发至：153244071@qq.com。

编　者

2014 年 8 月

前　言

　　UG 是 UGS 公司推出的一款功能强大的三维 CAD/CAM/CAE 软件系统,其内容涵盖了产品从概念设计、工业造型设计、三维模型设计、分析计算、动态模拟与仿真、工程图输出,到生产加工成成品的全过程,应用范围涉及航空航天、汽车、造船、通用机械、数控(NC)加工、医疗器械和电子等诸多领域。UG NX9.0 是目前功能最强、最新的 UG 版本,它采用复合建模技术,融合了实体建模、曲面建模和参数化建模等多方面技术,摒弃了传统建模严重依赖草图,以及生成和编辑方法单一的缺陷。用户可根据自身需要和习惯选择适合的建模方法。它所提供的一个基于过程的产品设计环境,使产品开发从设计到加工真正实现了数据的无缝集成,从而优化了企业的产品设计与制造。

　　全书共分 9 章。第 1 章为 2D 草图和 3D 实体建模,分别精选轴类、盘盖类、箱体类和叉架类零件建模实例各 1 个。第 2 章为 3D 曲面建模,精选工业产品设计实例 2 个,分别为 U 盘设计实例 1 个,以及在网络上较为经典的大脚板摄像头外观设计实例 1 个。第 3 章为装配设计,选用万向节装配实例。第 4 章为模具设计,精选实例 1 个,系统地演示模具设计的整个过程。第 5 章为 CAM 编程基础知识与操作流程。第 6～9 章分别为轴类、叉架类、箱体类和典型模具零件的数控加工编程,各精选 1 个典型实例,均按照零件工艺分析、加工参数确定、CAM 数控加工策略选择和 CAM 编程操作的过程编写。

　　本书是基于当前企业对 UG 应用人才的需求和各院校的 UG 教学需求而组织编写的。以目前 UG 软件最新版本 UG NX9.0 中文版为操作平台,全面系统地介绍了 UG NX9.0 的造型方法、模具设计和数控编程技术与技巧。特色如下:

　　① 内容全面。包含 CAD 建模、模具设计、CAM 数控加工编程三大部分内容。

　　② 实例丰富。以实用性强、针对性强的实例为引导,精选机械零件中典型的轴、盘盖、叉架和箱体,以及工业产品零件 U 盘、大脚板摄像头和万向节装配体等作为建模实例。

　　③ 讲解详细。从 2D 草图、3D 建模、装配设计、注塑模设计到数控铣加工,循序渐进地介绍了 UG NX9.0 的常用模块和实用操作方法。

　　④ 调理清晰。各章内容均按照基础知识与实际操作流程的顺序编写。CAM 加工编程涵盖了轴类、叉架类、箱体类和典型模具零件的数控加工编程,均按照零件工艺分析、加工参数确定、CAM 数控加工策略选择和 CAM 编程操作的过程编写。

　　本书第 1～3 章由黑龙江农业工程职业学院孔凡坤、孙丽杰、张栋、韩超编写;第 4 章由黑龙江农业工程职业学院刘晓明、高军伟和黑龙江农业经济职业学院贾

目　录

第1章 机械零件建模

本章重点内容：
* 机械零件的分类
* 机械零件的建模基础
* UG NX9.0 常用工具介绍
* UG NX9.0 草图的建立和编辑
* UG NX9.0 草图的绘制过程和几何约束的建立
* UG NX9.0 扫描法构成实体(拉伸操作和旋转操作)
* UG NX9.0 点构造器和矢量构造器的使用方法
* UG NX9.0 文件的建立与修改操作
* UG NX9.0 坐标系的建立操作过程及其重要性
* UG NX9.0 的基础操作

1.1 机械零件建模基础介绍

1.1.1 机械零件分类

机械零件又称机械元件,是组成机械和机器的不可拆分的单元,是机械的基本单元。一般将机械零(部)件分为以下几类：

① 联接的零(部)件。如螺纹联接、楔联接、销联接、键联接、花键联接、过盈配合联接、弹性环联接、铆接、焊接和胶接等。

② 传动零(部)件。传递运动和能量的带传动、摩擦轮传动、键传动、谐波传动、齿轮传动、绳传动和螺旋传动等机械传动,以及传动轴、联轴器、离合器和制动器等相应的轴系零(部)件。

③ 起支承作用的零(部)件。如轴承、箱体和机座等。

④ 起润滑作用的润滑系统和密封等。

⑤ 弹簧等其他零(部)件。

1.1.2 机械零件建模基础

零件建模是产品设计的基础,体现了组成零件的基本单元的特征。一般来说,基本的三维模型是具有长、宽、高的三维几何体,是由三维空间的几个面拼合而成的实体模型。这些面形成的基础是线,构成线的基础是点。要注意三维几何图形中的点是三维概念的点。也就是说,点需要由三维坐标系中的 X、Y、Z 三个坐标来定义。

使用 CAD 软件创建基本三维模型的一般过程是：

① 选取或定义一个用于定位的三维坐标系或三个相互垂直的空间平面。

② 选定一个面,作为二维平面几何图形的绘制平面。

③ 在草绘面上创建形成三维模型所需的截面和轨迹线等二维平面几何图形。

④ 用 UG NX9.0 软件创建零件模型形成三维立体模型,其方法十分灵活。

1.1.3 建模软件介绍

UG(Unigraphics NX)是 Siemens PLM Software 公司开发的一个产品工程解决方案,它为用户的产品设计及加工过程提供了数字化造型和验证手段。Unigraphics NX 针对用户虚拟产品设计和工艺设计的需求,提供了经过实践验证的解决方案。

UG 是 Unigraphics 的缩写,是一个交互式 CAD/CAM(计算机辅助设计与计算机辅助制造)系统,其功能强大,可轻松实现各种复杂实体及造型的建构。它在诞生之初主要基于工作站,但随着 PC 硬件的发展和个人用户的迅速增长,在 PC 上的应用取得了迅猛增长,已经成为模具行业三维设计的一个主流应用。NX 包含了企业中应用最广泛的集成应用套件,用于产品设计、工程和制造全范围的开发过程。2013 年 10 月 Siemens PLM Software 发布了最新的 UG NX9.0 版本。

1.1.4 UG NX9.0 工作环境

双击 UG NX9.0 图标启动 UG NX9.0 系统,进入主界面,如图 1-1 所示。UG NX9.0 工作环境的主界面为与以往的 NX 版本都不相同的新型界面,可以通过选择【首选项】|【用户界面】|【布局】|【经典工具条】来恢复原来的界面。

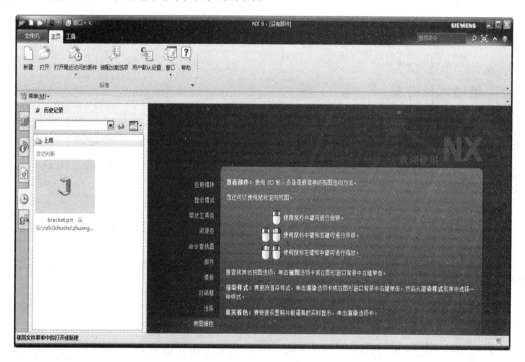

图 1-1 UG NX9.0 系统主界面

执行【文件】|【新建】命令,系统弹出【新建】对话框,如图 1-2 所示。

图 1-2 所示对话框中包含 模型 、 图纸 、 仿真 、 加工 、 检测 、 机电概念设计 和 船舶结构 七个选项卡,以及这些选项卡所对应的模板列表,用户可根据需要选择所要进入的功能模块。选择【模型】选项卡下的【模型-建模】模板,并在【名称】文本框中输入一个模型文件的名称(注意:该处只能输入由字母和数字组成的名称,不可输入中文字符)。在【文件夹】文本框中输入一个模型文件的存放路径(注意:该处路径中也不能包含中文字符)。最后,单击 确定 按钮,系统将进入 UG

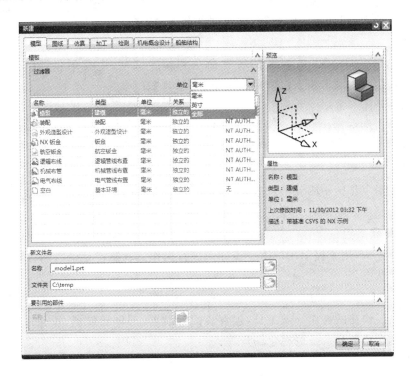

图 1 - 2　【新建】对话框

NX9.0 基础建模工作界面,如图 1 - 3 所示。该界面是其他应用模块的基础平台,通过选择
【文件】菜单下面的不同应用模块可进入其他应用模块。

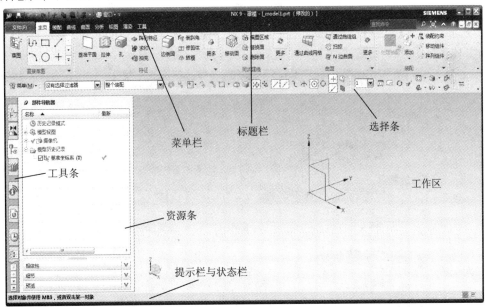

图 1 - 3　基础建模工作界面

　　基础建模工作界面主要包括标题栏、菜单栏、工具条、选择条、提示栏与状态栏、资源条和
工作区。

1. 标题栏

　　标题栏用来显示软件的名称和版本号、当前的应用模块及正在工作的部件文件的名称。

如果对部件做了修改,但尚未进行保存,则在文件名后显示【修改的】。

2. 菜单栏

菜单栏包含了 UG NX9.0 系统的所有命令和设置选项,主菜单包括【文件】、【主页】、【装配】、【曲线】、【曲面】、【分析】、【视图】、【渲染】、【工具】等。

3. 工具条

在工具条上以图标按钮的形式列出了一些常用的命令。单击某一图标按钮即可方便地执行相应的命令。

4. 选择条

选择条主要对工作区中图元的选取进行控制。对于复杂的模型,通过设定选取的类型来加快选取的速度。

5. 提示栏与状态栏

提示栏处于左侧,用于提示用户下一步如何进行操作。状态栏处于右侧,用于显示系统和当前操作对象的状态。

6. 资源条

资源条提供了快捷的操作导航工具,包含装配导航器、部件导航器、重用库、历史记录、系统材料、加工导航、角色和系统可视化场景等。

7. 工作区

工作区是绘制图形的主区域,可用于显示绘制前后的图形、分析结果及模拟仿真过程等。

1.1.5 工具栏的定制

执行【工具】|【定制】命令,或者执行任意一个工具条的【工具条选项】|【添加或移除按钮】|【定制】命令,系统弹出【定制】对话框,如图 1-4 所示。使用该对话框,用户可以根据自己的需要来定制工具条。

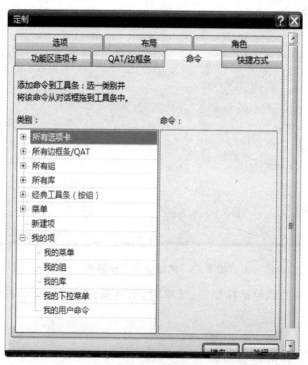

图 1-4 【定制】对话框

1.1.6 文件的操作

文件的操作主要包括新建文件、打开/关闭文件和导入/导出文件。这些操作都可通过执行【文件】菜单中的相应命令来完成。

1. 新建文件

执行【文件】|【新建】命令，或者单击工具按钮，系统弹出如图 1-5 所示的【新建】对话框。创建文件的具体步骤是：先选择所需的模板，然后在【名称】文本框中输入一个文件名，接着在【文件夹】文本框中设置一个文件存放路径，并确认【单位】选项中的单位是用户所需的单位，最后单击 确定 按钮即可创建一个新文件。UG 提供了三种类型的单位，即毫米、英寸和全部。UG 默认的文件类型的后缀为.prt。

图 1-5 新建文件

2. 打开/关闭文件

执行【文件】|【打开】命令，或者单击工具按钮，系统弹出如图 1-6 所示的【打开】对话框。在文件列表框中列出了当前工作目录下的所有文件，可直接选择当前路径下的部件，或者通过【查找范围】下拉列表框改变文件的存放路径之后来选择存放于其他路径的部件，并单击 OK 按钮打开部件文件。在对话框中，当【预览】复选框处于被选中状态时，在其上方可显示文件的内容，默认情况下，此复选框被选中；当【使用部分加载】复选框处于被选中状态时，打开一个装配体文件不会调用其中的装配子文件，默认情况下，此复选框不被选中。

执行【文件】|【关闭】子菜单下的命令可以关闭文件，如图 1-7 所示。

【关闭】子菜单下各命令的详细功能如下：

➤ 选定的部件。选择该命令后，系统弹出【关闭部件】对话框，在该对话框中可以选择性地关闭已经打开的多个部件。

➤ 所有部件。选择该命令后关闭所有已经打开的部件。

➤ 保存并关闭。选择该命令后先保存打开的部件，然后关闭该部件。

➤ 另存并关闭。选择该命令后可以将打开的文件以新的文件名和路径进行保存，然后关闭该部件。

➤ 全部保存并关闭。选择该命令后保存打开的所有部件，然后关闭所有部件。

➤ 全部保存并退出。选择该命令后保存打开的所有部件，然后直接退出 UG。

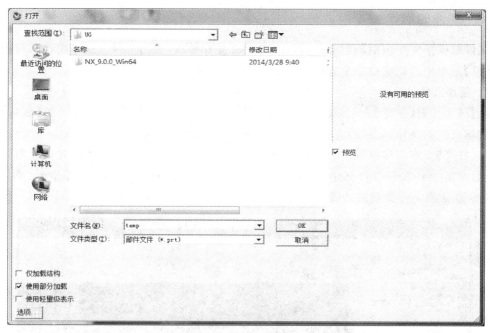

图 1-6　打开文件

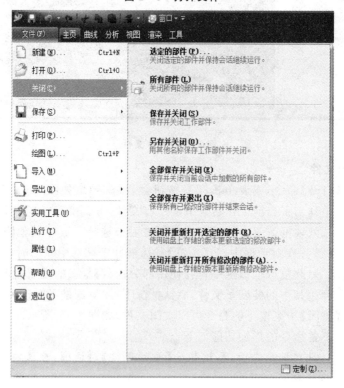

图 1-7　【关闭】子菜单

➢ 关闭并重新打开选定的部件。选择该命令后,系统弹出【重新打开部件】对话框,在该
　对话框中选择需要重新打开的部件。
➢ 关闭并重新打开所有修改的部件。选择该命令后,如果打开的部件已经被修改,则系
　统弹出【重新打开部件】对话框。在该对话框中单击【是】按钮则重新打开已经被修改

的部件,单击【否】按钮则不重新打开。

3. 导入/导出文件

执行【文件】|【导入】子菜单下的命令可以导入文件,如图 1-8 所示。【导入】子菜单中列出了可以导入到 UG NX9.0 系统中的各种文件格式。

执行【文件】|【导出】子菜单下的命令可以导出文件,如图 1-9 所示。【导出】子菜单中列出了可以从 UG NX9.0 系统导出的各种文件格式。

图 1-8　【导入】子菜单　　　　　　　　　　图 1-9　【导出】子菜单

1.1.7　图层操作

UG 软件引入【图层】的概念对建模过程中产生的大量图形对象(如草图、曲线、片体、实体、基准特征、标注尺寸及插入对象等)进行管理。在建模过程中,应在不同图层上创建不同类型的对象,以便对模型进行创建、编辑和模型显示等操作。

1. 图层的分类

执行【格式】|【图层类别】命令,系统弹出【图层类别】对话框,如图 1-10 所示。在 UG 中最多可以设置 256 个图层,UGS 公司对图层的分类如下:

➤ 1~20 层　实体(Solid Geometry)。

➤ 21~40 层　草图(Sketch Geometry)。

➤ 41~60 层　曲线(Curve Geometry)。

> 61～80 层　参考对象(Reference Geometries)。
> 81～100 层　片体(Sheet Bodies)。
> 101～120 层　工程制图对象(Drafting Objects)。

2．图层的设置

执行【格式】|【图层设置】命令，系统弹出【图层设置】对话框，如图 1-11 所示。

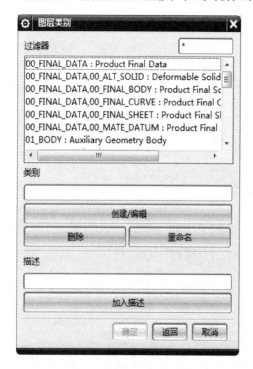

图 1-10　【图层类别】对话框　　　　图 1-11　【图层设置】对话框

3．图层的其他操作

（1）在视图中可见

【在视图中可见】用于在多视图布局显示情况下，单独控制指定视图中各图层的属性，而不受图层属性全局设置的影响。

执行【格式】|【在视图中可见】命令，或者单击【实用工具】工具条上的工具按钮，系统弹出【视图中可见图层】对话框，如图 1-12 所示。在对话框中选择"Trimetric"后单击【确定】按钮，系统弹出用于设置具体某一层可见性的【视图中可见图层】对话框，如图 1-13 所示。在【图层】列表框中选取某一图层，可对其进行可见性的设置。

（2）移动至图层

【移动至图层】用于将选定的对象从其原图层移动到指定图层中，原图层中不再包含这些对象。

执行【格式】|【移动至图层】命令，或者单击【实用工具】工具条上的工具按钮，系统弹出【类选择】对话框，选取要移动的对象后单击【确定】按钮，在随后弹出的【图层移动】对话框中，输入要移动至的图层号码，再次单击【确定】按钮即可移动至目标图层。

（3）复制至图层

【复制至图层】用于将选定的对象从其原图层复制一个副本到指定的图层中，原图层和目标图层中均包含这些对象。

执行【格式】|【复制至图层】命令，或者单击【实用工具】工具条上的工具按钮，系统弹出

【类选择】对话框,选取要复制的对象后单击【确定】按钮,在随后弹出的【图层复制】对话框中,输入要复制到的图层号码,再次单击【确定】按钮即可复制到目标图层。

图 1-12 【视图中可见图层】对话框

图 1-13 更具体的【视图中可见图层】对话框

1.1.8 常用工具

UG 系统中的许多命令都涉及一些基本工具,如点构造器、矢量构造器、类选择器等,因而在此对其集中介绍。

1. 点构造器

点构造器是用来确定三维空间位置的一个基础而通用的工具,常常是一个根据建模需要而自动出现的对话框。点构造器也可以独立用来创建点。在创建曲线过程中单击工具按钮 或者执行【插入】|【基准/点】|【点】命令后,系统弹出【点】对话框,如图 1-14 所示。

在【点】对话框中,创建点的方法有三种,具体的实现方法如下。

(1) 根据【类型】创建点

在【点】对话框的【类型】下拉列表框中选取创建点的方法,并结合【点位置】来选取创建点的位置,【点】对话框中各图标对应的类型及其功能如表 1-1 所列。

图 1-14 【点】对话框

表 1-1 【点】对话框中各图标对应的类型及其功能

图 标	点类型	创建点的方法
	自动判断的点	根据鼠标指针所指的位置来指定各种离光标最近的点
	光标位置	直接在鼠标左键单击的位置上创建点
	现有点	根据已经存在的点,在该点位置上再创建一个点
	端点	根据鼠标选取的位置,在靠近鼠标选择位置的端点处创建点。如果选取的特征是完整的圆,那么端点为零象限点
	控制点	创建包括已经存在的点、直线的中点和端点、二次曲线的端点、圆弧的中点和端点及圆心、样条曲线的端点和圆心
	交点	创建线与线的交点或线与面的交点
	圆弧中心/椭圆中心/球心	在所选的圆弧、椭圆或者球的中心创建点
	圆弧/椭圆上的角度	在所选的圆弧、椭圆上参考 X 正向,在相对于圆弧、椭圆中心成一定角度处创建点
	象限点	根据鼠标的位置,创建圆或者椭圆的象限点
	点在曲线/边上	在所选的曲线或者边上,在由 U 向参数决定的位置处创建点
	面上的点	在所选的面上,在由 U 向参数与 V 向参数共同决定的位置处创建点
	两点之间	在所选的由两点连线决定的位置处创建点
	按表达式	在由表达式决定坐标的位置处创建点

(2) 根据【坐标】创建点

在根据坐标值创建点时,有两种坐标系:相对于 WCS 的坐标系和绝对坐标系。在相对于 WCS 的坐标系下,用户输入相对于当前工作坐标系的值 XC、YC、ZC 来创建点;在绝对坐标系下,用户输入相对于绝对坐标系的值 X、Y、Z 来创建点。

(3) 根据【偏置】创建点

采用偏置的方法创建点是在已经存在的点的基础上,通过给出相对于它的偏置值来创建新的点。各偏置类型的功能如表 1-2 所列。

表 1-2 各偏置类型的功能

偏置类型	创建点的方法
矩形	在相对于已经设定的点的坐标有确定的 X、Y、Z 增量的位置处创建点
圆柱形	在相对于已经设定的点的坐标有确定的半径、角度和 Z 增量的位置处创建点
球形	在相对于已经设定的点的坐标有确定的半径、角度1和角度2的位置处创建点
沿矢量	在相对于已经设定的点,并沿一个指定的方向有确定的偏置距离的位置处创建点
沿曲线	在相对于已经设定的点,并沿一条曲线的指定弧长处创建点

2. 矢量构造器

矢量构造器用以确定特征或对象的方位(如圆柱体或圆锥体的轴线方向、拉伸特征的拉伸方向、旋转扫描特征的旋转轴线、曲线投影的投影方向和拔模斜度方向等)。矢量构造器构造的是单位矢量,矢量的各坐标分量只用于确定矢量的方向,其幅值大小和矢量原点不保留。定义后的一个矢量通常从原点显示一个矢量符号,刷新视图显示后该矢量符号消失。

矢量构造器不能单独建立一个矢量,而是在建模过程中根据需要单击工具按钮弹出【矢量】对话框,如图 1-15 所示。

图 1-15 所示对话框中各选项的功能如表 1-3 所列。

图 1-15　【矢量】对话框

表 1-3　【矢量】对话框中各选项的功能

图　标	矢量类型	构建矢量的方法
	自动判断的矢量	根据鼠标选取的对象自动推断构建矢量
	两点	根据指定的两个点构建矢量
	与 XC 成一角度	在相对于 XC 方向成一指定角度的方位构建矢量
	曲线/轴矢量	根据选择点到距离最近的端点方向,或者圆弧所在平面的法向且通过圆心的方向构建矢量
	曲线上矢量	通过设置圆弧长度来确定所选取曲线上指定位置处的切线方向来构建矢量
	面/平面法向	根据平面的法向或者圆柱面的轴向矢量方向来构建矢量
	XC 轴	平行于 XC 轴构建矢量
	YC 轴	平行于 YC 轴构建矢量
	ZC 轴	平行于 ZC 轴构建矢量
	-XC 轴	平行于 -XC 轴构建矢量
	-YC 轴	平行于 -YC 轴构建矢量
	-ZC 轴	平行于 -ZC 轴构建矢量
	视图方向	沿当前视图平面的法向构建矢量
	按系数	根据直角坐标系的 I、J、K 或者球坐标系的两个角度来构建矢量
	按表达式	由表达式决定矢量方向来构建矢量

3. 类选择器

当需要选择对象时,在工作区的左上角弹出【类选择】对话框,如图 1-16 所示。

【类选择】对话框中主要过滤器的使用方法如下。

(1) 类型过滤

单击工具按钮,弹出【按类型选择】对话框,如图 1-17 所示。在列表中选择需要的对象类型,按住〈Ctrl〉键可同时选取多个类型,完成后单击　　　按钮返回【类选择】对话框,则在随后的选择中只能选取指定类型的对象。

(2) 图层过滤

单击工具按钮,弹出【根据图层选择】对话框,如图 1-18 所示。在图层列表中选取某个图层后,单击　　　按钮返回【类选择】对话框,则在随后的选择中只能选取位于该图层的对象。

(3) 颜色过滤

单击工具按钮　　　　　　,弹出【颜色】对话框,如图 1-19 所示,在【收藏夹】及资源板中选择颜色后,单击 确定 按钮返回【类选择】对话框,则在随后的选择中只能选取指定颜色的对象。

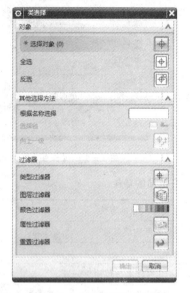

图 1-16 【类选择】对话框

图 1-17 【按类型选择】对话框

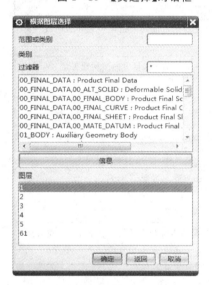

图 1-18 【根据图层选择】对话框

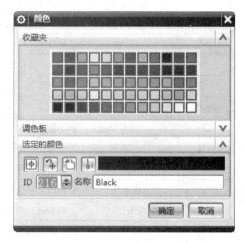

图 1-19 【颜色】对话框

1.2 草图基础知识

1.2.1 作为特征的草图

草图是组成一个轮廓的曲线集合,用于创建拉伸和旋转特征,还可作为在自由曲面建模中的扫掠对象和通过曲线创建曲面的截面对象。草图的尺寸约束和几何约束可用于建立设计意图,以及通过提供参数驱动来改变模型。

执行【插入】|【草图】命令,或者单击工具按钮 ,系统进入草图绘制环境并弹出【创建草图】对话框,如图 1-20 所示。确认【草图类型】为"在平面上",对【草图平面】选项组中的【平面

方法】和【选择平的面或平面】进行设置,并指定一个平面(比如 XC - YC 平面),单击【确定】按钮即可进入【直接草图】绘制环境,在直接草图绘制环境工具条上单击【在草图环境中打开】工具按钮 ,则刚刚指定的草图绘制平面(XC - YC 平面)展平显示。草图绘制环境如图 1 - 21 所示。

图 1 - 20　【创建草图】对话框

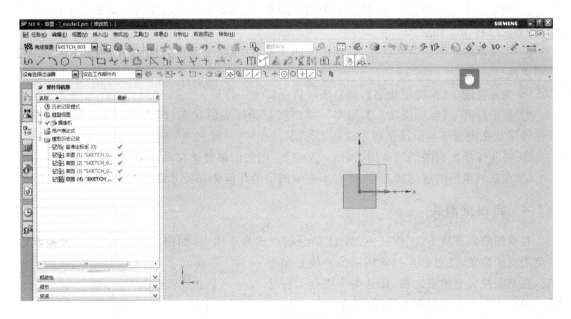

图 1 - 21　草图绘制环境

1.2.2　草图的激活

虽然建立了多个草图,但每次只能对其中的一个草图进行编辑,因而就需要选择一个要编辑的草图或在草图之间切换,即激活草图,其方法如下:

① 在建模环境中,执行【编辑】|【草图】命令,系统弹出【打开草图】对话框,如图 1 - 22 所示。在对话框中选取要编辑的草图名称,然后单击【确定】按钮即可激活该草图。

② 在建模环境中,执行【插入】|【草图】命令或单击草图工具按钮,然后在如图 1-23 所示的【草图】下拉列表中直接选取要编辑的草图即可激活该草图。

③ 在建模环境中,在部件导航器中右击要编辑的草图,然后在弹出的快捷菜单中选取【编辑】命令;或者在部件导航器中双击要编辑的草图,都可激活该草图。

④ 在建模环境中,在工作区选取草图中的对象,然后单击草图工具按钮,亦可激活该草图。

⑤ 在草绘环境中,在如图 1-23 所示的【草图】下拉列表中选取要编辑的草图,可在草图之间切换。

图 1-22 【打开草图】对话框

图 1-23 【草图】下拉列表

1.2.3 草图和层

与层相关的草图的行为原则是确保不会在激活的草图中跨过多个层而错误地构造几何体。草图与层的交互作用是:

① 如果选中了一个草图,并使其成为激活的草图,则草图所在的层将自动成为工作层(当然,除非它已经是工作层)。

② 如果取消草图的激活状态,则草图层的状态将由【草图设置】对话框中的【保持层状态】选项来决定:

ⓐ 如果关闭了【保持层状态】,则草图层将保持为工作层。

ⓑ 如果打开了【保持层状态】,则草图层将恢复到原先的状态(即激活草图之前的状态),而工作层状态则返还给激活草图之前的工作层。

③ 将曲线添加到激活的草图上时,如果必要,则它们将自动移动到草图的同一层。

④ 在取消草图的激活状态后,所有不在草图层的几何体和尺寸都会被移动到草图层。

1.2.4 自由度箭头

在草图绘制环境下,工作区中图元上的分析点成为草图点,如图 1-24 所示,只要控制这些草图点的位置,就可以控制草图曲线的位置和形状。在草图被完全约束之前,在这些草图点上将显示自由度箭头。自由度箭头指明:要想将一个点完全定位在草图上,还需要更为详细的信息。例如,如果在点的 Y 方向上显示了一个自由度箭头,则需要在 Y 方向上对点进行约束。当添加约束并对草图进行求值计算时,相应的自由度箭头将被删除。然而,不要认为自由度箭头的数目就代表了完全限制草图所需的约束数目,因为应用一个约束可以删除多个自由度箭头。

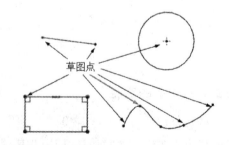

图 1-24 草图点

1.2.5　草图中的颜色

草图中的颜色有特殊定义,这有助于识别草图中的元素,表1-4和表1-5显示了系统默认颜色的含义。

注意:可以通过【首选项】|【草图】|【部件设置】命令或通过【文件】|【实用工具】|【用户默认设置】|【草图生成器】|【颜色】命令,为所有的草图颜色自定义地设置默认值。

表 1-4　草图中一般颜色的使用

颜　色	含　义
深蓝色	默认情况下,作为草图组成部分的曲线被设置为深蓝色
浅蓝色	默认情况下,不是草图组成部分的曲线被设置为浅蓝色。不会与其他尺寸约束发生矛盾的草图尺寸也被设置为浅蓝色
黄色	草图几何体及与其相关联的任一尺寸约束,如果是过约束的,则将被设置为黄色。自由度箭头,表明欠约束的顶点,同样被设置为黄色
红色	如果向草图添加了用于对其进行计算的约束,而系统发现与其他约束之间存在矛盾,则发生矛盾的尺寸将由绿色更改为红色,草图几何体将被更改为褐色。这表明,对于当前给定的约束,将无法解算草图
灰色	使用转换为参考的/激活的功能由激活的尺寸转换为参考的尺寸时,将由浅蓝色更改为灰色。使用转换为参考的/激活的功能由激活的草图几何体转换为参考的草图几何体时,将更改为灰色、双点画线。如果与尺寸约束发生矛盾,则草图几何体也可能会将其颜色更改为灰色

表 1-5　【草图】中由功能确定颜色的用法

功　能	草图曲线颜色	草图尺寸颜色
完全约束和欠约束	绿色	绿色
过约束	黄色	黄色
冲突约束	蓝色	粉红色
参考对象	灰色	白色
激活	青色	绿色

1.2.6　草图的视角

在完成草图平面的创建和修改之后,系统会自动转换到草图平面视角。若用户对该视角不满意,则可单击工具按钮（定向视图到模型),使草图视角恢复到原来基本建模的视角;还可单击(定向视图到草图)工具按钮,实现再次回到草图平面视角。

1.2.7　草图的绘制

进入草图绘制环境后,工具栏上会出现【草图工具】工具条,如图1-25所示。单击【草图工具】工具条上的工具按钮或者选择【插入】中的子菜单都可执行草图绘制命令。下面介绍常用的草图绘制命令。

1. 轮　廓

执行【插入】|【曲线】|【轮廓】命令,或者单击【草图工具】工具条上的工具按钮,即可执行【型材】命令,并弹出【型材】工具条,在光标旁边会出现随光标移动的输入框,如图1-26所

图 1-25 【草图工具】工具条

示。【型材】命令用于连续绘制直线或圆弧。按住鼠标左键不放或者单击【型材】工具条中的工具按钮 ∕ 或 ∩ ，可以切换绘制直线或圆弧。单击【型材】工具条中的工具按钮 XY，即可指定按直角坐标方式输入点；单击【型材】工具条中的工具按钮 ↵，即可指定按极坐标方式输入点。另外，点的输入还可采用光标在工作区中直接单击的方式来指定，或者通过捕捉已有曲线上的点来指定。

2. 直 线

执行【插入】|【曲线】|【直线】命令，或者单击【草图工具】工具条上的工具按钮 ∕ ，即可执行【直线】命令，并弹出【直线】工具条，在光标旁边会出现随光标移动的输入框，如图 1-27 所示。【直线】命令用于绘制直线。单击【直线】工具条中的工具按钮 XY 或 ↵ ，可以切换点的输入方式。

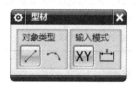

图 1-26 【型材】工具条　　　　图 1-27 【直线】工具条及随光标移动的输入框

3. 圆 弧

执行【插入】|【曲线】|【圆弧】命令，或者单击【草图工具】工具条上的工具按钮 ∩ ，即可执行【圆弧】命令，并弹出【圆弧】工具条，在光标旁边会出现随光标移动的输入框，如图 1-28 所示。【圆弧】命令用于绘制圆弧。单击【圆弧】工具条中的工具按钮 ∩ 或 ⌒ ，可以切换圆弧的绘制方式。

4. 圆

执行【插入】|【曲线】|【圆】命令，或者单击【草图工具】工具条上的工具按钮 ○ ，即可执行【圆】命令，并弹出【圆】工具条，在光标旁边会出现随光标移动的输入框，如图 1-29 所示。【圆】命令用于绘制圆。单击【圆】工具条中的工具按钮 ⊙ 或 ◎ ，可以切换圆的绘制方式。

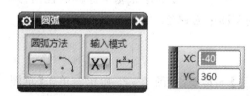

图 1-28 【圆弧】工具条及随光标移动的输入框　　图 1-29 【圆】工具条及随光标移动的输入框

5. 派生直线

执行【插入】|【派生的曲线】|【派生直线】命令，或者单击【草图工具】工具条上的工具按钮 ⊠ ，即可执行【派生直线】命令。【派生直线】命令用于根据所选取的直线生成其平行线或角平

分线。派生直线的创建过程如图1-30所示。

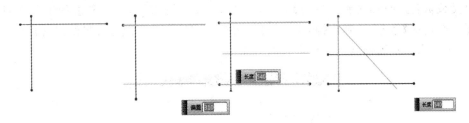

图1-30　派生直线的创建过程

6. 快速修剪

执行【编辑】|【曲线】|【快速修剪】命令,或者单击【草图工具】工具条上的工具按钮 ,即可执行【快速修剪】命令,并弹出【快速修剪】对话框,如图1-31所示。【快速修剪】命令用于修剪草图中由交点确定的最小单位的曲线,可以通过单击对象来单个地删除线段,也可通过由按住鼠标左键拖动产生的曲线来一次删除多个线段。快速修剪曲线的过程如图1-32所示。

图1-31　【快速修剪】工具条　　　　图1-32　快速修剪曲线的过程

7. 快速延伸

执行【编辑】|【曲线】|【快速延伸】命令,或者单击【草图工具】工具条上的工具按钮 ,即可执行【快速延伸】命令,并弹出【快速延伸】对话框,如图1-33所示。【快速延伸】命令用于快速延伸直线或圆弧到与另一曲线的实际交点或虚拟交点处,若要一次延伸多条曲线,则只需由按住鼠标左键拖动产生的曲线经过这些要延伸的曲线即可。快速延伸曲线的过程如图1-34所示。

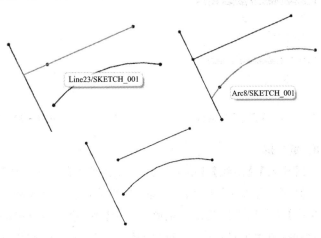

图1-33　【快速延伸】对话框　　　　图1-34　快速延伸曲线的过程

8. 制作拐角

执行【编辑】|【曲线】|【制作拐角】命令，或者单击【草图工具】工具条上的工具按钮，即可执行【制作拐角】命令，并弹出【制作拐角】对话框，如图 1 - 35 所示。【制作拐角】命令用于将两条曲线进行修剪或延伸到一个交点处来形成拐角。

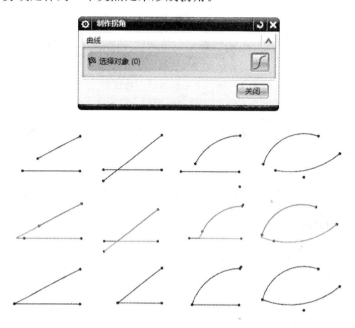

图 1 - 35　制作拐角对话框及制作拐角过程

9. 圆　角

执行【插入】|【曲线】|【圆角】命令，或者单击【草图工具】工具条上的工具按钮，即可执行【圆角】命令，并弹出【圆角】工具条，在光标旁边会出现随光标移动的输入框，如图 1 - 36 所示。【圆角】命令用于在草图中的两条或三条曲线之间创建圆角。单击【圆角】工具条中的工具按钮或，可以切换是否对构成圆角的两条源曲线进行修剪；单击工具按钮，可以在三条曲线之间创建圆角；单击工具按钮，可以切换创建外圆角或内圆角，如图 1 - 37 所示。

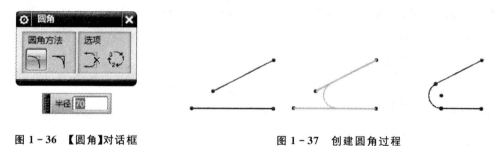

图 1 - 36　【圆角】对话框　　　　　　　　图 1 - 37　创建圆角过程

10. 矩　形

执行【插入】|【曲线】|【矩形】命令，或者单击【草图工具】工具条上的工具按钮，即可执行【矩形】命令，并弹出【矩形】工具条，在光标旁边会出现随光标移动的输入框，如图 1 - 38 所示。【矩形】命令用于快速创建矩形。单击【矩形】工具条中的工具按钮，可以按【用 2 点】方式绘制矩形；单击工具按钮，可以按【用 3 点】方式绘制矩形；单击工具按钮，可以按【从中心】方式绘制矩形。

图 1 - 38　【矩形】工具条及随光标移动的输入框

11. 艺术样条

执行【插入】|【曲线】|【艺术样条】命令,或者单击【草图工具】工具条上的工具按钮 ，即可执行【艺术样条】命令,并弹出【艺术样条】对话框,如图 1 - 39 所示。【艺术样条】命令用于创建一条样条曲线。在【艺术样条】对话框中的【类型】下拉列表框中选择" 通过点",可以按"通过点"方式绘制样条曲线;选择" 根据极点",可以按"根据极点"方式绘制样条曲线。

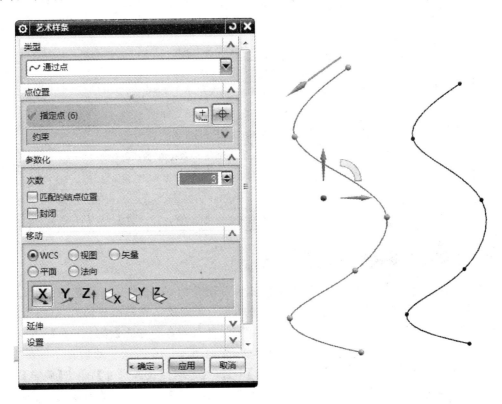

图 1 - 39　【艺术样条】对话框及曲线绘制

1.2.8　建立几何约束

建立尺寸约束用于建立草图对象的几何特性以及两个或两个以上对象之间的相互关系。执行【插入】|【几何约束】命令,或者单击【草图工具】工具条上的工具按钮 ,即可执行建立几何约束功能,在选择单个对象后会弹出用于指定要添加的约束类型的【约束】对话框,若选择了两个或两个以上的对象,则【约束】对话框中列出的可添加的约束类型还会有所变化,在单击了【约束】对话框中某种约束类型的工具按钮后,即可完成对所选对象添加该类型约束的功能。几何约束的主要类型如表 1 - 6 所列。

表 1-6　几何约束

图　标	名　称	功　能
	重合	约束两个或多个顶点或点,使之重合
	点在曲线上	将顶点或点约束在曲线上
	相切	约束两条曲线,使之相切
	平行	约束两条或多条曲线,使之平行
	垂直	约束两条曲线,使之垂直
	水平	约束一条或多条线,使之水平放置
	竖直	约束一条或多条线,使之垂直放置
	中点	约束顶点或点,使之与某条线的中点对齐
	共线	约束两条或多条曲线,使之共线
	同心	约束两条或多条曲线,使之同心
	等长	约束两条或多条曲线,使之等长
	等半径	约束两条或多条曲线,使之等半径
	固定	约束一条或多条曲线的顶点,使之固定
	完全固定	约束一条或多条曲线的顶点,使之完全固定
	角度	约束一条或多条直线,使之具有定角
	定长	约束一条或多条直线,使之具有定长
	点在线串上	约束一个顶点或点,使之位于(投影的)曲线串上
	非均匀比例	约束一个样条,以沿样条长度按照比例缩放定义点
	均匀比例	约束一个样条,以在两个方向上缩放定义点,从而保持样条形状
	曲线的斜率	在定义点处,约束样条的相切方向,使之与某条曲线平行

1.2.9　转换至/自参考对象

在【草图】对象中,有些对象用于帮助定位其他草图轮廓,但自身又不是草图轮廓,对于这种对象就可用草图绘制工具先将其绘出,然后再转为参考对象。在三维建模时,草图轮廓可被拉伸或旋转等,但参考对象不行。尺寸约束也可转为参考对象。单击【草图工具】工具条上的工具按钮,系统弹出【转换至/自参考对象】对话框,如图 1-40 所示。然后在工作区选取要转为参考对象的曲线或尺寸,并确认在【转换为】中选中【参考曲线或尺寸】,单击【确定】按钮即可将曲线或尺寸转换为参考对象;或者在工作区中选取已经是参考对象的曲线或尺寸,并确认在【转换为】中选中【活动曲线或驱动尺寸】,单击【确定】按钮即可将参考对象转换为活动的曲线或尺寸。【转换至/自参考对象】的操作过程如图 1-41 所示。

图 1-40　【转换至/自参考对象】对话框

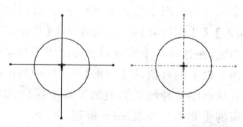
图 1-41　【转换至/自参考对象】的操作过程

1.3　草图操作

1.3.1　镜　像

执行【插入】|【派生的曲线】|【镜像曲线】命令,系统弹出【镜像曲线】对话框,如图 1-42 所示。确认【中心线】处于激活状态,在工作区中选取一条直线作为镜像中心线,然后使【要镜像的曲线】处于激活状态,再选取要镜像的曲线,最后单击【镜像曲线】对话框中的【确定】按钮,即可完成镜像曲线的操作。【镜像曲线】的操作过程如图 1-43 所示。

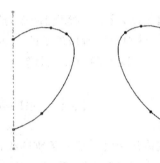

图 1-42　【镜像曲线】对话框　　　　　　　图 1-43　【镜像曲线】的操作过程

在【镜像曲线】对话框中,【设置】|【转换用于引用的中心线】选项用于将所选的、作为镜像中心线的活动性质的直线转换为参考性质的直线。

1.3.2　重新附着草图

重新附着草图是将在一个表面上建立的草图移动到另一个不同方位的基准平面、实体表面或曲面表面上,以改变草图的附着面。操作步骤是:先激活要重新附着的草图,然后执行【工具】|【重新附着】命令,或者单击【草图生成器】工具条上的工具按钮,系统弹出【重新附着草图】对话框,如图 1-44 所示。执行【定向视图到模型】命令,接着在工作区中选取一个要将草图附着到的平面,选好后单击【重新附着草图】对话框中的【确定】按钮,即可将草图附着到新的表面上。【重新附着草图】的操作过程如图 1-45 所示。

图 1-44　【重新附着草图】对话框

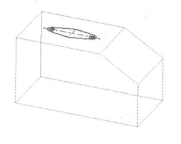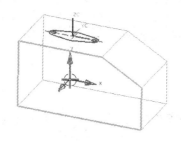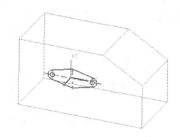

图 1-45 【重新附着草图】的操作过程

1.3.3 草图更新

执行【工具】|【更新】|【更新模型】命令，或者单击【草图生成器】工具条上的工具按钮，即可更新模型，以反映对草图所做的更改。如果没有必要更新，则此选项不可用。如果存在要进行的更新，而又已经退出了【草图工具】对话框，则系统会自动更新模型。

1.4 扫描法构成实体

扫描法构成实体是指沿着某一条轨迹线移动一个形体，移动的结果就形成一个实体或一个壳体。使用扫描法需要三个要素：被移动的形体（截面线）、移动该形体的轨迹（引导线）以及移动的距离。被移动的形体可以是一条曲线，也可以是一个曲面；而轨迹线则是移动形体的路径，主要的两种轨迹是平移和旋转。

平移扫描法是沿着空间中的某一条轨迹移动某个形体。如图 1-46(a)所示，是将一个二维图形沿着一个指定的矢量方向移动指定的距离。旋转扫描法是把一个二维图形绕某一条轴线旋转一定角度产生一个旋转体，如图 1-46(b)所示。

(a)平 移

(b)旋 转

图 1-46 扫描法

在 UG 中采用扫描法构建实体特征的有拉伸、旋转、沿引导线扫掠和管道 4 种。

1.4.1 拉 伸

拉伸工具是将截面线沿着某一方向作线性延伸，生成一个实体。

使用曲线段拉伸可以创建不同类型的实体。其操作步骤是：

① 新建文件。

② 单击【特征】工具条中的【拉伸】工具按钮，打开如图 1-47 所示的【拉伸】对话框。

③ 选择视图中的一条直线。当仅拉伸一条直线时，形成的就是一个平面，如图 1-48 所示。

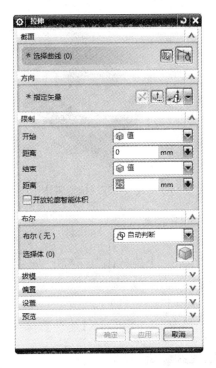

图 1-47　【拉伸】对话框

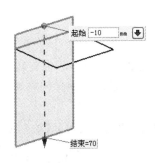

图 1-48　一条直线形成的平面

④ 当选择的曲线形成一个封闭的空间时,拉伸形成的是一个实体。当选择视图中的 4 条直线时,形成的是一个长方体,结果如图 1-49 所示。可以通过拖动上、下底面的控制点来改变上、下底面的位置。

⑤ 选中【拉伸】对话框中的【拔模角】复选框,可以进行拔模角的编辑。通过拖动代表角度的箭头来动态地调整实体的拔模角,或者直接在输入框内输入角度值,这里输入"－10",如图 1-50 所示。

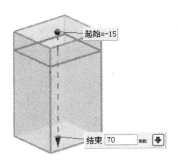

图 1-49　长方体

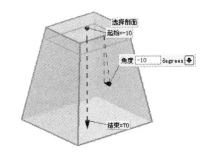

图 1-50　拔模角的编辑

⑥ 选中【拉伸】对话框中的【偏置】复选框,可以进行偏置实体的编辑。同样,通过拖动表征偏置值的两个控制顶点来动态地调整偏置效果,如图 1-51 所示。这里分别指定偏置值为10 和 40。

注意:当选择偏置选项后,拔模角对两个偏置都有效,且对称分布。

⑦ 设置好各个参数后,单击鼠标中键确认,结果如图 1-52 所示。

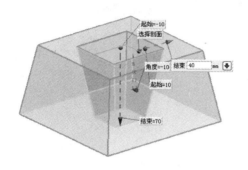

图 1-51　偏置实体的编辑

图 1-52　拉伸实体

1.4.2　旋　转

旋转工具是将曲线绕中心轴旋转一个角度，从而生成一个旋转体。

将曲线段绕 Y 轴旋转创建回转实体的操作步骤是：

① 新建文件。

② 单击【特征】工具条中的【旋转】工具按钮，打开如图 1-53 所示的【旋转】对话框。

图 1-53　【旋转】对话框

③ 在视图区域依次选择 4 条直线，单击鼠标中键确认。

④ 在【旋转】对话框中,单击【轴】选项区域中【指定矢量】的第3个图标的下三角箭头,从打开的列表中选择旋转轴,这里选择"YC"方向。

⑤ 选择旋转轴经过的点。单击【捕捉点】工具条中的【点构造器】工具按钮,在点构造器中设置点的位置,这里设定原点(0,0,0)。

⑥ 在【限制】选项区域中选择【开始】和【结束】为"值",并分别在【角度】文本框中输入角度值。也可以直接拖动视图区域中表征起始和结束角度的控制点来动态调整旋转的角度。如图1-54所示,起始角度为45°,结束角度为180°。

⑦ 选中【旋转】对话框中的【偏置】复选框可以增加偏置的设置。偏置是选择剖面偏置以后所形成的偏置曲线,旋转的实体相应地做出调整,如图1-55所示。同样,可以通过拖动控制点来方便地调整偏置效果,这里设定两个偏置量分别为"-5"和"-15"。

⑧ 设置好各个参数后,单击鼠标中键确认,结果如图1-56所示。

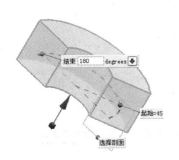 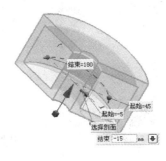 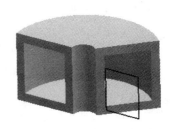

图1-54 角度限制　　　　图1-55 偏置设置　　　　图1-56 旋转体

1.4.3 沿引导线扫掠

沿引导线扫掠工具是将截面线沿着一条引导线扫描,所得到的实体即为扫掠体。任何类型的曲线(包括实体或曲面的边缘线)都可以作为引导线,若引导线由多条曲线组成,则多条曲线之间必须光顺连续。扫掠的方向就是线的切线方向,扫掠的距离就是线的长度。【沿引导线扫掠】对话框如图1-57所示。

图1-57 【沿引导线扫掠】对话框

创建沿引导线的扫掠体的操作步骤是：

① 新建文件。

② 执行【插入】|【扫掠】|【沿引导线扫掠】命令，打开如图 1-57 所示的【沿引导线扫掠】对话框。

③ 选择截面线，单击鼠标中键确认。

④ 选择引导线，单击鼠标中键确认。

⑤ 输入偏置量；如果不需要偏置，则可以都设为 0。

⑥ 单击鼠标中键确认，结果如图 1-58 所示。

注意：

➢ 当引导线是封闭的且具有尖角时，截面线不要放置在尖角处。

➢ 当引导线上两条直线所夹的角度太小或圆弧的半径太小时，在扫掠过程中将发生自交现象，扫掠操作也无法完成，如图 1-59 所示。

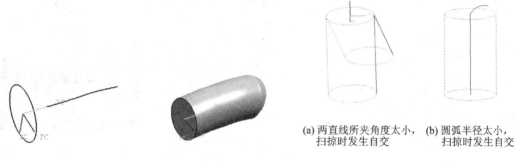

图 1-58　扫掠体

(a) 两直线所夹角度太小，　　(b) 圆弧半径太小，
扫掠时发生自交　　　　　　扫掠时发生自交

图 1-59　自交现象

1.4.4　管　道

管道工具是将圆形截面线沿着一条引导线扫掠，所得到的实体即为管道。从本质上讲，管道就是一种扫掠体，只是扫掠的截面线是一个或两个同心圆。

创建管道体的操作步骤是：

① 创建文件。

② 执行【插入】|【扫掠】|【管道】命令，打开如图 1-60 所示的【管道】对话框。

③ 在【管道】对话框中设置管道的外直径和内直径。注意，这里的直径同样不能超过引导线弯角的最小直径，这里设置为 5 mm 和 2 mm。单击鼠标中键确认。

④ 选择引导线，单击鼠标中键确认，结果如图 1-61 所示。

图 1-60　【管道】对话框

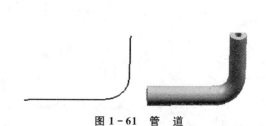

图 1-61　管　道

1.5　特征造型

特征造型是零件设计模块的重要组成部分,采用特征造型可以使整个设计过程直观、简洁和准确。

特征是一个很广泛的概念。在 CAD 系统中,通常的特征包括孔、圆台、腔体、凸垫、凸起和曲面加厚等。长方体、圆柱、圆锥、球、拉伸体、旋转体、管道等也可以看做是一个特征。

下面介绍孔特征造型。

孔工具在已存在的实体模型上创建一个圆孔特征,它提供三种圆孔类型:简单圆孔、沉头孔和埋头孔。【孔】对话框如图 1-62 所示。

可以使用不同的方法创建孔结构,下面介绍主要孔结构的创建方法。

1. 简单圆孔

生成一个单一直径的圆孔的操作步骤是:

① 创建文件。

② 单击【特征】工具条中的【孔】工具按钮,打开如图 1-62 所示的【孔】对话框。

③ 选择【形状和尺寸】|【成形】下拉列表框中的【简单】。

④ 单击视图中圆柱的上表面,系统根据默认的参数(直径、深度和顶锥角)显示出示意图,设置参数如图 1-63 所示。

⑤ 可以在【孔】对话框的相应文本框中输入数值来改变圆孔的参数。

⑥ 如果要指定圆孔贯穿圆柱体,则只须将【深度限制】改为【贯通体】即可,如图 1-64 所示。此时的【深度】和【顶锥角】文本框消失,示意图也发生相应变化。

图 1-62　【孔】对话框

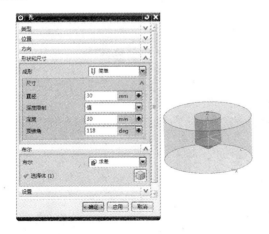

图 1-63　简单圆孔

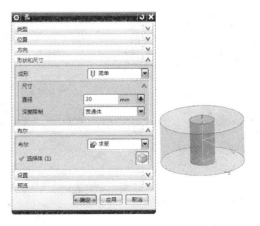

图 1-64　圆孔贯穿圆柱体

2. 沉头孔

创建沉头孔的操作步骤是：

① 新建文件。

② 单击【特征】工具条中的【孔】工具按钮,打开【孔】对话框,如图 1-65 所示。

③ 选择【形状和尺寸】|【成形】下拉列表框中的"沉头"。

④ 单击视图中圆柱的上表面,系统根据默认的参数(沉头直径、沉头深度、直径、深度和顶锥角)显示出示意图,设置参数如图 1-65 所示。

⑤ 单击鼠标中键确认。

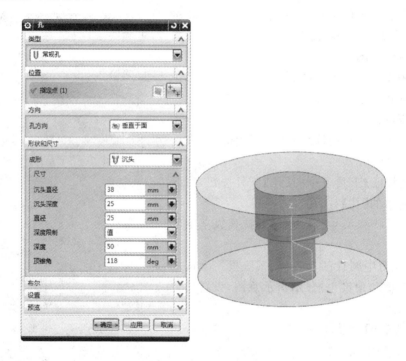

图 1-65　沉头孔对话框及参数设置

1.6　轴类零件建模

1.6.1　实例概述

如图 1-66 所示,本实例是一个主体特征为阶梯轴,附加特征包括键槽、退刀槽及斜角的

图 1-66　轴类零件实体

轴类零件,整体零件特征简单明显,没有过多的复杂曲面,是典型的阶梯轴类零件的代表。

这种轴类零件在绘制过程中有很多种方法,但是普遍应用的建模过程为选择草图-旋转功能形成主体特征,然后进一步进行附加特征的制作。这种做法的优点是:可以按照轴类零件的图纸和与实际 NX 草图相对应的尺寸进行绘制,只有少部分的图纸尺寸需要进一步转化成 NX 草图尺寸,绘图中的计算量相对较少。

1.6.2　建模过程

绘制如图 1-66 所示轴类零件实体的操作步骤是:

① 单击【旋转】工具按钮 ，选择 YZ 平面进入草绘环境,绘制如图 1-67 所示草图。单击【完成草图】工具按钮 ，指定矢量为 Z 轴,选择草图为旋转截面,旋转 360°创建如图 1-68 所示实体特征,单击【确定】按钮。

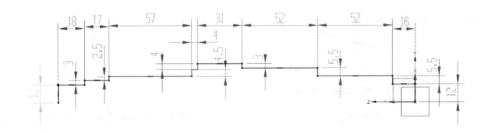

图 1-67　轴类零件轮廓线

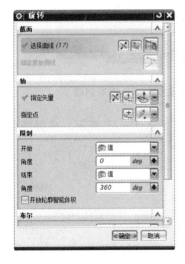

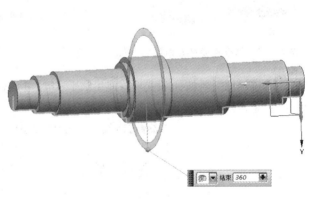

图 1-68　旋转生成实体

② 单击【槽】工具按钮 ，弹出【槽】对话框,如图 1-69 所示。单击【矩形】按钮,弹出【矩形槽】对话框,如图 1-70 所示。选择与矩形槽相关的圆柱面并输入矩形槽参数,单击【确定】按钮,弹出【定位槽】对话框,如图 1-71 所示。单击标识实体面,通过矩形槽的一条边及轴上的一条边调整矩形槽的位置,单击【确定】按钮弹出【创建表达式】对话框,将表达式【p81】的值改为 3,如图 1-72 所示。完成图中矩形槽的创建,如图 1-73 所示。

图 1-69 【槽】对话框

图 1-70 【矩形槽】对话框

图 1-71 【定位槽】对话框

图 1-72 【创建表达式】对话框

③ 按照同样的方法,完成如图 1-74 所示所有矩形槽的创建,尺寸自左向右分别为 3 mm×1.5 mm、3 mm×0.5 mm、3 mm×0.5 mm、3 mm×0.5 mm、3 mm×0.5 mm、3 mm×1.5 mm。

图 1-73 完成矩形槽的创建

图 1-74 完成多个矩形槽的创建

④ 单击【倒斜角】工具按钮 倒斜角,弹出【倒斜角】对话框,如图 1-75 所示。选择图中所有要倒角的边,单击【确定】按钮。

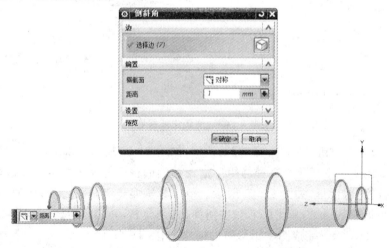

图 1-75 完成多个倒斜角的创建

⑤ 单击【螺纹】工具按钮 🔧 螺纹 ，弹出【编辑螺纹】对话框，如图 1－76 所示。选择需要制作螺纹的圆柱面，创建符号螺纹，单击【确定】按钮。

⑥ 单击【拉伸】工具按钮 🔩 ，弹出【拉伸】对话框，如图 1－77 所示。单击 XY 平面自动进入草绘环境，绘制如图 1－78 所示草图，单击【完成草图】工具按钮 🏁 完成草图 ，输入拉伸数值或选择直到延伸部分，布尔运算选择"求差"，单击【确定】按钮。

⑦ 单击【拉伸】工具按钮 🔩 ，再单击 XZ 平面自动进入草绘环境，绘制如图 1－79 所示草图。单击【完成草图】工具按钮 🏁 完成草图 ，输入拉伸数值，布尔运算选择"求差"，如图 1－80 所示。单击【确定】按钮完成矩形键槽的建立。

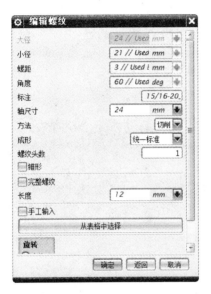
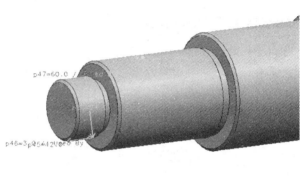

图 1－76　【编辑螺纹】对话框和创建螺纹特征

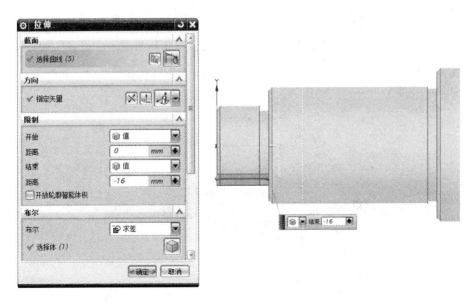

图 1－77　【拉伸】对话框以及拉伸方向

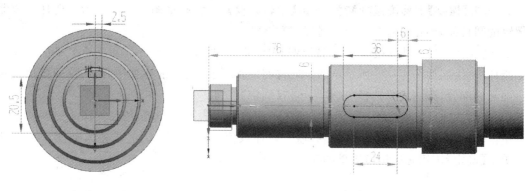

图 1-78　拉伸所需草图(1)　　　　　　图 1-79　拉伸所需草图(2)

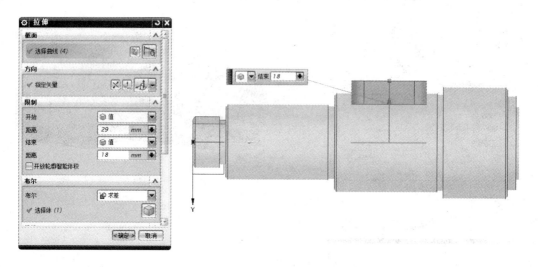

图 1-80　拉伸参数设置以及拉伸方向确定

⑧ 单击【拉伸】工具按钮，再单击 XZ 平面自动进入草绘环境，绘制如图 1-81 所示草图。单击【完成草图】工具按钮，输入拉伸数值，布尔运算选择"求差"，如图 1-82 所示。单击【确定】按钮完成矩形键槽的建立，从而完成轴类零件的建模。

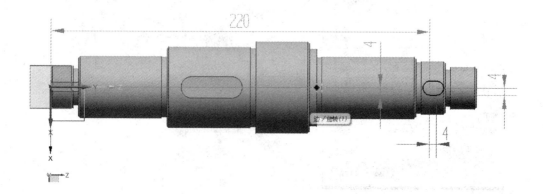

图 1-81　拉伸所需草图(3)

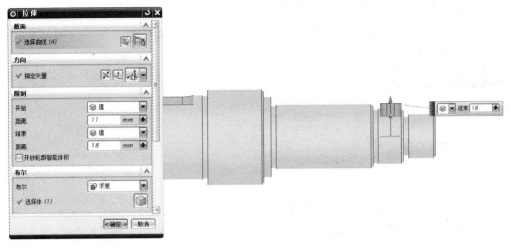

图 1-82　【拉伸】对话框以及矩形键槽的建立

1.7　盘盖类零件建模

1.7.1　实例概述

本实例是一个主体特征为圆盘和短轴的组合,附加特征为孔系、圆盘缺口和圆角的法兰盘类零件。

本零件在绘制过程中主要使读者进一步对拉伸、旋转、镜像、边倒圆、阵列和孔等特征有更深入的了解,其中法兰盘 φ304 尺寸位置圆盘部分的四处缺口和 φ150 尺寸位置轴肩部分的三个孔阵是本实例的重点部分,根据布尔运算的特点进行相应的去除实体建模,从而完成本实例。

1.7.2　建模过程

绘制如图 1-83 所示法兰盘实体的操作步骤是:

① 单击【旋转】工具按钮，弹出【旋转】对话框,再单击 YZ 平面进入草绘环境,绘制如图 1-84 所示草图。单击【完成草图】工具按钮，指定矢量为 Z 轴,选择草图为旋转截面,旋转 360°创建如图 1-85 所示实体特征,单击【确定】按钮。

图 1-83　法兰盘实体零件

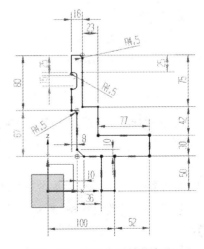

图 1-84　法兰盘零件轮廓线

② 单击【拉伸】工具按钮▣，再单击需要打孔的平面，自动进入草绘环境，绘制如图 1-86 所示草图。单击【完成草图】工具按钮 ✕ 完成草图，输入拉伸数值，布尔运算选择"求差"，如图 1-87 所示。单击【确定】按钮。

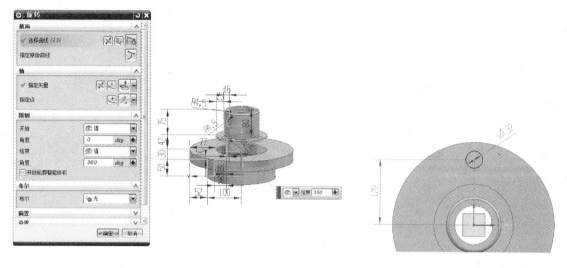

图 1-85　【旋转】对话框及参数设置　　　　　　图 1-86　绘制拉伸孔草图

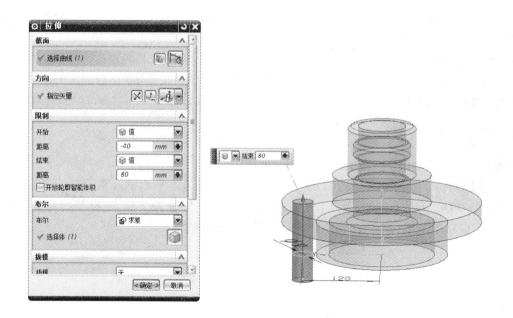

图 1-87　【拉伸】对话框及参数设置(盘盖类零件 1)

③ 单击【阵列特征】工具按钮 ✦ 阵列特征，选择步骤②建立的拉伸特征为阵列特征，选择【布局】为"圆形"，指定矢量为 Z 轴，输入【数量】为 5，【节距角】为 72，如图 1-88 所示。单击【确定】按钮。

④ 单击【拉伸】工具按钮▣，再单击适合的平面，自动进入草绘环境，绘制如图 1-89 所示草图。单击【完成草图】工具按钮 ✕ 完成草图，输入拉伸数值，如图 1-90 所示。布尔运算选择"求差"，单击【确定】按钮。

⑤ 单击【阵列特征】工具按钮 ✦ 阵列特征，选择步骤④建立的拉伸特征为阵列特征，选择【布

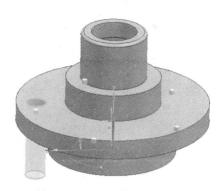

图 1-88　【阵列特征】对话框及参数设置(盘盖类零件 1)

局】为"圆形",指定矢量为 Z 轴,输入【数量】为
4,【节距角】为 72,如图 1-91 所示。单击【确
定】按钮。

⑥ 单击【拉伸】工具按钮 ,再单击 XY
平面,自动进入草绘环境,绘制如图 1-92 所
示草图。单击【完成草图】工具按钮 ,输
入拉伸数值,布尔运算选择"求差",如图 1-93
所示。单击【确定】按钮完成法兰盘实体零件
的创建。

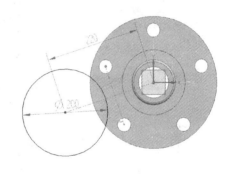

图 1-89　绘制拉伸草图(盘盖类零件 1)

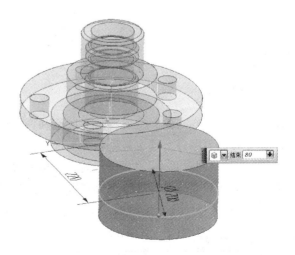

图 1-90　【拉伸】对话框及参数设置(盘盖类零件 2)

图 1-91 【阵列特征】对话框及参数设置(盘盖类零件 2)

图 1-92 绘制拉伸草图(盘盖类零件 2)

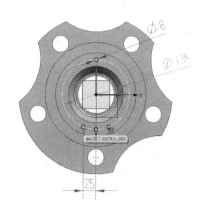

图 1-93 【拉伸】对话框及参数设置(盘盖类零件 3)

1.8 箱体类零件建模

1.8.1 实例分析

如图 1-94 所示,本实例的主要特征为底座和两面开口的腔体,附加特征包括沉头孔、倒斜角和螺纹,是齿轮泵零件。这也是一种典型的箱体类零件。

在箱体类零件绘制过程中,需要读者能够准确地将零件拆分为两个实体,建立相应的草图曲线,根据草图曲线建立底座和腔体部分;然后根据定位销孔和螺纹孔所排布的位置进行打孔操作。其中空间建立草图是本实例的一个亮点,需要在建立过程中注意。

1.8.2 建模过程

下面以阀体实体零件为例说明建模的过程。绘制如图 1-94 所示的阀体实体零件的操作步骤是:

　　① 单击【拉伸】工具按钮 ，单击 YZ 平面自动进入草绘环境，绘制如图1-95所示草图。单击【完成草图】工具按钮 完成草图，【结束】选择"对称值"，输入拉伸距离10.5 mm，如图1-96所示，单击【确定】按钮。

图1-94　阀体实体零件

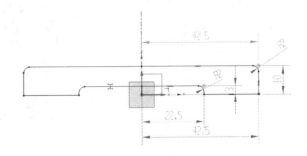

图1-95　绘制拉伸草图(阀体实体零件1)

图1-96　【拉伸】对话框及参数设置(阀体实体零件1)

　　② 单击【拉伸】工具按钮 ，单击 YZ 平面自动进入草绘环境，绘制如图1-97所示草图。单击【完成草图】工具按钮 完成草图，【结束】选择"对称值"，输入拉伸距离12.5 mm，如图1-98所示，单击【确定】按钮。

　　③ 单击【边倒圆】工具按钮 ，选择如图1-99所示的边，输入【半径1】为5 mm，单击【确定】按钮。

　　④ 单击【边倒圆】工具按钮 ，选择如图1-100所示的边，输入【半径1】为2 mm，单击【确定】按钮。

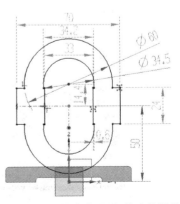

图1-97　绘制拉伸草图(阀体实体零件2)

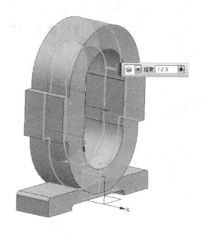

图 1-98 【拉伸】对话框及参数设置(阀体实体零件 2)

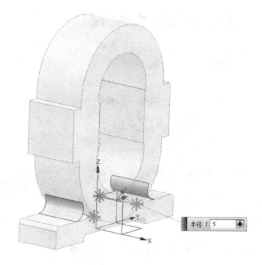

图 1-99 【边倒圆】对话框及参数设置(阀体实体零件 1)

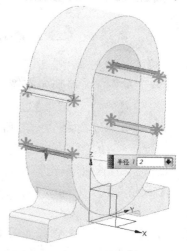

图 1-100 【边倒圆】对话框及参数设置(阀体实体零件 2)

⑤ 单击【孔】工具按钮 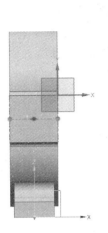，选择打孔表面进入草绘界面，绘制如图 1-101 所示的一个点元素。单击【完成草图】工具按钮 ，【类型】选择"螺纹孔"，【形状和尺寸】选择标准螺纹，参数如图 1-102 所示。布尔运算选择"求差"，单击【确定】按钮。

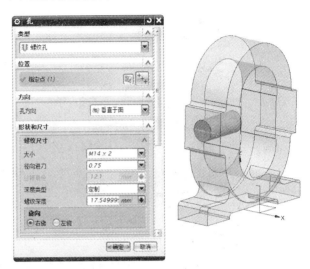

图 1-101　绘制打孔草图点(阀体实体零件 1)　　图 1-102　【孔】对话框及参数设置(阀体实体零件 1)

⑥ 单击【镜像特征】工具按钮 ，选择如图 1-103 所示特征，选择平面为 XZ 平面，单击【确定】按钮。

图 1-103　【镜像特征】对话框及参数设置

⑦ 单击【孔】工具按钮 ，选择打孔表面进入草绘界面，绘制如图 1-104 所示的六个点。单击【完成草图】工具按钮 ，【类型】选择"螺纹孔"，【形状和尺寸】选择标准螺纹，如图 1-105 所示，布尔运算选择"求差"，单击【确定】按钮。

⑧ 单击【孔】工具按钮 ，选择打孔表面进入草绘界面，绘制如图 1-106 所示的两个点。单击【完成草图】工具按钮 ，【类型】选择"常规孔"，输入孔的参数，如图 1-107 所示，布尔运算选择"求差"，单击【确定】按钮。

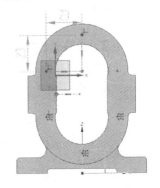

图 1-104　绘制打孔草图点(阀体实体零件 2)

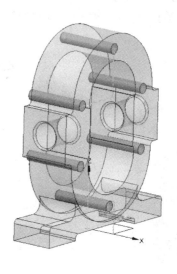

图 1-105 【孔】对话框及参数设置(阀体实体零件 2)

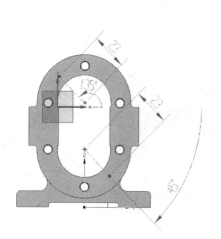

图 1-106 绘制打孔草图点
(阀体实体零件 3)

图 1-107 【孔】对话框及参数设置
(阀体实体零件 3)

⑨ 单击【孔】工具按钮 ，选择打孔表面进入草绘界面,绘制如图 1-108 所示的两个点。单击【完成草图】工具按钮 ，【类型】选择"常规孔",【成形】选择"沉头",输入孔的参数,布尔运算选择"求差",如图 1-109 所示,单击【确定】按钮完成阀体实体零件的建模。

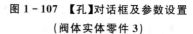

图 1-108 绘制打孔草图点(阀体实体零件 4)

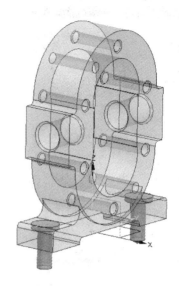

图 1-109　【孔】对话框及参数设置(阀体实体零件 4)

1.9　叉架类零件建模

1.9.1　实例分析

如图 1-110 所示,本实例是一个主体特征为底部支撑和叉架部分,附加特征包括孔、倒斜角和倒圆角,是叉架类零件。

这类零件在绘制过程中主要是对整体零件的分解、对草图曲线的建立以及准确地找到打孔的位置和孔的方向。整体零件的厚度变化多样,草图曲线复杂,需要准确地建立草图曲线并根据拉伸命令建立相应厚度的实体。本实例叉架部分的草图建立过程和镜像特征的建立是重点部分,读者在绘制过程中需要注意。

1.9.2　建模过程

绘制如图 1-110 所示的叉架实体零件的操作步骤是:

① 单击【拉伸】工具按钮 ,单击 YZ 平面自动进入草绘环境,绘制如图 1-111 所示草图。单击【完成草图】工具按钮 完成草图,输入拉伸数值,如图 1-112 所示,单击【确定】按钮。

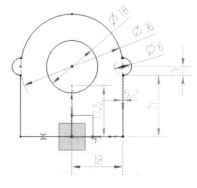

图 1-110　叉架实体零件　　　　**图 1-111　绘制拉伸草图(叉架实体零件 1)**

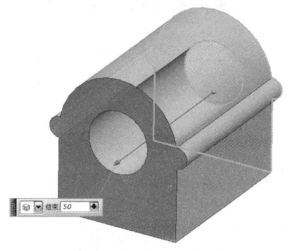

图 1-112　【拉伸】对话框及参数设置(叉架实体零件 1)

　　② 单击【拉伸】工具按钮，单击 YZ 平面自动进入草绘环境,绘制如图 1-113 所示草图。单击【完成草图】工具按钮，输入拉伸数值,布尔运算选择"求和",如图 1-114 所示,单击【确定】按钮。

　　③ 单击【镜像特征】工具按钮，选择如图 1-115 所示特征,选择平面为 YZ 平面,单击【确定】按钮。

　　④ 单击【边倒圆】工具按钮，选择如图 1-116 所示的边,输入【半径 1】的值为 30 mm,单击【确定】按钮。

　　⑤ 单击【拉伸】工具按钮，单击 XY 基准平面,自动进入草绘环境,绘制如图 1-117 所示草图。单击【完成草图】工具按钮，输入拉伸数值 -21 mm 和 5 mm,布尔运算选择"求和",如图 1-118 所示,单击【确定】按钮。

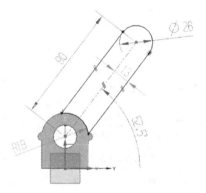

图 1-113　绘制拉伸草图
(叉架实体零件 2)

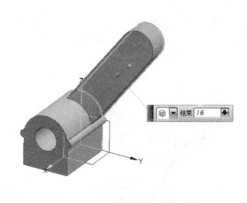

图 1-114　【拉伸】对话框及参数设置(叉架实体零件 2)

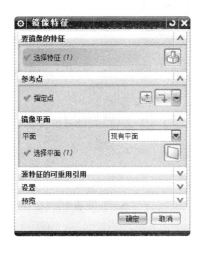

图 1-115　【镜像特征】对话框及参数设置(叉架实体零件 1)

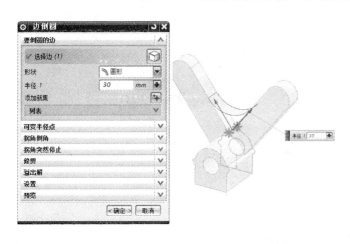

图 1-117　绘制拉伸草图
(叉架实体零件 3)

图 1-116　【边倒圆】对话框及参数设置(叉架实体零件 1)

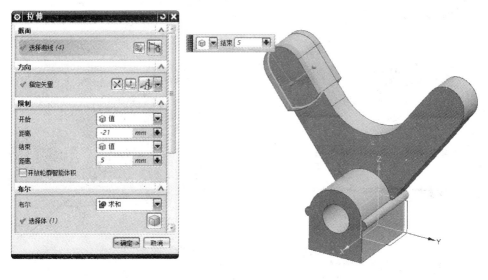

图 1-118　【拉伸】对话框及参数设置(叉架实体零件 3)

⑥ 单击【拉伸】工具按钮 ，单击 XY 基准平面，自动进入草绘环境，绘制如图 1－119 所示草图。单击【完成草图】工具按钮 完成草图 ，输入拉伸数值－6 mm，布尔运算选择"求差"，如图 1－120 所示，单击【确定】按钮。

⑦ 单击【基准平面】工具按钮 ，【类型】选择"二等分"，分别选择【第一平面】及【第二平面】，绘制如图 1－121 所示基准平面，单击【确定】按钮。

⑧ 单击【镜像特征】工具按钮 镜像特征 ，选择如图 1－122 所示特征及基准平面，单击【确定】按钮。

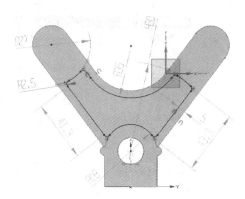

图 1－119　绘制拉伸草图(叉架实体零件 4)

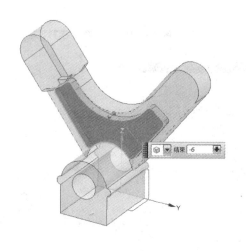

图 1－120　【拉伸】对话框及参数设置(叉架实体零件 4)

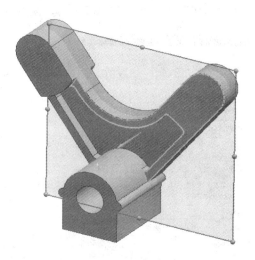

图 1－121　【基准平面】对话框及参数设置

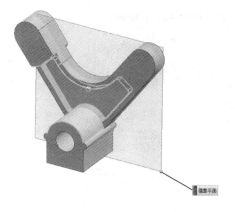

图 1-122 【镜像特征】对话框及参数设置(叉架实体零件 2)

⑨ 单击【拉伸】工具按钮，单击如图 1-123 所示平面，自动进入草绘环境，绘制如图 1-124 右侧所示草图。单击【完成草图】工具按钮，输入拉伸数值 27 mm 和-57 mm，布尔运算选择"求差"，如图 1-124 所示，单击【确定】按钮。

⑩ 单击【拉伸】工具按钮，单击 XY 基准平面自动进入草绘环境，绘制如图 1-125 所示草图。单击【完成草图】工具按钮，输入拉伸数值 10 mm 和-42 mm，布尔运算选择"求差"，如图 1-126 所示，单击【确定】按钮。

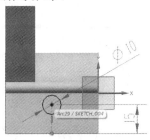

图 1-123　绘制拉伸草图(叉架实体零件 5)

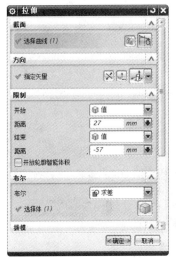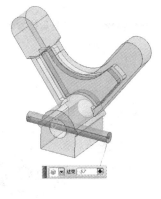

图 1-124　【拉伸】对话框及参数设置(叉架实体零件 5)　　图 1-125　绘制拉伸草图(叉架实体零件 6)

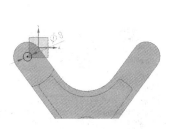

⑪ 单击【拉伸】工具按钮，单击 XY 基准平面自动进入草绘环境，绘制如图 1-127 所示草图。单击【完成草图】工具按钮，输入拉伸数值27 mm 和-46 mm，布尔运算选择"求差"，如图 1-128 所示，单击【确定】按钮。

⑫ 单击【边倒圆】工具按钮，选择如图 1-129 所示所有需要倒圆角的边，输入【半径 1】的值 1 mm，单击【确定】按钮完成叉架实体零件的建模。

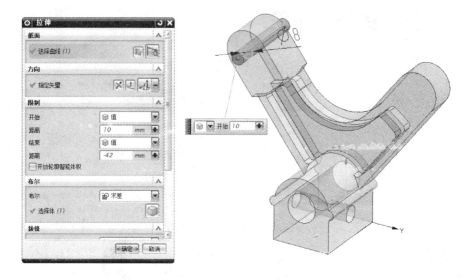

图 1 - 126　【拉伸】对话框及参数设置(叉架实体零件 6)

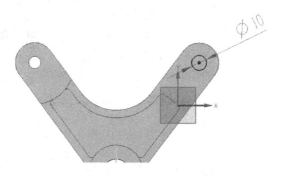

图 1 - 127　绘制拉伸草图(叉架实体零件 7)

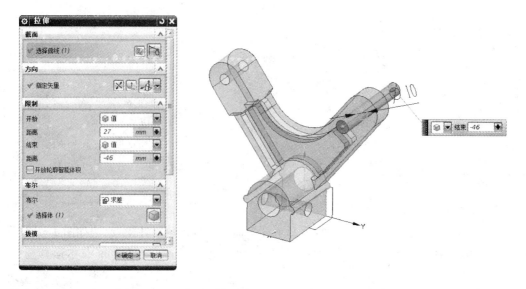

图 1 - 128　【拉伸】对话框及参数设置(叉架实体零件 7)

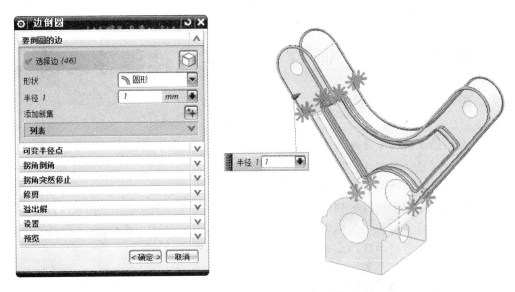

图 1 - 129　【边倒圆】对话框及参数设置(叉架实体零件 2)

第2章 工业产品——塑件零件建模

本章重点内容：
* 工业产品曲面类零件的认识
* 空间曲线建立的设计思想
* UG NX9.0空间直线和点的建立方式
* UG NX9.0空间曲线的建立方式及注意事项
* UG NX9.0空间直线的编辑方式
* UG NX9.0空间曲线的编辑方式
* UG NX9.0空间曲面的建立方式
* UG NX9.0空间曲面的编辑方式

2.1 工业产品——塑件零件建模基础介绍

2.1.1 点及点集

执行【插入】|【基准/点】|【点】命令，或者单击 ✛ 工具按钮，系统弹出【点】对话框，如图2-1所示。然后，可以通过按类型、根据坐标或者根据偏置这三种方法之一来创建点。

执行【插入】|【基准/点】|【点集】命令，或者单击 ✛ 工具按钮，系统弹出【点集】对话框，如图2-2所示。然后，可以通过选择适当的【类型】和【子类型】，接着在工作区捕捉要在其上创建点集的图元，再设置好相应的几个参数，即可创建一组点集。

图2-1 【点】对话框

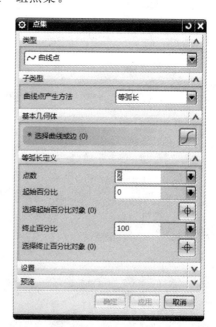

图2-2 【点集】对话框

2.1.2　直线的建立

使用 UG 软件,在三维空间中创建一条直线有三种方法:

① 执行【插入】|【曲线】|【直线】命令,或者单击 工具按钮,系统弹出【直线】对话框,如图 2-3 所示。在【起点】选项组中通过点构造器创建一个点,在【终点或方向】选项组中通过点构造器创建另一个点,从而可在三维空间中创建一条直线,并可结合【支持平面】和【限制】选项组中的选项对所要创建的直线所处的平面位置和直线长度做出准确的限定。

② 选择【插入】|【曲线】|【直线和圆弧】菜单中关于创建直线的子菜单(图 2-4),即可选用其中一种方式来创建一条三维空间的直线,这里包括直线(点-点)、直线(点-XYZ)、直线(点-平行)、直线(点-垂直)、直线(点-相切)、直线(相切-相切)、直线(点-法向)和直线(法向-点)八种方

图 2-3　【直线】对话框

式,并可将【关联】和【无界直线】子菜单与某一方式结合使用,来创建具有给定关联性及长度是否无限的直线。

③ 执行【插入】|【曲线】|【基本曲线】命令,或者单击 工具按钮,系统弹出【基本曲线】对话框,如图 2-5 所示;确认 工具按钮处于高亮显示状态,即选用了创建直线的功能,这时,在屏幕上同时显示一个【跟踪条】对话框,如图 2-6 所示。在【跟踪条】对话框中,通过以直角坐标或极坐标方式输入两个点即可创建一条三维空间中的直线。在【基本曲线】对话框中,【点方法】用于捕捉的方式为输入一个点,【线串模式】用于控制是否连续绘线,【打断线串】用于在连续绘线方式下停止继续绘线,【平行于】用于在输入好直线要通过的一个点后控制直线并平行于某个方位。

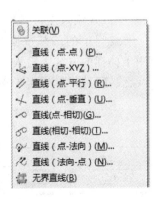

图 2-4　【直线和圆弧】菜单中关于创建直线和圆弧的子菜单

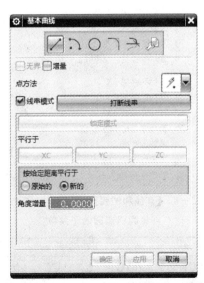

图 2-5　【基本曲线】对话框

图 2-6 【基本曲线】对话框中创建直线时的【跟踪条】对话框

2.1.3 圆和圆弧

使用 UG 软件,在三维空间中创建一个圆或圆弧有三种方法:

① 执行【插入】|【曲线】|【圆弧/圆】命令,或者单击工具按钮，系统弹出【圆弧/圆】对话框,如图 2-7 所示。首先在【类型】中选择一种创建圆弧或圆的方式,然后在【起点】、【端点】、【中点】选项组中通过点构造器创建所需的点,从而可在三维空间中创建一个圆弧或圆,并可结合【支持平面】选项组对所要创建的圆弧或圆所处的平面位置做出准确的限定,结合【限制】选项组可对创建的是圆弧或圆进行选择,【限制】选项组还可设置所要创建的圆弧的起始角度和终止角度。

② 执行【插入】|【曲线】|【直线和圆弧】菜单中关于创建圆弧或圆的子菜单,如图 2-8 所示,即可选用其中一种方式来创建一个三维空间中的圆弧或圆。这里包括圆弧(点-点-点)、圆弧(点-点-相切)、圆弧(相切-相切-相切)和圆弧(相切-相切-半径)四种创建圆弧的方式,以及圆(点-点-点)、圆(点-点-相切)、圆(相切-相切-相切)、圆(相切-相切-半径)、圆(圆心-点)、圆(圆心-半径)和圆(圆心-相切)七种创建圆的方式,并可将【关联】子菜单与某一方式结合使用,来创建具有给定关联性的圆弧或圆。

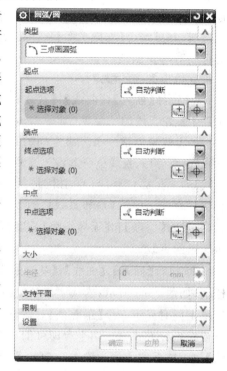

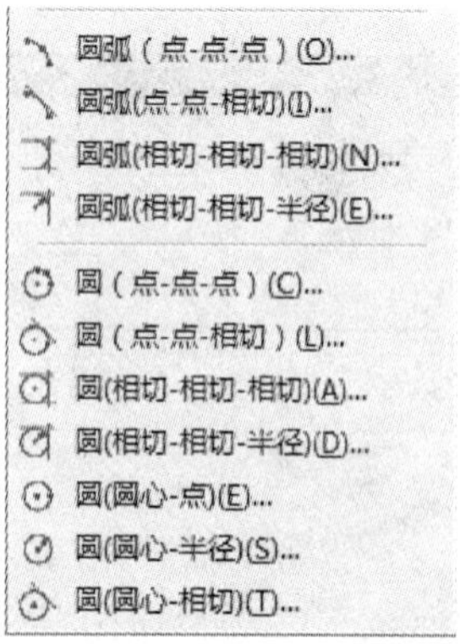

图 2-7 【圆弧/圆】对话框

③ 执行【插入】|【曲线】|【基本曲线】命令,或者单击工具按钮，系统弹出【基本曲线】对话框,确认工具按钮处于高亮显示状态,即选用了创建圆弧的功能;或者确认工具按钮处于高亮显示状态,即选用了创建圆的功能。这时,在屏幕上都会同时显示一个【跟踪条】对话框,如图 2-9 所示。在【跟踪条】对话框中通过直角坐标方式输入点,并输入其半径值或直径值,即可创建一条三维空间里的圆弧或圆。在【基本曲线】对话框中,【点方法】用于捕捉的方式为输入一个点,【线串模式】用于控制是否连续绘线,【打断线串】用于在连续绘线方式下停止继续绘线。

图 2-8 【直线和圆弧】菜单中关于
创建圆弧或圆的子菜单

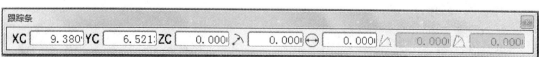

图 2-9 【基本曲线】对话框中创建圆弧或圆时的【跟踪条】对话框

2.1.4　倒圆角

执行【插入】|【曲线】|【基本曲线】命令,或者单击工具按钮，系统弹出【基本曲线】对话框,然后单击工具按钮，系统弹出【曲线倒圆】对话框,如图 2 - 10 所示。此处提供了三种对曲线进行倒圆角的方式。

图 2 - 10　【曲线倒圆】对话框

1. 创建简单圆角

确认【曲线倒圆】对话框中的工具按钮处于高亮显示状态,即选用了创建简单圆角的功能,设置【半径】值为 10,移动光标至两直线交点处,确保在选择球半径范围内能够找到两条直线,单击则完成倒角创建。创建简单圆角的操作过程如图 2 - 11 所示。

图 2 - 11　创建简单圆角的操作过程

2. 创建两曲线圆角

确认【曲线倒圆】对话框中的工具按钮处于高亮显示状态,即选用了创建两曲线圆角的功能,设置【半径】值为 15,依次(按逆时针顺序)单击两条直线,即可完成倒角创建。创建两曲线圆角的操作过程如图 2 - 12 所示。

图 2 - 12　创建两曲线圆角的操作过程

3. 创建三曲线圆角

确认【曲线倒圆】对话框中的工具按钮处于高亮显示状态,即选用了创建三曲线圆角的功能,依次(按逆时针顺序)单击三条直线,即可完成倒角创建,创建三曲线圆角的操作过程如图 2 - 13 所示。

图 2 - 13　创建三曲线圆角的操作过程

2.1.5 倒斜角

执行【插入】|【曲线】|【倒斜角】命令,或者单击 ＼ 工具按钮,系统弹出【倒斜角】对话框,如图 2-14 所示。这里提供了两种对曲线进行倒斜角的方式。

1. 简单倒斜角

单击【倒斜角】对话框中的 简单倒斜角 按钮,系统弹出简单倒斜角方式下【倒斜角】参数设置对话框,如图 2-15 所示。设置【偏置】值为 20,然后单击 确定 按钮,再移动光标至两直线交点处,确保在选择球半径范围内能够找到两条直线,单击则完成倒斜角创建。创建简单倒斜角的操作过程如图 2-16 所示。

图 2-14 【倒斜角】对话框

图 2-15 简单倒斜角方式下【倒斜角】参数设置对话框

图 2-16 创建简单倒斜角的操作过程

2. 用户定义倒斜角

单击【倒斜角】对话框中的 用户定义倒斜角 按钮,系统弹出用户定义倒斜角方式下【倒斜角】方式选择对话框,如图 2-17 所示。此处提供了三种用户定义对曲线倒斜角的方式。

(1) 自动修剪

图 2-17 用户定义倒斜角方式下【倒斜角】选择对话框

单击【倒斜角】对话框中的 自动修剪 按钮,系统弹出自动修剪方式下【倒斜角】参数设置对话框,如图 2-18 所示。默认方式是通过【偏置】和【角度】这两个参数对斜角的形状和大小进行设置,设置【偏置】值为 20.0000、【角度】值为 60,然后单击 确定 按钮,系统弹出等待选取被倒斜角曲线的对话框,如图 2-19 所示。

图 2-18 自动修剪方式下【倒斜角】参数设置对话框

图 2-19 等待选取被倒斜角曲线的对话框

再移动光标并先后单击两条直线,然后在要形成倒斜角的夹角内部单击任意一点,完成倒斜角创建。创建用户定义的自动修剪倒斜角的操作过程如图 2-20 所示。

这是先选上面这条
直线倒角的结果

这是先选右侧这条
直线倒角的结果

图 2-20　创建用户定义的自动修剪倒斜角的操作过程

另一种创建方式是,单击自动修剪方式下【倒斜角】参数设置对话框中的 偏置值 按钮,先设置【偏置 1】和【偏置 2】的值,再创建倒斜角。

（2）手工修剪

单击【倒斜角】对话框中的 手工修剪 按钮,系统弹出手工修剪方式下【倒斜角】参数设置对话框,如图 2-21 所示。手工修剪与自动修剪的创建倒斜角的操作过程基本相同,所不同的只是在最后一步生成倒好的斜角之前,会弹出询问是否要对两条直线进行修剪的对话框,如图 2-22 所示。【是】、【否】进行修剪是对每条直线都要进行询问的,若单击【是】按钮进行修剪,则还应在直线上单击来指定要被修剪的段。此处,将单击【是】按钮进行修剪与单击【否】按钮的结果对比列出,如图 2-23 所示。

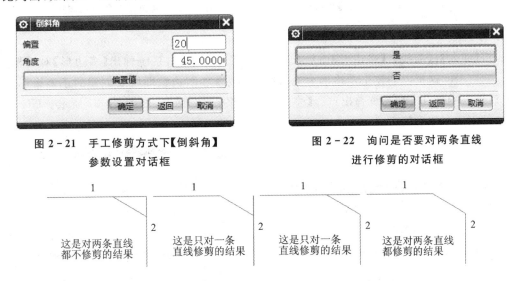

图 2-21　手工修剪方式下【倒斜角】
参数设置对话框

图 2-22　询问是否要对两条直线
进行修剪的对话框

这是对两条直线　这是只对一条　这是只对一条　这是对两条直线
都不修剪的结果　直线修剪的结果　直线修剪的结果　都修剪的结果

图 2-23　【是】、【否】进行修剪的结果对比

（3）不修剪

单击【倒斜角】对话框中的 不修剪 按钮,系统弹出不修剪方式下【倒斜角】参数设置对话框,不修剪与自动修剪的创建倒斜角的操作过程相同,但不修剪方式下创建的倒斜角是两条直线都没有修剪,而直接添加了一条斜线段。

2.1.6　建立其他类型曲线

下面对矩形、多边形和椭圆的创建方法进行讲解。

1. 矩 形

执行【插入】|【曲线】|【矩形】命令,或者单击工具按钮▢,系统弹出【点】对话框,如图 2－24 所示。UG NX9.0 系统提供了通过两对角点创建矩形的方法,因而这里弹出的是用于输入点的点构造器(【点】对话框),然后可通过在工作区中单击指定点、捕捉工作区中已有图元上的点,或者通过输入坐标以确定点的方法在工作区指定两个点,即可创建一个矩形,如图 2－25 所示。

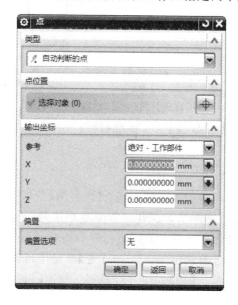

图 2－24　【点】对话框　　　　　　图 2－25　通过两对角点创建矩形

2. 多边形

执行【插入】|【曲线】|【多边形】命令,或者单击工具按钮⊙,系统弹出【多边形】对话框,如图 2－26 所示。这里以创建正六边形为例,设置【边数】为 6,边数即所要创建的正多边形的边数,然后单击　确定　按钮,系统弹出选择【多边形】创建方式对话框,如图 2－27 所示。UG 中提供了三种创建多边形的方式。

图 2－26　【多边形】对话框　　　　图 2－27　选择【多边形】创建方式对话框

（1）内切圆半径

单击【多边形】创建方式对话框中的内切圆半径按钮,系统弹出内切圆半径方式下创建多边形的参数设置对话框,如图 2－28 所示,设置【内切圆半径】值为 50.0000、【方位角】值为 0.0000,然后单击　确定　按钮,系统弹出【点】对话框,在工作区中指定一点作为内切圆的圆心,即可创建一个正六边形。为了说明【方位角】这个参数的作用,现将【内切圆半径】的值都设为 50,而一个【方位角】的值为 0,另一个【方位角】的值为 15 的两个正六边形放在一起进行对比,如图 2－29 所示。

图 2-28　内切圆半径方式下创建多边形的
参数设置对话框

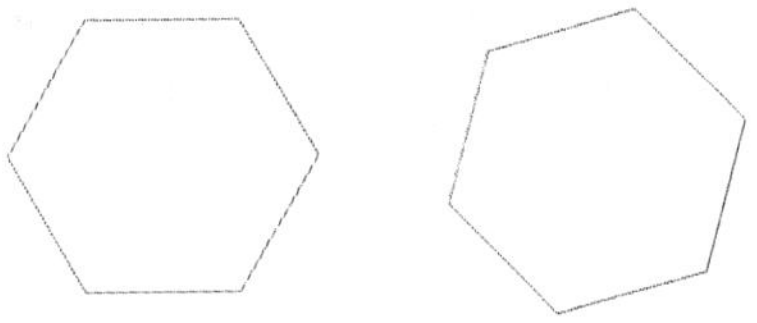

图 2-29　【内切圆半径】值相同、【方位角】值
不同的两个正六边形对比

（2）多边形边（多边形边长）

单击【多边形】创建方式对话框中的 多边形边 按钮，系统弹出多边形边方式下创建多边形的参数设置对话框，如图 2-30 所示，设置【侧】（边长）值为 25.0000、【方位角】值为 0.0000，然后单击 确定 按钮，系统弹出【点】对话框，在工作区中指定一点作为内切圆的圆心，即可创建一个正六边形。

（3）外接圆半径

单击【多边形】创建方式对话框中的 外接圆半径 按钮，系统弹出外接圆半径方式下创建多边形的参数设置对话框，如图 2-31 所示，设置【圆半径】值为 40.0000、【方位角】值为 0.0000，然后单击 确定 按钮，系统弹出【点】对话框，在工作区中指定一点作为外接圆的圆心，即可创建一个正六边形。

图 2-30　多边形边方式下创建多边形的
参数设置对话框

图 2-31　外接圆半径方式下创建多边形的
参数设置对话框

3. 椭　圆

执行【插入】|【曲线】|【椭圆】命令，或者单击 ⊙ 工具按钮，系统弹出【点】对话框，UG 系统提供了根据椭圆圆心、长轴半径和短轴半径等参数创建椭圆的方法，因而这里弹出的是用于输入点的【点】对话框，然后在工作区中指定一个点作为椭圆圆心，系统弹出【椭圆】参数设置对话框，如图 2-32 所示。设置【长半轴】值为 50.0000、【短半轴】值为 20.0000、【起始角】值为 0.0000、【终止角】值为 360.0000、【旋转角度】值为 0.0000，然后单击 确定 按钮即可创建一个椭圆。为了说明【起始角】、【终止角】、【旋转角度】这几个参数的作用，现将【起始角】＝0、【终止

图 2-32　【椭圆】参数设置对话框

角】＝360、【旋转角度】＝0 的椭圆,【起始角】＝0、【终止角】＝360、【旋转角度】＝30 的椭圆,【起始角】＝45、【终止角】＝270、【旋转角度】＝0 的椭圆弧,【起始角】＝45、【终止角】＝270、【旋转角度】＝30 的椭圆弧,放在一起进行对比,如图 2-33 所示。

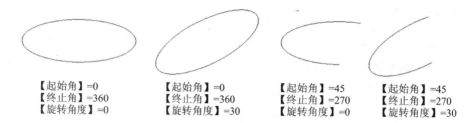

【起始角】=0　　　　【起始角】=0　　　　【起始角】=45　　　　【起始角】=45
【终止角】=360　　　【终止角】=360　　　【终止角】=270　　　【终止角】=270
【旋转角度】=0　　　【旋转角度】=30　　　【旋转角度】=0　　　【旋转角度】=30

图 2-33　不同【起始角】、【终止角】、【旋转角度】值的椭圆(椭圆弧)的对比

2.1.7　样条曲线

执行【插入】|【曲线】|【艺术样条】命令,或者单击～工具按钮,系统弹出【艺术样条】对话框,如图 2-34 所示。UG 中提供了两种创建艺术样条曲线的方法。

1. 通过点

选择【艺术样条】对话框中的【类型】为"通过点",系统弹出通过点方式创建样条曲线的参数设置对话框,如图 2-35 所示。然后单击 确定 按钮,系统弹出用于选择一组点的指定方式的【样条】对话框,如图 2-36 所示。UG 中提供了四种指定一组点的方法。

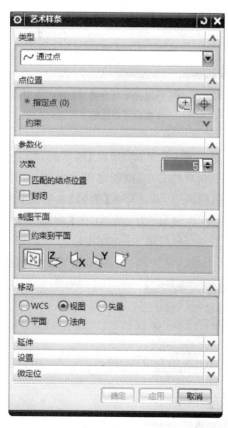

图 2-34　【艺术样条】对话框

图 2-35　通过点方式创建样条曲线的
参数设置对话框

图 2-36　选择一组点的指定方式的
【样条】对话框

（1）【全部成链】

按【全部成链】方式指定一组点用于选择起点与终点之间的点集作为指定点来生成样条曲线，但需注意在工作区中已经存在一组点才可应用这种方式创建样条曲线。单击图 2-36【样条】对话框中的 全部成链 按钮后，UG 系统会提示依次选取样条曲线的起点与终点，然后系统会自动获取起点与终点之间的点集，并产生一条样条曲线。按【全部成链】方式创建样条曲线的简要过程与效果如图 2-37 所示。

（2）【在矩形内的对象成链】

按【在矩形内的对象成链】方式指定一组点用于利用矩形选框选取创建样条曲线所需的点集，并须指定所选点集中的起点与终点来生成样条曲线，但须注意在工作区中已经存在一组点才可应用这种方式创建样条曲线。单击选择一组点的指定方式的【样条】对话框中的 在矩形内的对象成链 按钮后，UG 系统会提示通过（在空白处）指定两点形成矩形选框来选取一组点，然后依次选取选框中的样条曲线的起点与终点，之后系统会自动获取起点与终点之间的点集，并产生一条样条曲线。按【在矩形内的对象成链】方式创建样条曲线的简要过程与效果如图 2-38 所示。

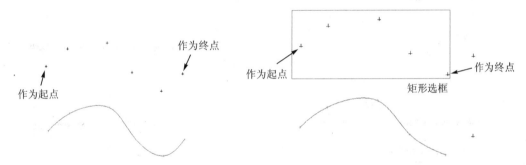

图 2-37　按【全部成链】方式创建样条曲线的简要过程与效果

图 2-38　按【在矩形内的对象成链】方式创建样条曲线的简要过程与效果

（3）【在多边形内的对象成链】

按【在多边形内的对象成链】方式指定一组点用于利用多边形选框选取创建样条曲线所需的点集，并须指定所选点集中的起点与终点来生成样条曲线，但须注意在工作区中已经存在一组点才可应用这种方式创建样条曲线。单击选择一组点的指定方式的【样条】对话框中的 在多边形内的对象成链 按钮后，UG 系统会提示通过（在空白处）指定多个顶点形成多边形选框来选取一组点，然后依次选取选框中的样条曲线的起点与终点，之后系统会自动获取起点与终点之间的点集，并产生一条样条曲线。按【在多边形内的对象成链】方式创建样条曲线的简要过程与效果如图 2-39 所示。

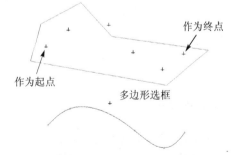

图 2-39　按【在多边形内的对象成链】方式创建样条曲线的简要过程与效果

（4）【点构造器】

按【点构造器】方式指定一组点用于生成样条曲线，应用这种方式创建样条曲线时在工作区中不需要已经存在一组点。

2. 根据极点

选择【艺术样条】对话框中的【类型】为"根据极点"，系统弹出根据极点方式创建样条曲线的参数设置对话框,如图 2-40 所示。其中【曲线类型】选项组中的"多段"表示曲线由多段组成,"单段"表示曲线由单段组成;【曲线阶次】表示曲线在数学函数中的公式阶次,然后单击 确定 按钮,系统弹出【点】对话框,在工作区中指定一系列点(一般要有 3 个以上)作为构建样条的极点,当要结束继续指定点时,可在【点】对话框中单击 确定 按钮,随后系统弹出询问是否结束继续指定点的对话框,如图 2-41 所示。单击 是 按钮即可根据极点构建一条样条曲线;继续在【点】对话框中单击 取消 按钮,即可最终完成样条曲线的创建。根据极点构建一条样条曲线的过程如图 2-42 所示。

在 UG 系统中,对于样条曲线,当【曲线类型】为"多段"方式时,可以设置【曲线阶次】以及选择是否要创建封闭的曲线。当【曲线阶次】设置为 n 时,在工作区中指定的点就要有 $n+1$ 个,少于 $n+1$ 个点时将无法生成样条曲线,多于 $n+1$ 个点时样条曲线由多段组成;当【曲线类型】为"单段"方式时,只能产生一个节段的样条曲线,【曲线阶次】以及【封闭曲线】都不再给予设置。对于【封闭曲线】的作用,现将选用【封闭曲线】和没有选用【封闭曲线】的两条样条曲线放在一起进行对比,如图 2-43 所示。

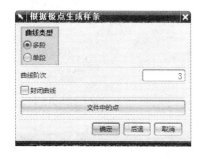

图 2-40　根据极点方式创建样条曲线的参数设置对话框　　　图 2-41　询问是否结束继续指定点

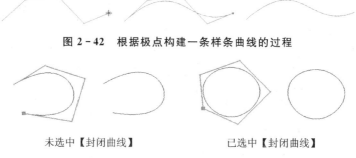

图 2-42　根据极点构建一条样条曲线的过程

未选中【封闭曲线】　　　　　已选中【封闭曲线】

图 2-43　非封闭曲线与封闭曲线的对比

2.1.8　螺旋线

执行【插入】|【曲线】|【螺旋线】命令,或者单击 工具按钮,系统弹出【螺旋线】对话框,如图 2-44 所示。在此对话框中设置好相应的参数后,在工作区中指定一个放置点,即可生成一条螺旋线。在【螺旋线】对话框中,【类型】用于设置螺旋线旋转轴线的方向和位置,【大小】用于设置螺旋线第一圈和最后一圈半径或直径的数值,【螺距】用于设置螺旋线螺距的大小,【长度】用于设置螺旋线的高度,【设置】用于控制螺旋线的旋转方向、距离公差和角度公差。

对于典型的圆柱形螺旋线,可以按照如图 2-45 所示的对话框进行参数设置,得到直径为40 mm、螺距为 10 mm、长度为 8 mm 的圆柱形螺旋线,利用点构造器在工作区中指定一点,单击【确定】按钮即可完成圆柱形螺旋线的创建。

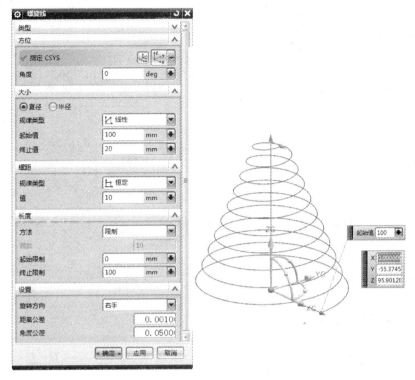

图 2 - 44 【螺旋线】对话框

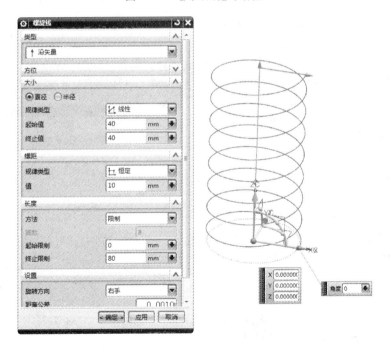

图 2 - 45 圆柱形螺旋线

2.1.9 偏 置

执行【插入】|【派生的曲线】|【偏置】命令,或者单击 工具按钮,系统弹出【偏置曲线】对话框,如图 2 - 46 所示。UG 中提供了四种创建偏置曲线的方法。

1. 距 离

在【偏置曲线】对话框中,选择【偏置类型】为"距离",然后在工作区中选取要进行偏置的曲线(比如,选取一个正五边形),再设置【偏置】选项组中的【距离】为5、【副本数】为1,最后单击【确定】按钮即可完成偏置曲线的创建。按距离方式创建偏置曲线的过程如图 2-47 所示。

在【偏置曲线】对话框中,【偏置平面上的点】选项组是针对直线等在系统无法默认地给出偏置方向时,在工作区中指定一点就指定了从这一点指向要偏置直线的方向为偏置方向;【偏置】|【反向】用于设定与当前偏置方向相反的方向为所要的偏置方向;【设置】|【关联】用于指定偏置生成的曲线与源曲线是否具有关联性;【设置】|【输入曲线】用于指定执行偏置命令后对源曲线进行何种处理(保留、隐藏、删除、替换);【设置】|【修剪】用于指定执行偏置命令后对偏置生成的曲线在不同段的连接处如何处理(无、相切延伸、圆角),这三种不同的【修剪】效果如图 2-48 所示。

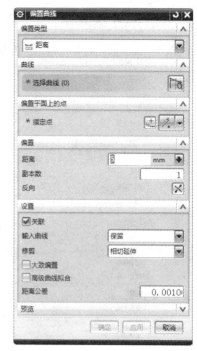

图 2-46 【偏置曲线】对话框

图 2-47 按距离方式创建偏置曲线的过程

无　　　　相切延伸　　　　圆角

图 2-48 偏置生成的不同的【修剪】效果

2. 拔 模

在【偏置曲线】对话框中,选择【偏置类型】为"拔模",系统对【偏置曲线】对话框更新,如图 2-49所示,然后在工作区中选取要进行偏置的曲线(比如,选取一个正五边形),再设置【偏置】|【高度】为 5 mm、【偏置】|【角度】为 0、【偏置】|【副本数】为1,最后单击【确定】按钮即可完成偏置曲线的创建。按拔模方式创建偏置曲线的过程如图 2-50 所示。

3. 规律控制

在【偏置曲线】对话框中,选择【偏置类型】为"规律控制",系统对【偏置曲线】对话框更新,然后在工作区中选取要进行偏置的曲线,再对【偏置】|【规律】(选择规律曲线中提供的七种规律中的某种规律)和【偏置】|【副本数】进行设置,最后单击【确定】按钮即可完成偏置曲线的创建。

图 2-49 偏置类型为拔模的【偏置曲线】对话框

图 2-50　按拔模方式创建偏置曲线的过程

4. 3D 轴向

在【偏置曲线】对话框中,选择【偏置类型】为"3D 轴向",系统对【偏置曲线】对话框更新,然后在工作区中选取要进行偏置的曲线,再设置(三维偏置的)【偏置】|【距离】,由【偏置】|【矢量构造器】或捕捉的方式指定一个矢量方向及设置【偏置】|【副本数】,最后单击【确定】按钮即可完成偏置曲线的创建。

2.1.10　桥　接

执行【插入】|【派生的曲线】|【桥接】命令,或者单击 工具按钮,系统弹出【桥接曲线】对话框,如图 2-51 所示。在【起始对象】选项组中选中截面或对象,在工作区中选取要进行桥接的曲线,注意要靠近所要桥接的端来选取曲线;选好后系统自动切换到【终止对象】选项组,此时可选中截面、对象、基准或矢量,然后选取另一条要进行桥接的曲线,同样注意要靠近所要桥接的端来选取曲线;最后单击【确定】按钮即可完成两条曲线间的桥接曲线的创建。创建桥接曲线的过程如图 2-52 所示。

在【桥接曲线】对话框中,【连接性】选项组中的【开始】或【结束】用于指定桥接曲线开始点或结束点处的属性,可设置为 G0 位置连续、G1 相切连续、G2 曲率连续和 G3 流连续;【形状控制】用于指定桥接曲线形状的控制方式。

图 2-51　【桥接曲线】对话框

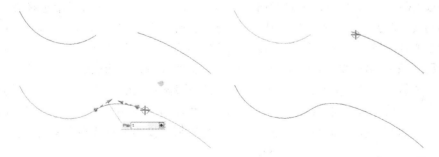

图 2-52　创建桥接曲线的过程

2.1.11　投　影

执行【插入】|【派生的曲线】|【投影】命令,或者单击 工具按钮,系统弹出【投影曲线】对话框,如图 2-53 所示。然后选择【选择曲线或点】,并在工作区中选取要投影的曲线或点,可以依次选取多条曲线或多个点;选好后展开【要投影的对象】选项组,并选取要将曲线或点投影

图 2-53 【投影曲线】对话框

到的曲面;也可以依次选取多个曲面,最后单击【确定】按钮即可完成投影曲线的创建。创建投影曲线的过程如图 2-54 所示。

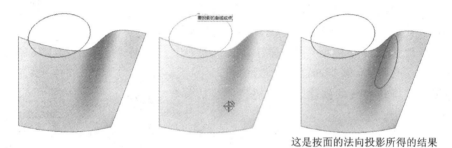

这是按面的法向投影所得的结果

图 2-54 创建投影曲线的过程

在【投影曲线】对话框中,选择【投影方向】|【方向】为"沿面的法向",该选项用于沿所选取的投影面的法向进行投影;选择【投影方向】|【方向】为"朝向点",该选项用于将所要投影的曲线向着所选点的方向,在所选取的投影面上投影,选择该方式后还须为投影选择参考点;选择【投影方向】|【方向】为"朝向直线",该选项用于所选择的直线在所选取的投影面上进行投影,并与所选参考直线或参考轴垂直,选择该方式后还须为投影选择参考直线或参考轴;选择【投影方向】|【方向】为"沿矢量",该选项用于沿所选矢量的方向在所选取的投影面上进行投影,选择该方式后还须为投影矢量选择参考矢量,并且还可设定按"无"、"投影两侧"或"等圆弧长"方式进行投影;选择【投影方向】|【方向】为"与矢量成角度",该选项用于沿与所选矢量成一定角度的方向在所选取的投影面上投影,选择该方式后还须为投影矢量选择参考矢量。

2.1.12 组合投影

执行【插入】|【派生的曲线】|【组合投影】命令,或者单击 ![工具按钮] 工具按钮,系统弹出【组合投影】对话框,如图 2-55 所示。然后在曲线 1 处于激活状态下时,在工作区中选取要组合投影的第一组曲线;选好后切换到使曲线 2 处于激活状态,并在工作区中选取要组合投影的第二组曲线;再在曲线 1 和曲线 2 的【投影方向】选项组中分别设置所要投影的方向;最后单击【确定】按钮即可完成组合投影曲线的创建。创建组合投影曲线的过程如图 2-56 所示。

图 2-55　【组合投影】对话框

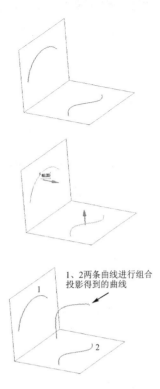

图 2-56　创建组合投影曲线的过程

2.1.13　抽　取

执行【插入】|【派生曲线】|【抽取】命令，或者单击工具按钮，系统弹出【抽取曲线】对话框，如图 2-57 所示。UG 中提供了六种抽取曲线的类型。

1. 边曲线

单击【抽取曲线】对话框中的【边曲线】按钮，系统弹出用于指定抽取什么对象上的曲线的【单边曲线】对话框，如图 2-58 所示。单击【面上所有的】按钮，系统弹出用于指定抽取什么面上的曲线的【面中的所有边】对话框，如图 2-59 所示。在工作区中选取一组面，选好后单击【面中的所有边】对话框中的【确定】按钮，即可完成将曲面的所有边缘的曲线抽取出来。抽取边缘曲线的过程如图 2-60 所示。

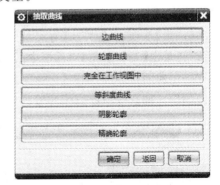

图 2-57　【抽取曲线】对话框

2. 轮廓曲线

单击【抽取曲线】对话框中的【轮廓曲线】按钮，系统弹出用于指定抽取实体上轮廓的【轮廓曲线】对话框，如图 2-61 所示，然后在工作区中单击要进行轮廓曲线抽取的实体，即可完成抽取该实体的最大轮廓曲线。抽取完成后【轮廓曲线】对话框仍然存在，用于继续选取其他要进行轮廓曲线抽取的实体；若无须继续选取则可单击【轮廓曲线】对话框中的【取消】按钮来退出。另外，根据轮廓曲线抽取方式抽取得到的实体上的轮廓曲线，与实体在工作区中所处的视图方位有关。

图 2-58 【单边曲线】对话框

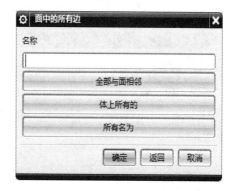

图 2-59 【面中的所有边】对话框

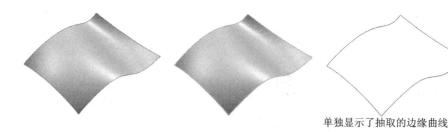

单独显示了抽取的边缘曲线

图 2-60 抽取边缘曲线的过程

3. 完全在工作视图中

单击【抽取曲线】对话框中的【完成在工作视图中】按钮,系统不弹出新的对话框就直接完成对工作视图中所有实体或片体的轮廓曲线和边缘曲线的抽取。

图 2-61 【轮廓曲线】对话框

4. 等斜度曲线

单击【抽取曲线】对话框中的【等斜度曲线】按钮,系统弹出【矢量】对话框,如图 2-62 所示。通过【类型】指定一个矢量方向,然后单击【矢量】对话框中的【确定】按钮,系统弹出【等斜度角】对话框,如图 2-63 所示。确认【角度】为 10°,其他为默认值,再单击【等斜度角】对话框中的【确定】按钮,系统弹出【选择面】对话框,接着在工作区中选取一组曲面,选好后单击【选择面】对话框中的【确定】按钮,即可完成在该曲面上对等斜度曲线的抽取。抽取等斜度曲线的过程如图 2-64 所示。

图 2-62 【矢量】对话框

图 2-63 【等斜度角】对话框

图 2 - 64 抽取等斜度曲线的过程

5．阴影轮廓

【阴影轮廓】用于对选定对象的不可见轮廓曲线生成抽取曲线。

6．精确轮廓

【精确轮廓】用于对选定对象的轮廓曲线生成抽取曲线。

2.1.14 编辑曲线

执行【编辑】|【曲线】命令，或者单击
工具按钮，系统弹出【编辑曲线】工具
条，如图 2 - 65 所示。【编辑曲线】工具条
中的各个图标用于指定进行何种类型的

图 2 - 65 【编辑曲线】工具条

编辑，这里列出的类型与【编辑】|【曲线】中其他子菜单所提供的编辑类型基本相同。进一步
说，这里列出的类型与【编辑】|【曲线】中其他子菜单所提供的编辑类型在相同类型时所对应的
编辑功能也相同。这里只将各种类型的编辑功能集中列出而先不进行具体介绍，待到下面讲
解【编辑】|【曲线】中其他子菜单的功能时再做详细介绍。

2.1.15 编辑曲线参数

执行【编辑】|【曲线】|【参数】命令，或者单击
工具按钮，系统弹出【编辑曲线参数】对话框，如
图 2 - 66 所示。根据所选的要编辑图元的不同，
系统会再弹出不同的对话框。下面主要结合直
线、圆弧或圆、样条这三类来讲解。

图 2 - 66 【编辑曲线参数】对话框

1．编辑直线参数

不对【编辑曲线参数】对话框中的项目进行任
何设置，首先在工作区中选取一条直线，系统弹出
【直线（非关联）】对话框，如图 2 - 67 所示。系统
默认展开【起点】选项组，利用【起点】中的点构造
器在工作区中的其他位置指定一点，然后单击【直
线（非关联）】对话框中的【确定】按钮，即可完成对
直线的编辑。编辑直线参数的过程如图 2 - 68
所示。

在【直线（非关联）】对话框中，【终点或方向】
选项组用于编辑终点的位置，【支持平面】选项组
用于编辑直线所处的平面，【限制】选项组用于编
辑直线的长度。

图 2 - 67 【直线（非关联）】对话框

图 2-68　编辑直线参数的过程

2. 编辑圆弧或圆参数

不对【编辑曲线参数】对话框中的项目进行任何设置，首先在工作区中选取一个圆弧，系统弹出【圆弧/圆】对话框，如图 2-69 所示。系统默认展开【起点】选项组，此时先展开【限制】选项组，然后单击【补弧】按钮即可完成对圆弧的（补弧）编辑。编辑圆弧参数的过程如图 2-70 所示。

在【圆弧/圆】对话框中，【起点】、【端点】和【中点】选项组用于编辑起点、端点和中点的位置，【支持平面】选项组用于编辑圆弧或圆所处的平面，【限制】选项组用于编辑圆弧的弧长、是否为整圆和是否变为互补的那段弧。

图 2-69　【圆弧/圆】对话框

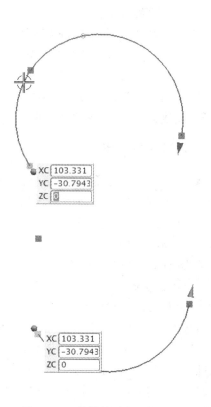

图 2-70　编辑圆弧参数的过程

3. 编辑样条参数

不对【编辑曲线参数】对话框中的项目进行任何设置，首先在工作区中选取一个样条曲线，系统弹出【编辑样条】对话框，如图 2-71 所示。单击【编辑点】按钮，系统弹出【编辑点】对话框，如图 2-72 所示。在【编辑点】对话框中选中【编辑点方法】|【添加点】，然后在工作区中指定一个要添加的点，样条曲线形状随即发生变化，接着在【编辑点】对话框中单击【确定】按钮，之后取消继续添加点，即可完成对样条参数的编辑。编辑样条参数的过程如图 2-73 所示。

图 2-71　【编辑样条】对话框

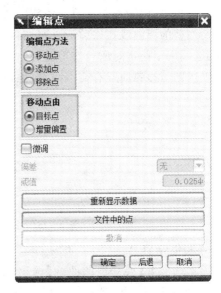

图 2-72　【编辑点】对话框

图 2-73　编辑样条参数的过程

在【编辑样条】对话框中,【编辑极点】按钮用于通过修改样条曲线的极点来改变样条曲线的形状;【更改斜率】按钮用于修改样条曲线上定义点的斜率;【更改曲率】按钮用于修改样条曲线上定义点的曲率;【更改阶次】按钮用于通过直接输入阶次值来更改样条曲线的阶次;【移动多个点】按钮用于移动样条曲线的一个节段且不影响曲线的其他部分;【更改刚度】按钮用于在保持样条曲线控制点数不变的情况下,通过改变曲线的次数来改变样条曲线的形状;【拟合】按钮用于修改定义样条曲线所需的参数,从而改变曲线形状,但不能改变曲线的曲率;【光顺】按钮用于使样条曲线变得更光滑。

2.1.16　修剪曲线

执行【编辑】|【曲线】|【修剪】命令,或者单击工具按钮,系统弹出【修剪曲线】对话框,如图 2-74 所示。系统提供了两种修剪方法。

1. 一物体修剪

系统默认展开【要修剪的曲线】选项组,在工作区中选取要被修剪的曲线,系统自动展开【边界对象 1】选项组,接着在工作区中选取作为修剪边界的曲线;之后系统又自动展开【边界对象 2】选项组,此时不进行选取,直接单击【修剪曲线】对话框中的【确定】按钮,即可完成根据一物体修剪曲线。根据一物体修剪曲线的过程如图 2-75 所示。

在根据一物体修剪曲线时,所要修剪曲线被单击选取的段是在曲线被修剪后保留的段。在【修剪曲线】对话框

图 2-74　【修剪曲线】对话框

中,【交点】选项组用于指定被修剪曲线的剪断点的确定方法;【设置】|【输入曲线】选项用于指定对所要修剪的源曲线在修剪后进行何种处理(可取隐藏、保留、删除或替换);【设置】|【曲线延伸段】选项用于指定对所要修剪的源曲线尚未达到与边界曲线有交点,而需在修剪时将源曲线延伸以达到与边界曲线有交点时,对源曲线如何延伸(可取自然、线性、圆形或无)。

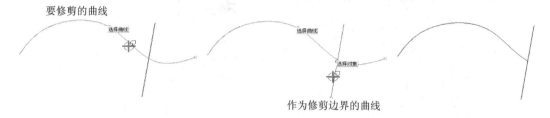

图 2-75　根据一物体修剪曲线的过程

2. 两物体修剪

系统默认展开【要修剪的曲线】选项组,在工作区中选取要被修剪的曲线,系统自动展开【边界对象 1】选项组,接着在工作区中选取第一条作为修剪边界的曲线;之后系统又自动展开【边界对象 2】选项组,再在工作区中选取第二条作为修剪边界的曲线;然后单击【修剪曲线】对话框中的【确定】按钮,即可完成根据两物体修剪曲线。根据两物体修剪曲线的过程如图 2-76 所示。

在根据两物体修剪曲线时,选取两条边界曲线的顺序不同会影响所要修剪曲线被单击选取的段是在曲线修剪后被保留的段还是被剪除的段。

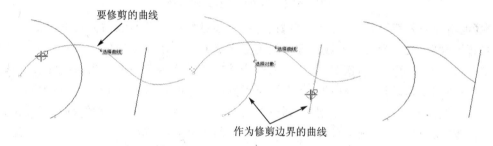

图 2-76　根据两物体修剪曲线的过程

2.1.17　修剪拐角

执行【编辑】|【曲线】|【修剪角】命令,或者单击＋工具按钮,系统弹出【修剪拐角】对话框,如图 2-77 所示。直接在工作区中单击选中要修剪的由两条曲线形成的角,选好后系统弹出【修剪拐角】对话框,如图 2-78 所示。单击对话框中的【是】按钮即可完成修剪拐角。修剪拐角的过程如图 2-79 所示。

图 2-77　【修剪拐角】对话框　　　图 2-78　【修剪拐角】警告对话框　　　图 2-79　修剪拐角的过程

在修剪拐角过程中,当单击选取由两条曲线形成的角时,必须使鼠标选择球同时触碰到两条曲线。两条曲线上被选取的段是将被剪除的段。

2.1.18　分割曲线

执行【编辑】|【曲线】|【分割】命令，或者单击 ∫ 工具按钮，系统弹出【分割曲线】对话框，如图 2-80 所示。确认【类型】选择"等分段"，系统默认展开【曲线】选项组，在工作区中选取一条曲线，系统随即弹出【警告】对话框，如图 2-81 所示，直接单击对话框中的【确定】按钮。再设置【分割曲线】对话框中的【段数】|【分段长度】为"等参数"、【段数】|【段数】为 2，最后单击【确定】按钮即可完成曲线的分割（源曲线已被分割成 2 段了）。

图 2-80　【分割曲线】对话框

图 2-81　【警告】对话框

在【分割曲线】对话框中的【类型】下拉列表框中，"按边界对象"选项用于根据指定的边界对象（点、曲线、平面或实体表面）将曲线分割成多段；"圆弧长段数"选项用于根据指定的每段曲线的长度将曲线分割成多段；"在结点处"选项用于在指定节点处对样条曲线进行分割，分割后将删除样条曲线的参数；"在拐角上"选项用于在样条曲线的拐角处对样条曲线进行分割。

2.1.19　编辑圆角

执行【编辑】|【曲线】|【圆角】命令，或者单击 工具按钮，系统弹出【编辑圆角】对话框，如图 2-82(a)所示。然后单击对话框中的【自动修剪】按钮，系统弹出用于指定所要编辑的圆角和两条边曲线的【编辑圆角】对话框，如图 2-82(b)所示。之后按逆时针方向进行选取，先选取所要编辑圆角的某一边的曲线，接着选取圆角，再选取圆角剩下的另一条边的曲线，选好后系统弹出用于编辑现有圆角参数的【编辑圆角】对话框，如图 2-83 所示，重新设置【半径】值为 20，最后单击【确定】按钮即可完成对已有圆角的编辑。编辑圆角的过程如图 2-84 所示。

(a) 用于指定修剪方式的【编辑圆角】对话框

(b) 用于选取圆角两条边曲线的【编辑圆角】对话框

图 2-82　【编辑圆角】对话框

图 2-83　用于编辑圆角参数的【编辑圆角】对话框　　　　图 2-84　编辑圆角的过程

在用于编辑圆角参数的【编辑圆角】对话框中,【默认半径】选项组用于显示【半径】文本框中现有圆角的半径值;【新的中心】复选框用于指定一个新的点来改变圆角大致的圆心位置,当【新的中心】未选中时用于以当前圆心位置来对圆角进行编辑。

在用于指定修剪方式的【编辑圆角】对话框中,【手工修剪】按钮用于按手工干预来裁剪圆角两边的曲线,【不修剪】按钮表示不裁剪圆角两边的曲线。

2.1.20　通过点或极点构建曲面

UG 软件不仅提供了基本的特征建模模块,同时还提供了强大的自由曲面特征建模及相应的编辑和操作功能。用户可以利用 UG 提供的二十多种自由曲面造型的创建方式来完成各种复杂曲面和非规则实体的创建,以及相关的编辑工作。UG 提供的大部分曲面模块的常用工具按钮都可在相应的菜单栏中找到。

单击【曲面】工具栏中的【通过点】◈工具按钮,弹出的对话框如图 2-85 所示。下面分别介绍其中的选项。

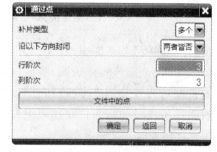

图 2-85　【通过点】对话框

1. 补片类型

【补片类型】下拉列表框中包括"多个"和"单个"选项。"多个"选项是通过选择点,使曲面以多个片体组合的形式生成,如图 2-86 所示。

"单个"选项是通过选择点,使曲面以单个片体的形式生成,如图 2-87 所示。

图 2-86　补片类型:以"多个"选项生成曲面

图 2-87　补片类型:以"单个"选项生成曲面

2. 沿以下方向封闭

【沿以下方向封闭】下拉列表框中的"两者皆否"、"行"、"列"和"两者皆是"四个选项决定了所生成曲面的封闭类型。

3. 行/列阶次

【行/列阶次】文本框决定了生成曲面的阶次,其中用户选择生成曲面的点数等于阶次加1,例如对于如图2-85所示的阶次3,行、列的曲面点数分别为4。

4. 文件中的点

【文件中的点】按钮通过文件中的点集来创建曲面。操作步骤是:单击【曲面】工具栏中的【通过点】工具按钮 ◈,弹出【通过点】对话框,如图2-85所示,单击【确定】按钮,弹出如图2-88所示【过点】对话框;单击【点构造器】按钮,弹出如图2-89所示【点】对话框;依次选择第一行中的点后单击【确定】按钮弹出如图2-90所示【指定点】对话框。单击【确定】按钮,按照第一行选择点的方式继续选择第二行、第三行、第四行,当第四行的点选择完毕弹出如图2-91所示【过点】对话框时,单击【所有指定的点】按钮,最后生成如图2-86所示曲面。

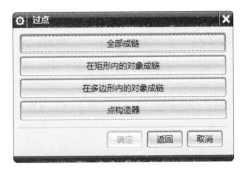

图 2-88 【过点】对话框

图 2-89 【点】对话框

图 2-90 【指定点】对话框

图 2-91 【过点】对话框

2.1.21 直纹面

单击【曲面】工具栏中的【直纹】工具按钮 ◢,弹出的对话框如图2-92所示,调整【对齐】下拉列表框中包括的"参数"和"根据点"两个选项,下面分别进行介绍。

1. 参 数

"参数"选项是曲线选项的特殊情况,单击【直纹】工具按钮 ◢ 生成通过两条曲线轮廓的直纹体(实体或片体),曲线轮廓为截面线串,其具体参数如图2-93所示。

图 2-92 【直纹】对话框　　　　　图 2-93 【直纹】对话框(【对齐】|"参数")

2. 根据点

"根据点"选项是根据截面线串间的点来生成实体,用户可以通过调节截面线串上点的位置来改变生成实体的形状,具体操作如图 2-94 所示。

构成的直纹面与所选择曲线的方向有关,鼠标所选择的曲线位置是曲线的起始段。一般需要保证所选择曲线的箭头是同向的;如果所选择曲线的箭头方向相反,则生成的曲面或实体会发生变形,如图 2-95 所示。

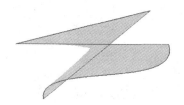

图 2-94 【直纹】对话框(【对齐】|"根据点")　　　图 2-95 扭曲的直纹曲面

2.1.22 通过曲线组

单击【曲面】工具栏中的【通过曲线组】工具按钮，弹出的对话框如图 2-96 所示。该功能使用户通过同一方向上的一组轮廓曲线生成一个体,这些轮廓曲线称为截面线串。用户选择截面线串来定义体的行。截面线串可以由单个对象或多个对象组成,每个对象都可以是曲线、实边或实面,具体参数如图 2-97 所示。【V 向封闭】选项用于在选择分开的曲线时,既可生成片体也可生成实体。

图 2 - 96 【通过曲线组】对话框 　　　图 2 - 97 【通过曲线组】参数设置

2.1.23　通过曲线网格

单击【曲面】工具栏中的【通过曲线网格】工具按钮 ，弹出的对话框如图 2 - 98 所示。

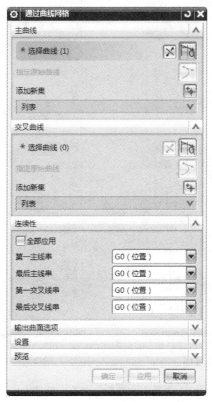

图 2 - 98 【通过曲线网格】对话框

【通过曲线网格】功能使用户在沿着两个不同方向的一组现有的曲线轮廓上生成体,这在主线串对和交叉线串对相交时才有意义。如果线串不相交,则生成的片体会通过主线串或交叉线串,或两者均分。

当通过曲线网格曲面选择主曲线时,箭头的引导方向应一致,选择曲线时应按照一定的顺序,并且选择交叉线串时应与主线串上的引导箭头方向和起始位置一致。

2.1.24 扫 掠

单击【曲面】工具栏中的【扫掠】工具按钮,弹出如图 2-99 所示对话框。该功能是将轮廓曲线空间路径进行曲线扫描,扫描的结果可形成一个曲面。扫描路径称为引导线串,轮廓曲线称为截面线串。具体参数如图 2-99 所示。

2.1.25 规律延伸

单击【曲面】工具栏中的【规律延伸】工具按钮,弹出如图 2-100 所示的【规律延伸】对话框。该功能是由【延伸】命令扩展出来的新命令,增加了可同时延伸多条边线的功能,并且每条边线可根据相应的规律做出不同的延伸曲面。

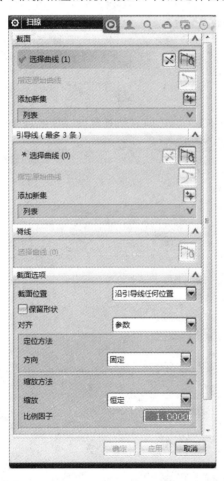
图 2-99 【扫掠】对话框

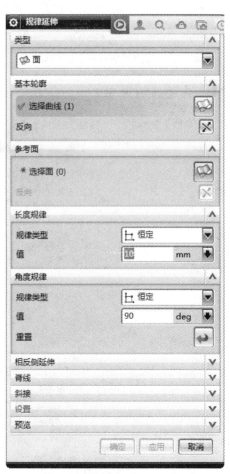
图 2-100 【规律延伸】对话框

对曲面进行规律延伸的操作步骤是:单击【曲面】工具栏中的【规律延伸】工具按钮,在【类型】中选择"面",选择如图 2-101 所示的曲面和三条边线,其他参数按照图 2-102 和

图 2-103 中的值进行设定,然后单击【确定】按钮显示如图 2-104 所示的曲面。

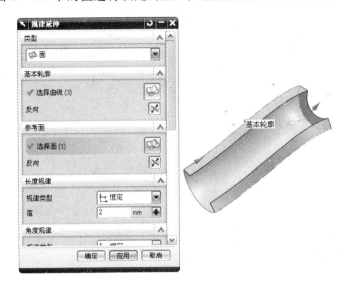

图 2-101 规律延伸(1)

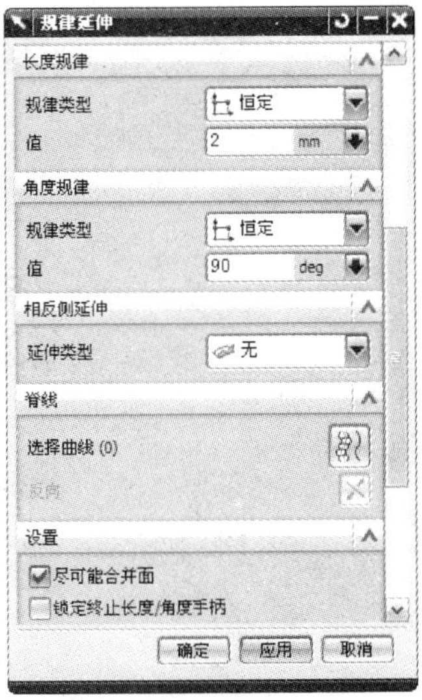

图 2-102 规律延伸(2)

图 2-103 规律延伸(3)

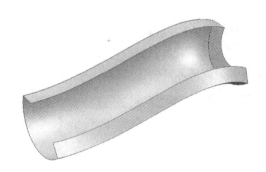

图 2-104 规律延伸(4)

2.1.26 桥接曲面

桥接曲面用于在两个曲面之间建立过渡曲面。过渡曲面与两个曲面之间的连接可以采用相切连续或曲率连续两种方式。桥接曲面简单方便,曲面过渡光滑,边界约束自由,是曲面过渡的常用方式。

单击【曲面】工具栏中的【桥接】工具按钮 ，弹出如图 2-105 所示【桥接曲面】对话框。

【桥接曲面】对话框中常用选项的功能如下:

① 选择边 1。单击该工具按钮指定曲线或边缘,作为生成片体时的引导线,以决定连接片体的外形。

② 选择边 2。单击该工具按钮来指定另一条曲线或边缘,与上一个按钮配合,作为生成片体时的引导线,以决定连接片体的外形。

图 2-105 【桥接曲面】对话框

在菜单栏中选择【编辑曲面】工具条,如图 2-106 所示。曲面编辑的操作包括 X 成形、I 成形、匹配边、边对称、使曲面变形、变换曲面、整体变形、全局变形、剪断曲面、扩大、替换边、更改边、局部取消修剪和延伸、整修面、更改阶次、更改刚度、光顺极点、法向反向和编辑 U/V 向等。

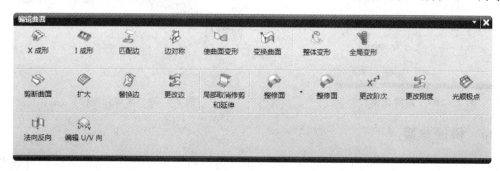

图 2-106 【编辑曲面】工具条

2.1.27 变换曲面

在菜单栏中选择【编辑】|【曲面】|【更改边缘】菜单项,或者单击【曲线编辑】工具栏中的工具按钮，系统会弹出如图 2-107 所示的【变换曲面】对话框。

【编辑原先的片体】选项是指通过动态方式对曲面进行一系列的缩放、旋转或平移操作,并移除特征的相关参数。

变换曲面的操作步骤是:单击【变换】工具按钮 🔾,弹出如图 2-107 所示【变换曲面】对话框,选择需要变换的曲面,如图 2-108 所示。单击【确定】按钮,弹出如图 2-109 所示的曲面变换中心点构造器,选择变换中心点(或者在点构造器中输入),在如图 2-110 所示图中选择曲面左下角的点后单击【确定】按钮,弹出如图 2-111 所示【变换曲面】参数设置对话框,调整 XC 轴、YC 轴和 ZC 轴下面相应的滑块,得到图 2-111 右侧变换后的曲面。

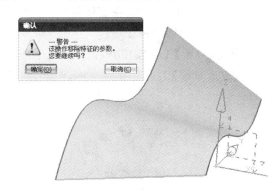

图 2-107　【变换曲面】对话框

图 2-108　选择变换曲面

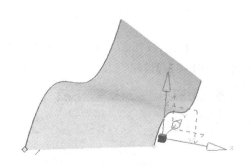

图 2-109　点构造器

图 2-110　选择变换中心点

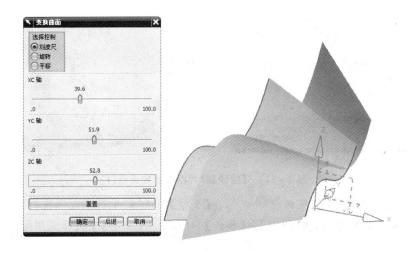

图 2-111　【变换曲面】参数设置对话框

2.2　小脚丫零件建模

如图 2-112 所示,本实例是塑料制品的一个小脚丫的模型,主要练习对空间曲线和空间曲面的绘制,以及后期进行与编辑相关的操作。在绘制过程中需要读者选择一定的绘制基点进行操作,即以底座为基准,在底座基础上定位并绘制小脚丫实体。

小脚丫实体的创建过程是:

① 单击【草绘】工具按钮 ![icon],选择 XY 平面进入草绘界面,画出如图 2-113 所示的脚掌草图,单击【完成草图】工具按钮 ![完成草图]。

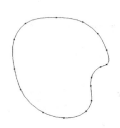

图 2-112　小脚丫实体　　　　　　　　　　图 2-113　脚掌草图

② 单击【拉伸】工具按钮 ![icon],选择"脚掌的草图",体类型选择【片体】,向 Z 轴负方向拉伸一定的距离,单击【确定】按钮,如图 2-114 所示。

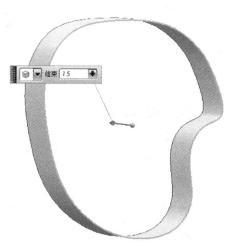

图 2-114　【拉伸】对话框及参数设置(1)

③ 单击【截面曲线】工具按钮 ![截面曲线],在【类型】中选择"平行平面",选择对象为拉伸的片体,指定平面为 XZ 平面,输入【终点】和【步长】的值,单击【确定】按钮形成如图 2-115 所示的界面曲线。

图 2 – 115 【截面曲线】对话框及参数设置

④ 单击【桥接曲线】工具按钮 ，起始对象依次选择图中的两条截面曲线，调整桥接曲线的起始点分别为两条截面曲线上的端点，并调整桥接曲线的方向，在【形状控制】选项组中输入相切幅值的【开始】值和【结束】值，如图 2 – 116 所示。

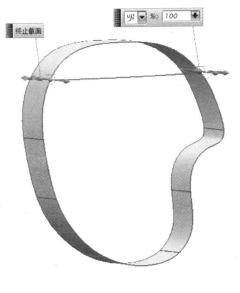

图 2 – 116 【桥接曲线】对话框及参数设置(1)

⑤ 按照相同的方法及相同的相切幅值，继续创建如图 2 – 117 所示的桥接曲线。

⑥ 单击【草绘】工具按钮 ，选择 XY 平面进入草绘界面，绘制如图 2 – 117 所示的圆弧，单击【完成草图】工具按钮 完成草图 。

⑦ 单击【拉伸】工具按钮 ，选择如图 2 – 118 所示的曲线，指定矢量为 Z 轴，单击【确定】按钮完成拉伸。

⑧ 单击【相交曲线】工具按钮 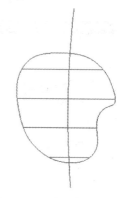，依次选择如图 2-119 所示的两组片体，单击【确定】按钮生成两条相交的曲线。

⑨ 在曲线工具栏中单击【点】工具按钮 ＋，在【类型】中选择"交点"，选择如图 2-120 所示的曲面和曲线，单击【确定】按钮创建相交的点。

按照相同的方法依次创建如图 2-121 所示的相交点。

⑩ 在【曲线】工具栏中单击【艺术样条】工具按钮 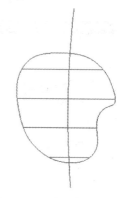，选择如图 2-122 所示的六个点创建艺术样条曲线，样条曲线的两个端点分别与两条相交曲线呈 G01 相切状态。

图 2-117　建立桥接曲线(1)

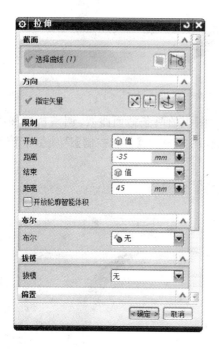

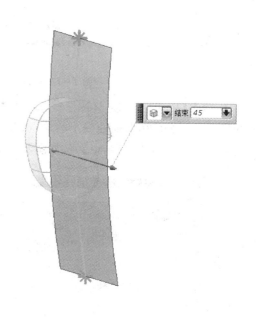

图 2-118　【拉伸】对话框及参数设置(2)

图 2-119　【相交曲线】对话框及参数设置(1)

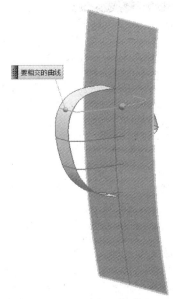

图 2 - 120　【点】对话框及参数设置(1)

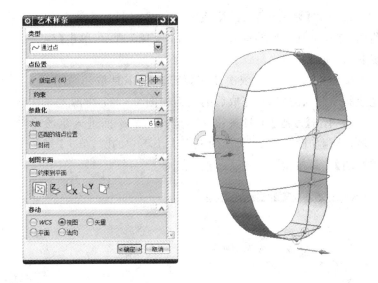

图 2 - 121　新建相交点　　　　　图 2 - 122　【艺术样条】对话框及参数设置(1)

⑪ 在【曲面】工具栏中单击【通过曲线网格】工具按钮 ，选择主曲线为相交曲线的两个端点及四条桥接曲线，在选择交叉曲线时单击曲线捕捉方式中的【在相交处停止】工具按钮 后依次选择三条交叉曲线，在连续性选项组中，将【第一交叉线串】和【最后交叉线串】选为"G1 相切"，将【选择面】选为图中片体，单击【确定】按钮创建出如图 2 - 123 所示的曲面。

⑫ 单击【草绘】工具按钮 ，选择 XY 平面进入草绘界面，绘制如图 2 - 124 所示的五个圆弧，单击【完成草图】工具按钮 完成草图。

⑬ 单击【拉伸】工具按钮 ，选择如图 2 - 125 所示的五条圆弧，输入限制数值，选择体类型为片体，单击【确定】按钮完成拉伸。

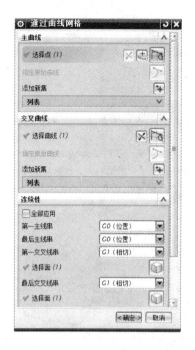

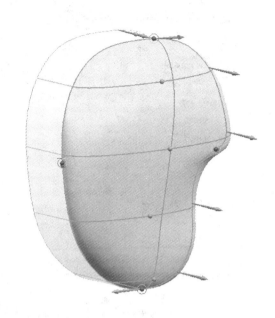

图 2-123 【通过曲线网格】对话框及参数设置(1)

⑭ 单击【修剪体】工具按钮 修剪体，选择目标为脚掌的曲面，选择工具为拉伸的片体，如图 2-126 所示，单击【确定】按钮完成修剪。

按照相同的方法，依次使用【修剪体】工具按钮 修剪体 完成脚掌曲面的修剪，完成后的曲面如图 2-127 所示。

⑮ 单击【草绘】工具按钮 ，选择 XY 平面进入草绘环境，绘制如图 2-128 所示的五个大小不一的圆，单击【完成草图】工具按钮 完成草图。

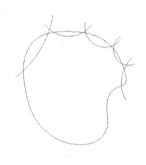

图 2-124 绘制草图曲线(1)

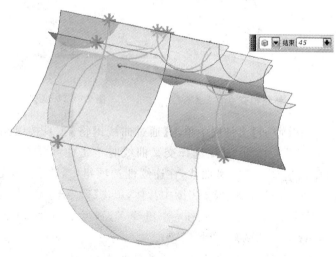

图 2-125 【拉伸】对话框及参数设置(3)

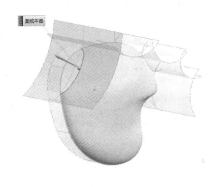

图 2-126　【修剪体】对话框及参数设置

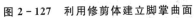
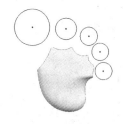

图 2-127　利用修剪体建立脚掌曲面　　　　　图 2-128　绘制草图轮廓

⑯ 单击【桥接曲线】工具按钮，选择起始对象和终止对象分别为脚掌曲面的一条边和圆，调整两端点并调整相切幅值，绘制出如图 2-129 所示的桥接曲线，单击【确定】按钮完成创建。

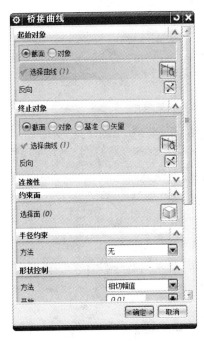
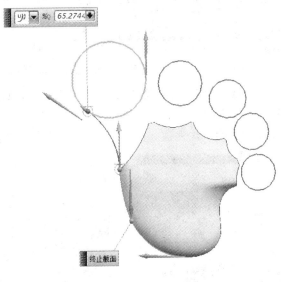

图 2-129　【桥接曲线】对话框及参数设置(2)

利用相同的方法绘制如图 2-130 所示剩余的桥接曲线。

⑰ 单击【草绘】工具按钮，选择 XY 平面进入草绘环境，绘制如图 2-131 所示的五条经

过圆心的直线,单击【完成草图】工具按钮 完成草图。

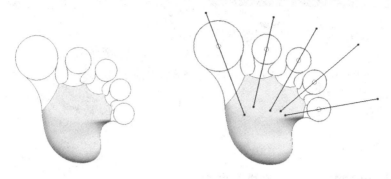

图 2-130　建立桥接曲线(2)　　　　图 2-131　绘制草图直线

⑱ 单击【拉伸】工具按钮 ,选择五条直线,创建如图 2-132 所示的片体,单击【确定】按钮。

图 2-132　【拉伸】对话框及参数设置(4)

⑲ 单击【相交曲线】工具按钮 ,选择两组面,创建如图 2-133 所示的相交曲线,单击【确定】按钮完成相交曲线的创建。

按照相同的方法完成如图 2-134 所示的剩余的相交曲线。

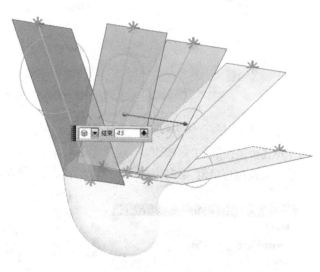

图 2-133　【相交曲线】对话框及参数设置(2)　　　图 2-134　绘制剩余的相交曲线

⑳ 单击【拉伸】工具按钮 ,选择如图 2-135 所示的曲线,创建拉伸片体,单击【确定】按钮。

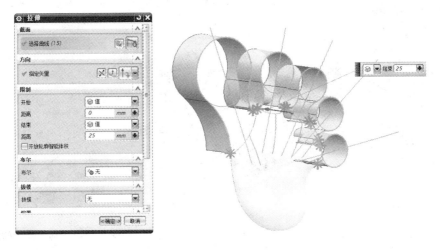

图 2-135　【拉伸】对话框及参数设置(5)

㉑ 单击【相交曲线】工具按钮 ，选择两组相交面,创建相交曲线,如图 2-136 所示,单击
【确定】按钮。按照相同的方法创建如图 2-137 所示余下的相交曲线。

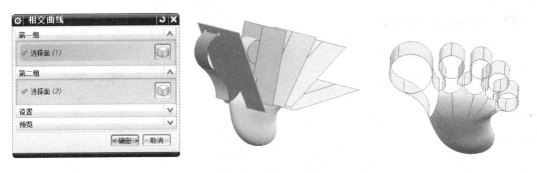

图 2-136　相交曲线的建立　　　　　　　　　　图 2-137　其余相交曲线的建立

㉒ 单击【桥接曲线】工具按钮 ，选择起始对象和终止对象,调整起始点和终止点为起始
对象和终止对象的端点,创建如图 2-138 所示的桥接曲线,单击【确定】按钮。按照相同的方
法创建如图 2-139 所示其余的桥接曲线。

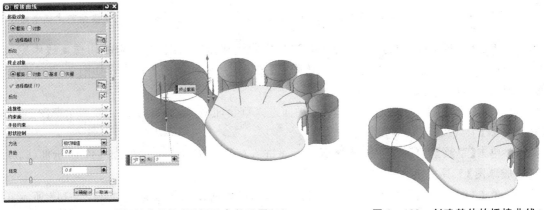

图 2-138　【桥接曲线】对话框及参数设置(3)　　　图 2-139　创建其他的桥接曲线

㉓ 单击【点】工具按钮 ，选择【类型】为"交点",选择平面及曲线,创建如图 2-140 所示
的点,单击【确定】按钮。按照相同的方法创建其余的相交点,如图 2-141 所示。

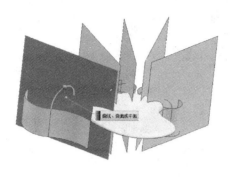

图 2-140 【点】对话框及参数设置(2)　　　　图 2-141 创建其余的相交点

　㉔ 单击【艺术样条】工具按钮 ，根据图 2-142 中所示的三个点创建艺术样条曲线，并调整曲线的起始点和终止点，使之同与其相交的曲线成 G01 相切状态，单击【确定】按钮。按照相同的方法创建如图 2-143 所示的其他样条曲线。

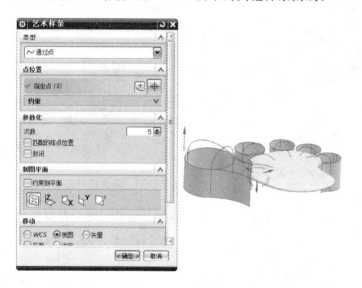

图 2-142 【艺术样条】对话框及参数设置(2)　　　图 2-143 创建其余艺术样条曲线

　㉕ 单击【通过曲线网格】工具按钮 ，选择主曲线和交叉曲线，并设定相切交叉线串完成脚趾的曲面创建，如图 2-144 所示，单击【确定】按钮。按照相同的方法创建如图 2-145 所示的其他脚趾的曲面。

　㉖ 单击【草绘】工具按钮 ，选择 XZ 平面进入草绘环境，绘制如图 2-146 所示草图，单击【完成草图】工具按钮 。

　㉗ 单击【草绘】工具按钮 ，选择 XY 平面进入草绘环境，绘制如图 2-147 所示曲线，单击【完成草图】工具按钮 。

　㉘ 单击【沿引导线扫掠】工具按钮 ，选择界面及引导线创建如图 2-148 所示实体，单击【确定】按钮。

　㉙ 单击【草绘】工具按钮 ，选择 XY 平面进入草绘环境，绘制如图 2-149 所示曲线，单击【完成草图】工具按钮 。

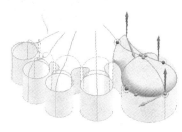

图 2 - 144　【通过曲线网格】对话框及参数设置(2)

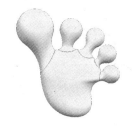

图 2 - 145　创建其余网格曲线曲面

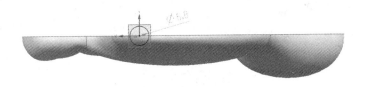

图 2 - 146　绘制草图曲线(2)

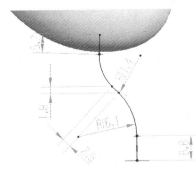

图 2 - 147　绘制草图曲线(3)

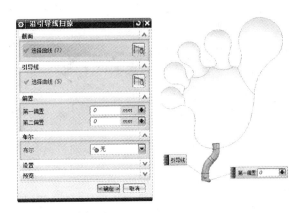

图 2 - 148　【沿引导线扫掠】对话框及参数设置

㉚ 单击【旋转】工具按钮，选择参考线轴为旋转轴，选择草图为旋转截面，旋转 360°创建如图 2 - 150 所示的实体特征，单击【确定】按钮。

㉛ 单击【镜像特征】工具按钮　镜像几何体，选择小脚丫的六个曲面，指定平面为 XY 平面，如图 2 - 151 所示，单击【确定】按钮。

㉜ 单击【缝合】工具按钮　缝合，选择其中一个曲面为目标片体，其他曲面为工具体，如图 2 -152 所示，单击【确定】按钮完成缝合。

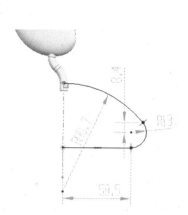

图 2 - 149　绘制草图曲线(4)　　　　　图 2 - 150　【旋转】对话框及参数设置

图 2 - 151　【镜像特征】对话框及参数设置

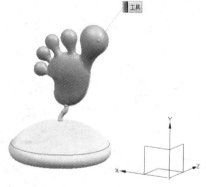

图 2 - 152　【缝合】对话框及参数设置

2.3　U 盘零件建模

　　建立如图 2 - 153 和图 2 - 154 所示的 U 盘实体,并对 U 盘的上、下壳进行装配,最终完成壳体。U 盘的创建主要是针对由塑料产品制作的、可以进行装配的零件。本 U 盘主要由曲面、孔、倒圆角及倒斜角等元素组成。在对 U 盘建模的过程中,需要读者对空间曲线和曲面有一定的了解和掌握。

图 2 - 153　U 盘实体

图 2 - 154　U 盘实体下壳

U 盘实体的建模过程是:

① 单击【草绘】工具按钮,选择 XY 平面进入草绘界面,绘制如图 2 - 155 所示草图,单击【完成草图】工具按钮 。

② 单击【直线】工具按钮 ,终点选项选择【zc 沿 ZC】,绘制如图 2 - 156 所示直线,单击【确定】按钮。

按照相同的方法绘制出如图 2 - 157 所示的第二条直线。

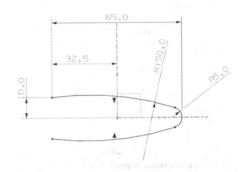

图 2 - 155　绘制草图曲线(1)

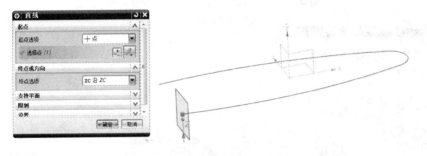

图 2 - 156　【直线】对话框及参数设置

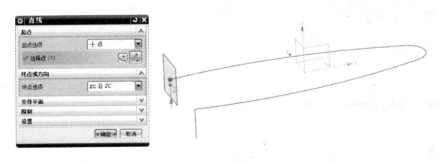

图 2 - 157　绘制第二条直线

③ 单击【桥接曲线】工具按钮 ,分别选择两条直线,【形状控制】|【方法】选择为"相切幅值",绘制出如图 2 - 158 所示桥接曲线,单击【确定】按钮。

④ 单击【扫掠】工具按钮 扫掠,分别选择截面曲线和引导线,如图 2 - 159 所示,单击【确定】按钮。

⑤ 单击【拉伸】工具按钮 ,选择 XY 平面,绘制如图 2 - 160 所示的草图。单击【完成草图】工具按钮 完成草图,【限制】|【结束】选择"对称值",输入距离。布尔运算选择"求差",单击【确定】按钮,如图 2 - 161 所示。

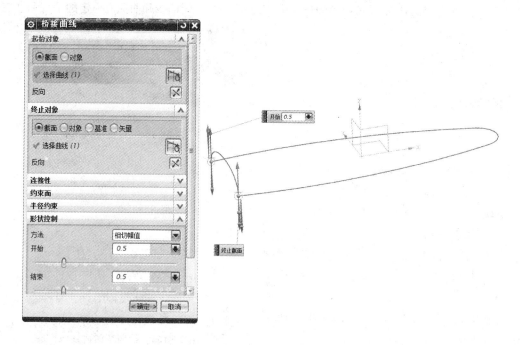

图 2-158 【桥接曲线】对话框及参数设置

图 2-159 【扫掠】对话框及参数设置

⑥ 单击【拉伸】工具按钮，开启"在相交处停止"功能，选择如图 2-162 所示曲线，输入拉伸数值，单击【确定】按钮。

⑦ 单击【通过曲线网格】工具按钮，选择【主曲线】和【交叉曲线】，且各个连续性线串均选为"G1（相切）"，绘制如图 2-163 所示曲面，单击【确定】按钮。

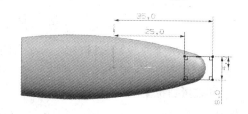

图 2-160 绘制草图曲线(2)

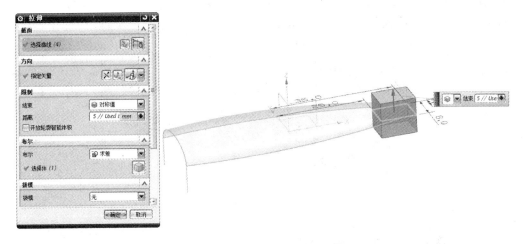

图 2-161　【拉伸】对话框及参数设置(1)

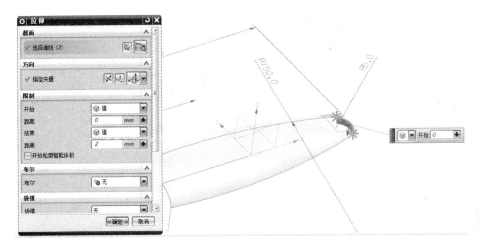

图 2-162　【拉伸】对话框及参数设置(2)

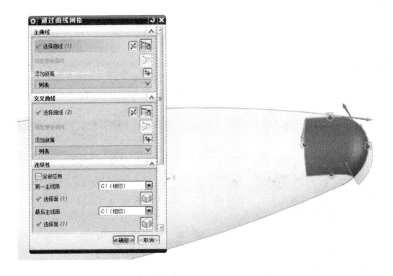

图 2-163　【通过曲线网格】对话框及参数设置(1)

⑧ 单击【拉伸】工具按钮 ⊞，选择 XY 平面，绘制如图 2 - 164 所示的草图，单击【完成草图】工具按钮 ✓完成草图，输入拉伸尺寸，布尔运算选择"求差"，如图 2 - 165 所示，单击【确定】按钮。

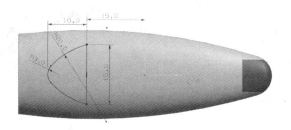

图 2 - 164　绘制草图曲线(3)

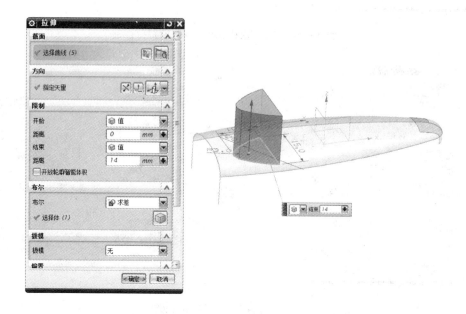

图 2 - 165　【拉伸】对话框及参数设置(3)

⑨ 单击【相交曲线】工具按钮 ✎，选择第一组面为图 2 - 166 所示曲面，选择第二组面为 XZ 平面，单击【确定】按钮。

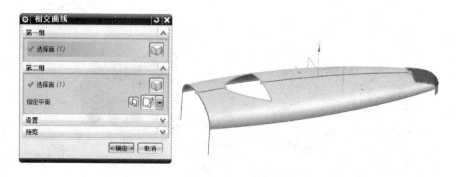

图 2 - 166　【相交曲线】对话框及参数设置

⑩ 单击【草绘】工具按钮 ⊞，选择 XZ 平面进入草绘界面，画出如图 2 - 167 所示草图。单击【完成草图】工具按钮 ✓完成草图。

⑪ 单击【艺术曲面】工具按钮 ，选择主曲线和交叉曲线，在连续性选项组中，选择【第一截面】为"G1（相切）"，【第一条引导线】为"G0（位置）"，绘制如图 2-168 所示曲面，单击【确定】按钮。

⑫ 单击【拉伸】工具按钮 ，选择 XY 平面，绘制如图 2-169 所示草图。单击

图 2-167　绘制草图曲线(4)

【完成草图】工具按钮 完成草图，输入拉伸尺寸，布尔运算选择"求交"，如图 2-170 所示，单击【确定】按钮。

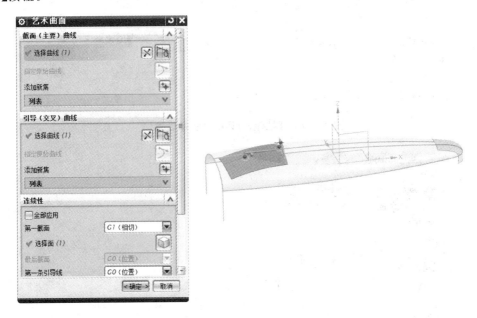

图 2-168　【艺术曲面】对话框及参数设置(1)

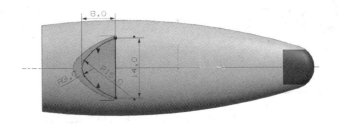

图 2-169　绘制草图曲线(5)

⑬ 单击【通过曲线网格】工具按钮 ，选择主曲线和交叉曲线，且各个连续性线串均选为 "G1（相切）"，绘制如图 2-171 所示曲面，单击【确定】按钮。

⑭ 单击【拉伸】工具按钮 ，选择 XY 平面，绘制如图 2-172 所示草图。单击【完成草图】工具按钮 完成草图，输入拉伸尺寸，布尔运算选择"求差"，如图 2-173 所示，单击【确定】按钮。

⑮ 单击【草绘】工具按钮 ，选择 XZ 平面进入草绘界面，绘制如图 2-174 所示草图，单击【完成草图】工具按钮 完成草图。

⑯ 单击【艺术曲面】工具按钮 ，选择主曲线和交叉曲线，在连续性选项组中，选择【第一截面】为"G1（相切）"，【第一条引导线】为"G0（位置）"，绘制如图 2-175 所示曲面，单击【确定】按钮。

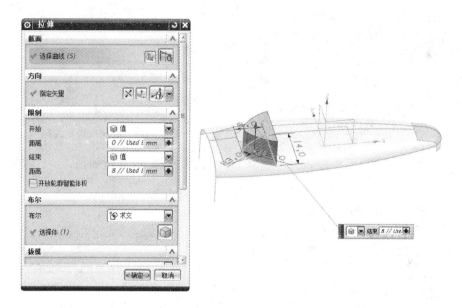

图 2-170 【拉伸】对话框及参数设置(4)

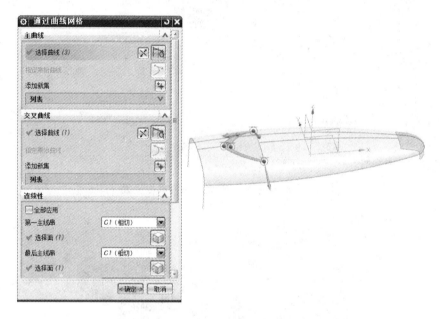

图 2-171 【通过曲线网格】对话框及参数设置(2)

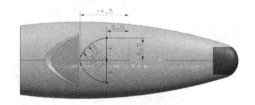

图 2-172 绘制草图曲线(6)

⑰ 单击【拉伸】工具按钮 ，选择 *XY* 平面，绘制如图 2-176 所示草图。单击【完成草图】工具按钮 ，输入拉伸尺寸，布尔运算选择"求交"，如图 2-177 所示，单击【确定】按钮。

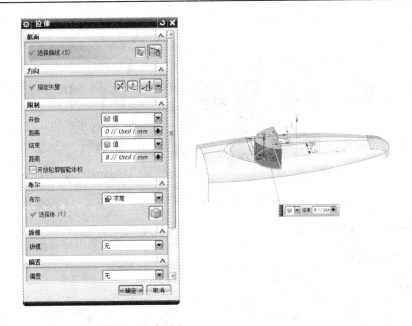

图 2-173　【拉伸】对话框及参数设置(5)

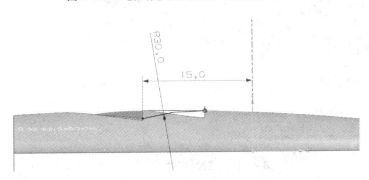

图 2-174　绘制草图曲线(7)

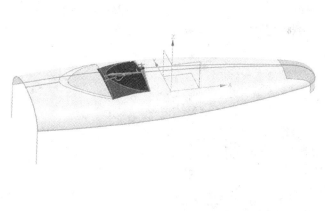

图 2-175　【艺术曲面】对话框及参数设置(2)

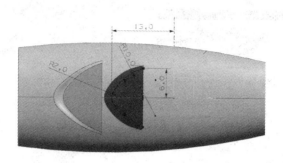

图 2-176   绘制草图曲线(8)

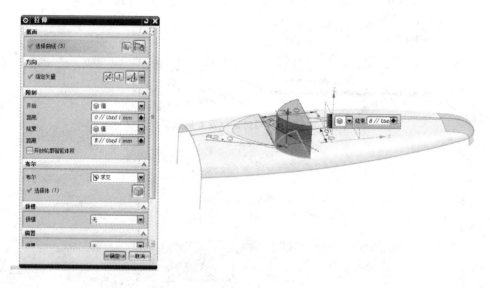

图 2-177   【拉伸】对话框及参数设置(6)

⑱ 单击【通过曲线网格】工具按钮 ，选择主曲线和交叉曲线，且各个连续性线串均选为 "G1(相切)"，绘制如图 2-178 所示曲面，单击【确定】按钮。

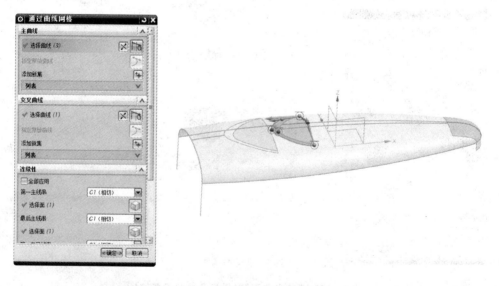

图 2-178   【通过曲线网格】对话框及参数设置(3)

⑲ 单击【拉伸】工具按钮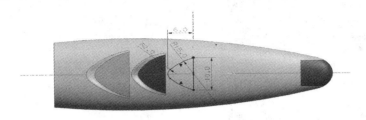，选择 XY 平面，绘制如图 2-179 所示草图，单击【完成草图】工具按钮 ，输入拉伸尺寸，布尔运算选择"求差"，如图 2-180 所示，单击【确定】按钮。

图 2-179 绘制草图曲线(9)

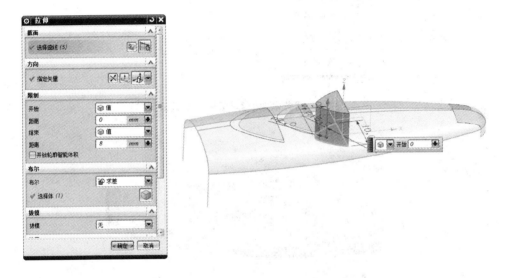

图 2-180 【拉伸】对话框及参数设置(7)

⑳ 单击【草绘】工具按钮 ，选择 XZ 平面进入草绘界面，绘制如图 2-181 所示草图，单击【完成草图】工具按钮 。

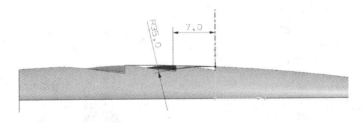

图 2-181 绘制草图曲线(10)

㉑ 单击【艺术曲面】工具按钮 ，选择主曲线和交叉曲线，在连续性选项组中选择【第一截面】为"G1(相切)"，【第一条引导线】为"G0(位置)"，绘制如图 2-182 所示曲面，单击【确定】按钮。

㉒ 单击【拉伸】工具按钮 ，选择 XY 平面，绘制如图 2-183 所示草图轮廓。单击【完成草图】工具按钮 ，输入拉伸尺寸，布尔运算选择"求交"，如图 2-184 所示，单击【确定】按钮。

㉓ 单击【通过曲线网格】工具按钮 ，选择主曲线和交叉曲线，且各个连续性线串均选为"G1(相切)"，绘制如图 2-185 所示曲面，单击【确定】按钮。

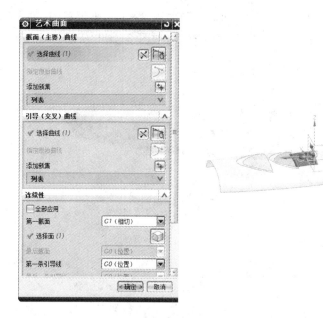

图 2-182　【艺术曲面】对话框及参数设置(3)

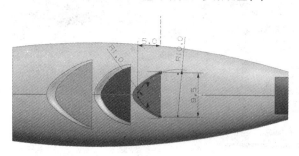

图 2-183　绘制草图曲线(11)

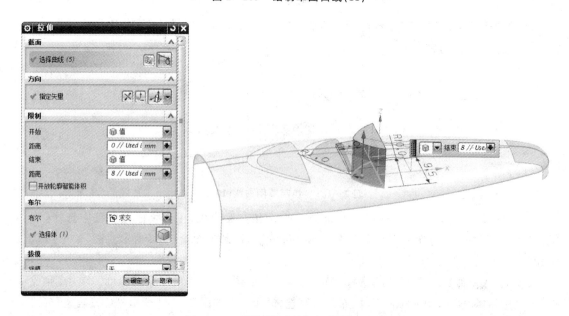

图 2-184　【拉伸】对话框及参数设置(8)

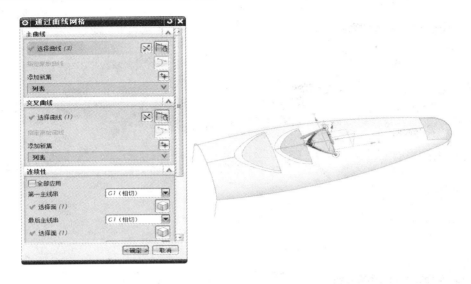

图 2 - 185　【通过曲线网格】对话框及参数设置(4)

㉔ 单击【镜像特征】工具按钮 镜像特征，选择全部特征，选择平面为 XY 平面，如图 2 - 186 所示，单击【确定】按钮。

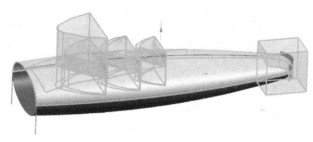

图 2 - 186　【镜像特征】对话框及参数设置

㉕ 单击【有界平面】工具按钮 有界平面，选择如图 2 - 187 所示曲线，单击【确定】按钮。

图 2 - 187　【有界平面】对话框及参数设置

㉖ 单击【缝合】工具按钮 缝合，选择如图 2 - 188 所示的目标及工具体，单击【确定】按钮。

㉗ 单击【拉伸】工具按钮 ，选择如图 2 - 189 所示曲线，选择【偏置】为"对称"，输入偏置尺寸，布尔运算选择"求差"，单击【确定】按钮。

㉘ 单击【草绘】工具按钮 ，选择 XY 平面进入草绘界面，绘制如图 2 - 190 所示草图，单击【完成草图】工具按钮 完成草图。

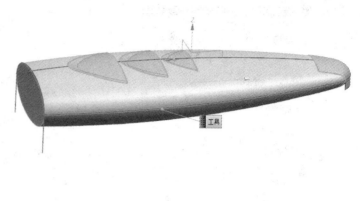

图 2-188 【缝合】对话框及参数设置

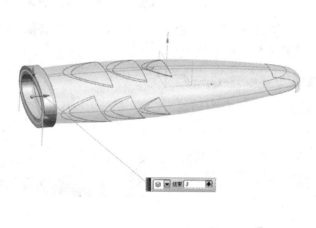

图 2-189 【拉伸】对话框及参数设置(9)

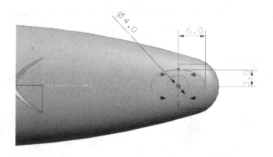

图 2-190 绘制草图曲线(12)

㉙ 单击【投影曲线】工具按钮 ，选择如图 2-191 所示的曲线及投影曲面对象，单击【确定】按钮。

㉚ 单击【通过曲线组】工具按钮 通过曲线组，选择【连续性】选项组中的【第一截面】、【最后截面】均为"G0(位置)"，创建如图 2-192 所示曲面，单击【确定】按钮。

㉛ 单击【补片】工具按钮 补片，选择目标及工具体，如图 2-193 所示，单击【确定】按钮。

㉜ 单击【边倒圆】工具按钮 ，选择如图 2-194 所示的边，创建边倒圆，单击【确定】按钮。

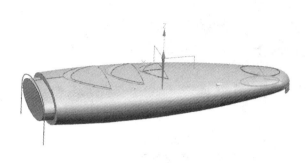

图 2 - 191　【投影曲线】对话框及参数设置

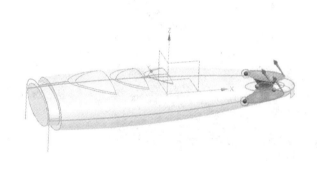

图 2 - 192　【通过曲线组】对话框及参数设置

图 2 - 193　【补片】对话框及参数设置

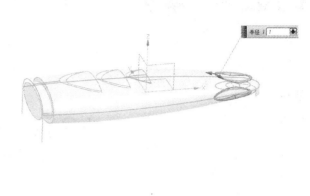

图 2 - 194 【边倒圆】对话框及参数设置

③③ 单击【抽壳】工具按钮 抽壳 ，选择要移除的面，输入厚度，如图 2 - 195 所示，单击【确定】按钮。

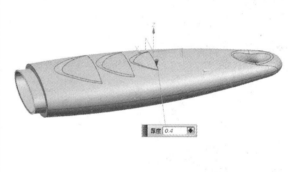

图 2 - 195 【抽壳】对话框及参数设置

③④ 单击【拉伸】工具按钮 ，选择 XY 平面，绘制如图 2 - 196 所示草图。单击【完成草图】工具按钮 完成草图，输入拉伸数值，布尔运算选择"求和"，如图 2 - 197 所示，单击【确定】按钮。

③⑤ 单击【拉伸】工具按钮 ，选择 XZ 平面，绘制如图 2 - 198 所示草图。单击【完成草图】工具按钮 完成草图，输入拉伸数值，布尔运算选择"求差"，如图 2 - 199 所示，单击【确定】按钮。

③⑥ 单击【拉伸】工具按钮 ，选择 XY 平面，绘制如图 2 - 200 所示草图。单击【完成草图】工具按钮 完成草图，输入拉伸数值，布尔运算选择"求和"，如图 2 - 201 所示，单击【确定】按钮。

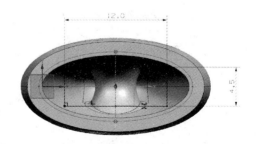

图 2 - 196 绘制草图曲线(13)

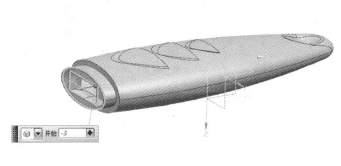

图 2-197　【拉伸】对话框及参数设置(10)

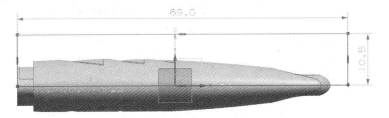

图 2-198　绘制草图曲线(14)

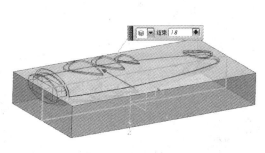

图 2-199　【拉伸】对话框及参数设置(11)

　　㊲ 单击【拉伸】工具按钮，选择如图 2-202 所示的边，输入拉伸数值，选择【偏置】为"两侧"，输入偏置数值，布尔运算选择"求和"，如图 2-202 所示，单击【确定】按钮。

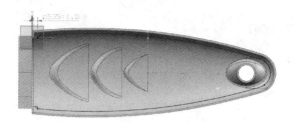

图 2-200　绘制草图曲线(15)

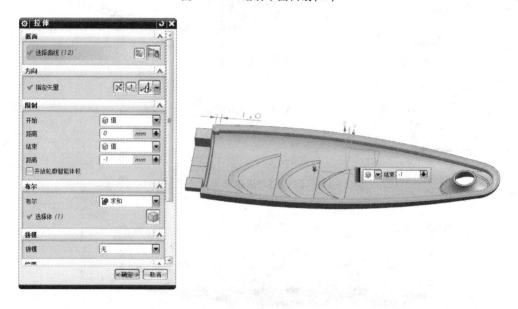

图 2-201　【拉伸】对话框及参数设置(12)

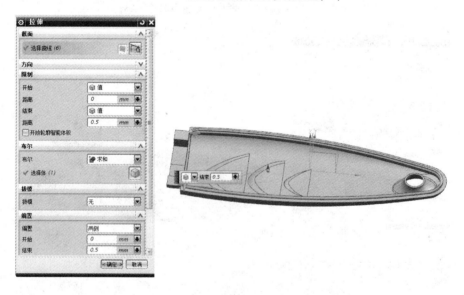

图 2-202　【拉伸】对话框及参数设置(13)

㊳ 单击【草绘】工具按钮，选择 XY 平面进入草绘界面，绘制如图 2-203 所示草图，单击【完成草图】工具按钮 完成草图。

㊴ 单击【拉伸】工具按钮，选择如图 2-204 所示草图的部分对象，输入拉伸数值，布尔运算选择"无"，单击【确定】按钮。

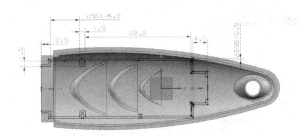

图 2-203　绘制草图曲线(16)

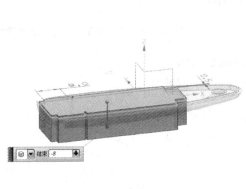

图 2-204　【拉伸】对话框及参数设置(14)

⑩ 单击【修剪体】工具按钮 ，选择目标体为拉伸对象，工具为指定曲面，创建如图 2-205 所示修剪体对象，单击【确定】按钮。

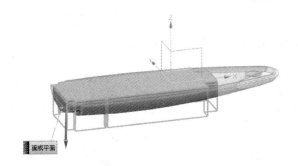

图 2-205　【修剪体】对话框及参数设置

⑪ 单击【拉伸】工具按钮 ，选择如图 2-206 所示草图的部分对象，输入拉伸数值，布尔运算选择"求差"，并指定求差对象为修剪后的体，单击【确定】按钮。

⑫ 单击【拉伸】工具按钮 ，选择如图 2-207 所示的边，输入拉伸数值，选择【偏置】为"两侧"，输入偏置数值，布尔运算选择"无"，单击【确定】按钮。

⑬ 单击【求和】工具按钮 ，选择目标体为任意体，选择工具体为其他所有体，如图 2-208 所示，单击【确定】按钮。

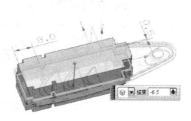

图 2 - 206　【拉伸】对话框及参数设置(15)

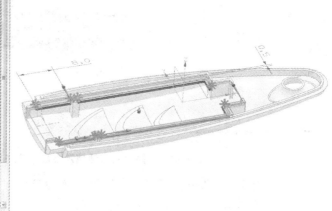

图 2 - 207　【拉伸】对话框及参数设置(16)

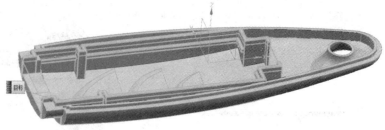

图 2 - 208　【求和】对话框及参数设置

㊹ 单击【拉伸】工具按钮 ，选择 XY 平面，绘制如图 2 - 209 所示草图。单击【完成草图】工具按钮 完成草图，输入拉伸数值，布尔运算选择"求差"，如图 2 - 210 所示。单击【确定】按钮完成如图 2 - 211 所示的 U 盘上壳实体的创建。

㊺ 打开 U 盘下壳实体，在部件导航器中找到如图 2 - 212 所示的拉伸操作，修改拉伸数值，布尔运算选择"求差"，如图 2 - 212 所示，单击【确定】按钮。

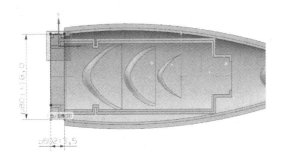

图 2-209 绘制草图曲线(17)

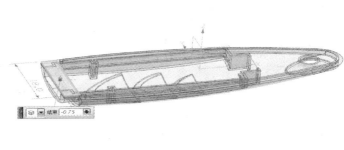

图 2-210 【拉伸】对话框及参数设置(17)

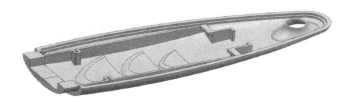

图 2-211 U 盘上壳实体

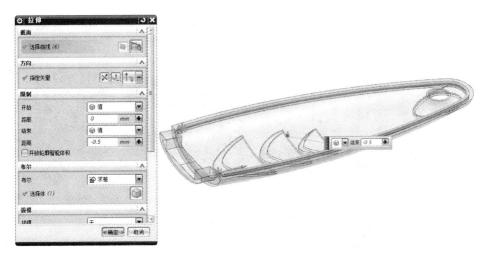

图 2-212 【拉伸】对话框及参数设置(18)

㊻ 在部件导航器中找到如图 2－213 所示的拉伸操作，修改拉伸数值，单击【确定】按钮。

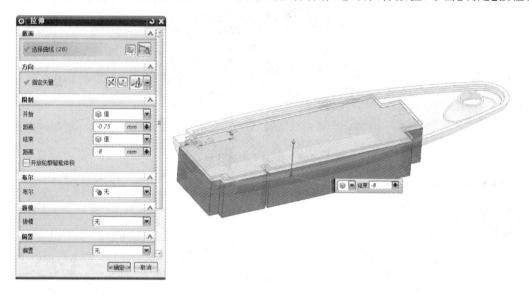

图 2－213 【拉伸】对话框及参数设置(19)

㊼ 单击【拉伸】工具按钮，选择 XY 平面，绘制如图 2－214 所示草图。单击【完成草图】工具按钮，输入拉伸数值，布尔运算选择"求和"，如图 2－215 所示，单击【确定】按钮。

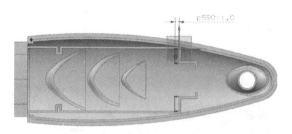

图 2－214 绘制草图曲线(18)

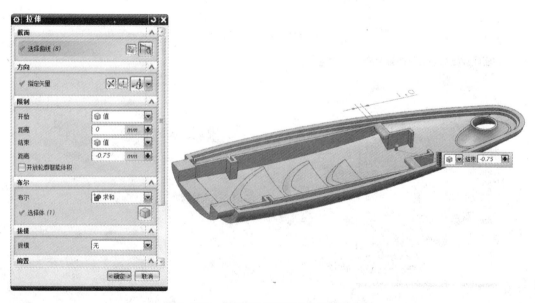

图 2－215 【拉伸】对话框及参数设置(20)

㊽ 选择【文件】|【另存为】菜单项，将修改后的实体文件保存，如图 2 - 216 所示。

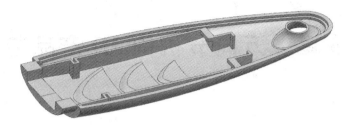

图 2 - 216　U 盘下壳体实体

第 3 章　万向节机构 3D 产品装配

本章重点内容：
* 装配序列的使用
* 装配建模的基础知识和基本术语
* "自下而上"装配建模方式添加现有组件的一般过程
* 在装配中进行组件定位的各种方法
* "自上而下"装配建模方式在装配中创建新组件
* WAVE 几何链接器从装配组件中关联复制几何对象
* 装配导航器的作用
* 装配组件操作
* 爆炸图的制作过程

3.1　UG NX9.0 装配基础介绍

3.1.1　UG NX9.0 装配简介

使用 UG NX9.0 装配应用模块可以为零件文件和子装配文件的装配建模。NX 装配是指将零件通过组织和定位，组成具有一定功能的产品模型的过程。装配操作不是将零部件复制到装配体中，而是在装配件中对零部件进行引用。一个零件可以被多个装配引用，也可以被同一装配引用多次。装配不仅能快速组合零件成为产品，而且可以参考其他部件进行部件关联设计，并可以对装配模型进行间隙分析和重量管理等相关操作。

装配是一个部件文件，其中包含组件对象；而子装配则是在更高级别的装配中用做组件的装配。装配命令也可在其他应用模块中使用，例如基本环境、建模、制图、加工、钣金和外观造型设计。通过定义组件，可以从任何 NX 部件文件中启动装配。

用于定义组件的部件文件包含新的组件对象，该对象是包含组件几何体文件的非几何指针。通过此指针，可在装配中显示组件而无须复制任何几何体。

在使用装配应用模块时，可以执行以下操作：
➢ 在开始构造或制作模型前创建零件的数字表示。
➢ 测量装配中部件间的静态间隙、距离和角度。
➢ 设计部件以适合可用空间。
➢ 定义部件文件之间的各种类型的链接。
➢ 创建装配图纸，显示所有组件或只显示选定的组件。
➢ 创建布置以显示组件处于备选位置时装配的显示方式。
➢ 定义序列以显示装配或拆除部件所需的运动。

3.1.2　UG NX9.0 装配环境简介

双击 UG NX9.0 图标,打开软件主程序,选中【文件】|【应用模块】下面的【装配】,如图 3-1 所示,装配模块就会出现在软件主界面中,如图 3-2 所示。

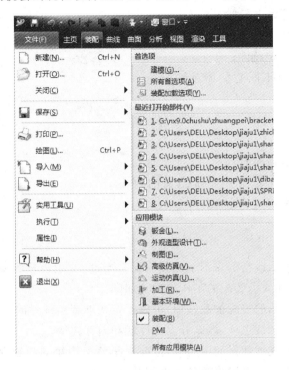

图 3-1　选中装配模块

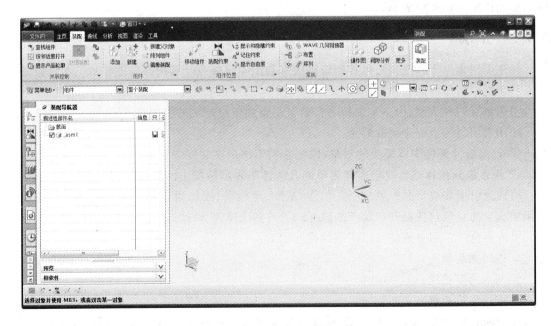

图 3-2　UG NX9.0 装配环境

UG NX9.0 装配环境主要包括以下几项:关联控制、组件、组件位置、布置、导航器顺序、爆炸图、序列、替换引用集、克隆、WAVE 和高级共十一大项。

3.1.3 装配导航器

装配导航器是一个窗口,可在层次结构树中显示装配结构、组件属性及成员组件间的约束,如图 3 - 3 所示。

使用装配导航器可以进行如下操作:

> 查看显示部件的装配结构;
> 将命令应用于特定组件;
> 通过将节点拖至不同的父项对结构进行编辑;
> 标识组件;
> 选择组件。

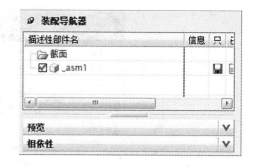

图 3 - 3 装配导航器对话框

在控制组件的显示顺序时,既可以自行创建用户定义的顺序,也可以应用系统定义的顺序。

3.1.4 加载装配

可以使用轻量级表示或精确表示来加载装配。不过,使用轻量级表示可显著节省内存并提高加载和显示性能,在大型装配的工作中尤其如此。

通过使用轻量级表示的装配加载选项,可以指定在加载组件时的表示方式。另外,还应选择使用部分加载的装配加载选项,以充分发挥性能和内存优势。

可以使用轻量级方式加载任何引用集,但前提是该引用集的内容存在轻量级表示。使用自动轻量级生成用户默认的设置可控制软件是对所有体保留轻量级表示,还是只对属于某些引用集的体保留轻量级表示。

3.1.5 引用集

使用引用集命令和选项可以控制较高级别装配中组件或子装配部件的显示。引用集是零件或子装配中对象的命名集合。

引用集有两种类型:由 NX 管理的自动引用集和用户定义的引用集。

使用引用集的原因主要有两个:

① 过滤组件部件中不需要的对象,以便它们不出现在装配中;
② 用备选几何体或比完整实体简单的几何体来表示装配中的组件。

可成为引用集成员的对象包括几何体、基准、坐标系、图样对象和子装配组件。不能成为引用集成员的对象包括提升和属于基准 CSYS 的各个基准。

管理出色的引用集策略可以实现的内容如下:

> 缩短加载时间;
> 减少内存使用;
> 图形显示更整齐。

可以加载任何轻量级引用集,即对具有轻量级表示的引用集成员进行轻量级表示显示。设置自动轻量级可生成用户默认设置,以指定软件来自动保持轻量级表示的引用集。

3.1.6 爆炸图

使用爆炸图命令可以创建一个视图。在该视图中,选中的部件或子装配相互分离开来,以便用于图纸或图解,如图 3-4 所示。此命令以可见形式在爆炸图中对组件进行变换,并且不会更改组件的实际装配位置。

图 3-4 爆炸图

要想创建爆炸图,必须执行以下步骤:

① 创建新的爆炸图;

② 重定位组件在爆炸图中的位置。

3.1.7 装配序列

使用装配序列命令对显示装配的组件进行装配、拆卸和仿真,每个序列均与装配布置(即组件的空间组织)相关联。装配序列工具条如图 3-5 所示。

图 3-5 装配序列工具条

可采用以下方法装配或拆卸组件:

➢ 每次一个;

➢ 作为组,例如,将其他组件固定在原位的所有螺栓;

➢ 已预装,例如,在开始当前序列之前装配的一组组件。

可以将一个装配序列导出为一部电影,一个序列分为一系列步骤,每个步骤代表装配或拆卸过程中的一个阶段。这些步骤可以包括:

➢ 一个或多个帧(即在相等时间单位内分布的图像);

➢ 向装配序列显示中添加一个或多个组件;

➢ 从装配序列显示中移除一个或多个组件;

➢ 一个或多个组件的运动;

➢ 移除或拆卸一个或多个组件之前的运动;

➢ 在运动之前添加或装配一个或多个组件。

3.1.8 组件属性

使用组件属性对话框可以获取所选组件的状态信息,并对所选组件进行更改;可以使用添加组件功能添加已有零件,如图 3-6 所示。有些功能只能通过组件属性对话框来更改,包括以下功能:

➢ 更改组件的名称;

➢ 更新部件族的成员。

从零件中移除颜色、透明度或部分着色的设置,以使用组件部件的原始设置。

注意:在某些情况下可能显示其他属性对话框,而不是组件属性对话框。例如,如果已选定一个组件并

图 3-6 【添加组件】对话框

113

将其设置为显示部件,然后选择【菜单】|【编辑】|【属性】菜单项,则可能改为显示部件属性对话框。组件属性对话框中的选项卡说明如表 3-1 所列。

表 3-1　组件属性对话框中的选项卡

名　称	说　明
装配	用于更改装配的某些显示属性的选项
常规	杂项选项,包括名称和信息选项
属性	关于选定组件中现有属性的信息
参数	用于获取有关选定组件中参数的信息和编辑这些参数的选项
部件文件	关于选定组件的信息
WAVE	选定组件的 WAVE 信息
重量	关于重量属性的选项和信息
JT 文件	从 JT 文件派生一个或多个选定组件时可用的选项和信息

并不是针对所有组件显示所有选项卡。如果某个选项卡未显示,则可能存在以下一种或多种情况:

① 该选项卡可能不适用于所选定组件。例如,如果组件并非出自 JT 文件,则不会显示 JT 文件选项卡。

② 适当的应用模块可能处于非活动状态。例如,如果装配应用模块处于非活动状态,则不显示参数选项卡。

组件菜单中提供用于创建和编辑装配组件的命令如表 3-2 所列。

注意:要想从装配中移除组件,则可以选择该组件,然后选择【菜单】|【编辑】|【删除】菜单项,或者在图形窗口中右击并选择删除。

表 3-2　组件菜单选项

名　称	说　明
添加组件	用于向装配中添加现有的组件
新建组件	用于新建组件并添加到装配中
新建父对象	用于为当前显示的部件新建父项
替换组件	用于替换装配中的组件
设为唯一	用于为相同部件中的一个或多个选定实例创建新的部件文件
创建组件阵列	用于在装配中创建已命名的关联阵列。可以创建线性阵列、圆形阵列或基于约束到特征实例的模板组件的阵列
编辑组件阵列	用于编辑组件阵列
镜像装配	可创建装配的镜像版本。当装配成为更大装配的一个侧面部分,且两个侧面部分对称(或近似对称)时,该功能很有用
抑制组件	用于抑制组件。抑制组件的其他选项出现在组件属性对话框的参数页面上
取消抑制组件	可对一个或多个被抑制的组件取消抑制
编辑抑制状态	可定义装配布置中选定组件的抑制状态。例如,在某个布置内可以抑制一个组件,在其他布置内不抑制该组件
部件族更新	更新部件族成员并提供部件族报告
变形组件	可供在将组件添加到装配时对组件重构形。必须首先将组件标识为可变形,然后定义其变形方式

3.1.9 自下而上装配建模

1. 自下而上建模

对数据库中已经有的系列产品零件、标准件及外购件可以通过自下而上的方法加入到装配部件中来。此时,装配建模的过程是建立组件配对关系的过程。

2. 装配组件的定位方式

组件在装配中的定位方式主要包括:绝对原点和通过约束。绝对原点是以坐标系作为定位参考,一般用于第一个组件的定位。通过约束可以建立装配中各组件之间参数化的相对位置与方位的关系,这种关系被称为定位条件,一般用于后续组件的定位。未被完全约束的组件还可以利用"移动组件"工具动态调整其位置。

3. 配对类型

UG NX9.0 共提供 11 种配对约束条件,如图 3-7 所示。

(1)接触对齐

定位相同类型的两个对象,使它们重合。对于平面对象,其法向将指向相反的方向,如图 3-8 所示。

(2)同心(非同轴)

如图 3-9 所示为"同心"类型的【装配约束】对话框。该约束使两个组件的圆形边界或椭圆边界重合,以使中心重合,并使边界的面共面,如图 3-10 所示。

图 3-7 【装配约束】对话框

图 3-8 "接触对齐"类型

图 3-9 "同心"类型

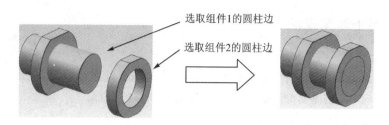

图 3-10　同心约束

（3）距　离

如图 3-11 所示为"距离"类型的【装配约束】对话框。距离约束指定两个对象之间的最小 3D 距离，如图 3-12 所示。

图 3-11　"距离"类型

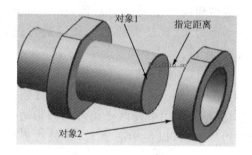

图 3-12　距离约束

（4）固　定

将某个组件设置为位置固定，如图 3-13 所示。

（5）平　行

定义两个组件对象的方向矢量为互相平行，如图 3-14 所示。

图 3-13　"固定"类型

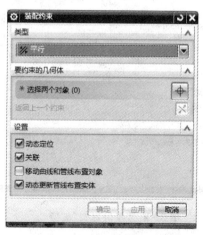

图 3-14　"平行"类型

（6）垂　直

定义两个组件对象的方向矢量为互相平行或互相垂直，如图 3-15 所示。

（7）对齐/锁定

对于平面对象，"对齐"将使它们共面且平面法向相同；对于轴对称对象，则对齐它们的中心轴，如图 3-16 所示。

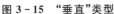

图 3-15　"垂直"类型　　　　　　　　图 3-16　"对齐/锁定"类型

（8）等尺寸配对

将具有相等半径的两个圆柱面进行中心对齐，当将螺栓或螺钉与孔进行配对时，该命令很有用。如果两个柱面的半径不相等，则该命令无效，如图 3-17 所示。

（9）胶　合

将两个组件胶结在一起，使两个组件成为一个具有焊接关系的刚性件，如图 3-18 所示。

图 3-17　"等尺寸配对"类型　　　　　　图 3-18　"胶合"类型

（10）中　心

如图 3-19 所示中心约束对话框，将一个组件的 1 或 2 个对象对中于另外一个组件的 1 或 2 个对象。此定位方式包括三种类型：1 对 2、2 对 1 和 2 对 2，如图 3-20 所示。

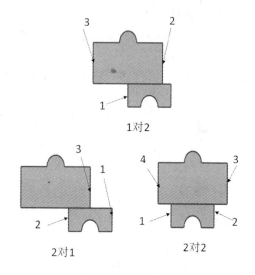

图 3 - 19　"中心"类型

图 3 - 20　定位方式

（11）角　度

定义两个组件对象间的角度尺寸。如图 3 - 21 所示，在进行角度约束之前，首先应该添加两个平面的配对约束和边缘的对齐约束。

对于欠约束的组件，可以在它们未被限制自由度的方向上进行移动组件操作，这些操作主要包括对象的移动和旋转等，【移动组件】对话框如图 3 - 22 所示。

图 3 - 21　"角度"类型

图 3 - 22　【移动组件】对话框

前面几章已经完成了部分零件的三维实体模型，现在需要完成某些组件的装配，以检查设计的正确性。

对于复杂产品或运动机构而言，合理有序的装配结构是进行后续应用的基础。因此在进行装配或产品设计之前，需要对产品结构进行详细的分析，并善于使用子装配进行装配设计。

在添加一个配对约束后,系统会以不同颜色显示已经约束的和未被约束的自由度符号,包括线性自由度箭头和旋转自由度箭头。

4. 自上而下建模

自上而下装配建模是在装配级中建立新的,并可以与其他部件相关联的部件模型,是在装配部件的顶级向下产生子装配和零件的建模方法。顾名思义,自上而下装配是先在结构树的顶部生成一个装配,然后下移一层,生成子装配和组件,装配中仅包含指向该组件的指针。

5. WAVE 几何连接器

WAVE 几何连接器提供在装配环境中将其他部件的几何对象链接到当前工作部件的工具。被链接的几何对象与其父几何体保持关联,当父几何体发生改变时,这些被链接到工作部件的几何对象全部随之自动更新。可用于链接的几何类型包括点、线、草图、基准、面和体。这些被链接到工作部件的对象以特征方式存在,并可用于建立和定位新的特征。

3.2　万向节机构装配

在 UG NX9.0 的装配环境下,对万向节机构进行装配操作,如图 3-23 所示。

万向节机构装配的操作步骤是:

① 双击 UG NX9.0 图标打开软件主程序,执行【文件】|【新建】命令,弹出【新建】对话框,在模板中选择"装配",设定新文件的名称和文件夹的名称,如图 3-24 所示。

图 3-23　装配组合图

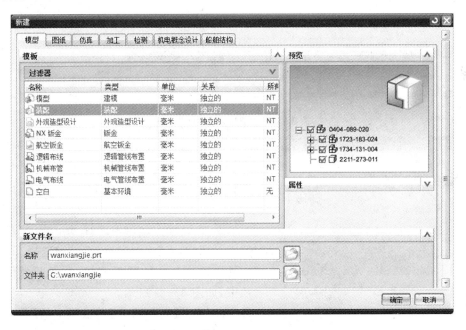

图 3-24　新建模型环境

② 在【装配】工具条中单击【添加组件】工具按钮,弹出如图 3-25 所示【添加组件】对话框,单击【打开】工具按钮,弹出如图 3-26 所示对话框,选择 bracket 文件,单击 OK 按钮。

③ 系统弹出【添加组件】对话框,在【放置】选项组的【定位】下拉列表框中选择"绝对原点",然后单击【确定】按钮,如图 3-27 所示。

④ 确定之后 bracket 零件装配到 wanxiangjie 文件中，如图 3-28 所示。

⑤ 继续在【装配】工具条中单击【添加组件】工具按钮，弹出【添加组件】对话框，单击【打开】工具按钮，弹出如图 3-29 所示【部件名】对话框，选择 yoke_male 文件，单击 OK 按钮。

⑥ 系统弹出【添加组件】对话框，在【放置】选项组的【定位】下拉列表框中选择"通过约束"，然后单击【确定】按钮，如图 3-30 所示。

⑦ 系统同时弹出【装配约束】对话框和【组件预览】窗口，在【类型】选项组中选择"同心"约束，所有参数设置如图 3-31 所示。

图 3-25 【添加组件】对话框(1)

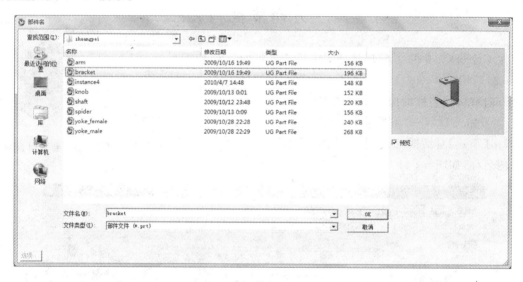

图 3-26 【部件名】对话框(1)

图 3-27 【添加组件】对话框(2)

⑧ 通过【组件预览】窗口预览预装配零件，同时用户可在【组件预览】窗口中选择需要的元素进行进一步零件装配位置的调整，如图 3-32 所示。

⑨ 在软件主窗口中选择 bracket 文件中的顶部圆弧曲线，在【组件预览】窗口中选择 yoke_male 文件中顶部对应的圆弧曲线，使两圆弧形成同心约束，如图 3-33 所示。

⑩ 单击【装配约束】对话框中的【确定】按钮，完成两零件的安装，如图 3-34 所示。

⑪ 继续单击【装配】|【添加组件】工具按钮，弹出【添加组件】对话框，单击【打开】工具按钮，弹出如图 3-35 所示对话框，选择 shaft 文件，单击 OK 按钮。

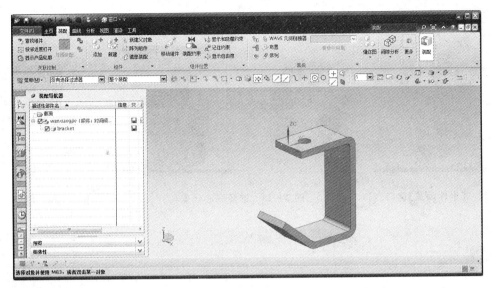

图 3-28　装配截面

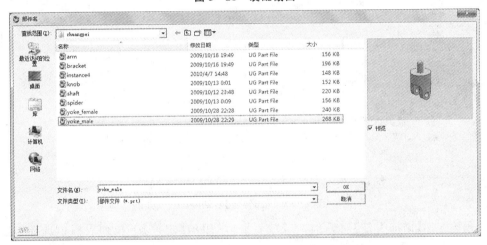

图 3-29　【部件名】对话框(2)

图 3-30　【添加组件】对话框(3)

图 3-31　【装配约束】对话框("同心"1)

图 3-32　【组件预览】窗口(1)　　　　图 3-33　选择同心元素(1)　　　　图 3-34　零件安装

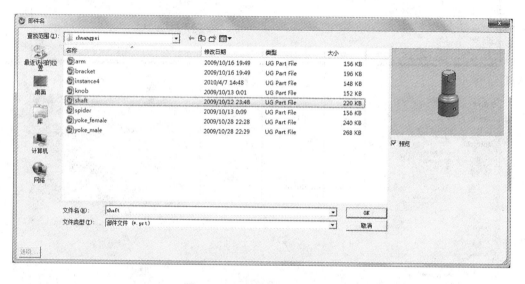

图 3-35　【部件名】对话框(3)

　　⑫ 系统弹出【添加组件】对话框,在【放置】选项组的【定位】下拉列表框中选择"通过约束",然后单击【确定】按钮,如图 3-36 所示。

　　⑬ 系统同时弹出【装配约束】对话框和【组件预览】窗口,如图 3-37 和图 3-38 所示。

图 3-36　【添加组件】对话框(4)　　　　图 3-37　【装配约束】对话框("同心"2)

在【装配约束】对话框中,【类型】选项组选择"同心"约束,所有参数设置如图 3-37 所示。

⑭ 在软件主窗口中选择 yoke_male 文件中 1 所示位置的圆弧曲线,接着在【组件预览】窗口中选择 shaft 文件中 2 所示位置的圆弧曲线,使两圆弧形成同心约束,如图 3-39 所示。

图 3-38　【组件预览】窗口(2)

图 3-39　选择同心元素(2)

⑮ 在【装配约束】对话框中的【类型】下拉列表框中选择"接触对齐"选项,首先将 bracket 文件隐藏,然后将视图变为静态线框模式,如图 3-40 所示。

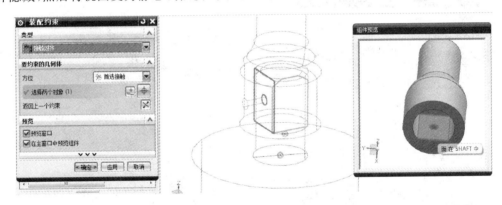

图 3-40　【装配约束】对话框及选择面

⑯ 选择 yoke_male 文件中 1 所示位置的平面,然后选择 shaft 文件中 2(2 位置可以在【组件预览】窗口中选择,也可以在主窗口中选择)所示位置的平面,使其两个平面接触,进而完成两个零件的装配,同时会显示两两零件之间相互的约束关系,如图 3-41 所示。

⑰ 单击【装配约束】对话框中的【确定】按钮,继续单击【装配】|【添加组件】工具按钮,弹出【添加组件】对话框,单击【打开】工具按钮,弹出如图 3-42 所示对话框,选择 arm 文件,单击 OK 按钮。

图 3-41　完成零件装配

⑱ 系统弹出【添加组件】对话框,在【放置】选项组的【定位】下拉列表框中选择"通过约束",然后单击【确定】按钮,如图 3-43 所示。

⑲ 系统同时弹出【装配约束】对话框和【组件预览】窗口,如图 3-44 和图 3-45 所示。在【装配约束】对话框中,【类型】下拉列表框选择"同心"约束,所有参数设置如图 3-44 所示。

⑳ 在软件主窗口中选择 shaft 文件中 1 所示位置的圆弧曲线,接着在【组件预览】窗口中选择 arm 文件中 2 所示位置的圆弧曲线,使两圆弧形成同心约束,如图 3-46 所示。

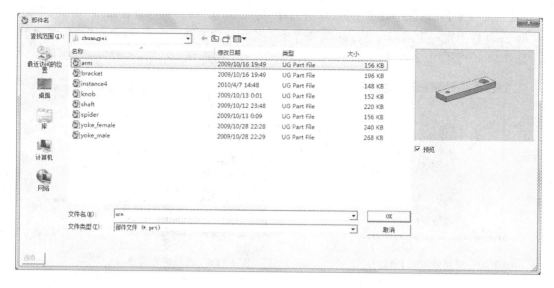

图 3-42 【部件名】对话框(4)

图 3-43 【添加组件】对话框(5)

图 3-44 【装配约束】对话框("同心"3)

图 3-45 【组件预览】窗口(3)

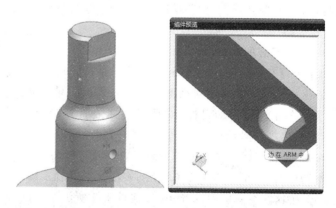

图 3-46 零件装配(1)

㉑ 在【装配约束】对话框中，【类型】下拉列表框选为"接触对齐"，选择 shaft 文件中 1 所示位置的平面，然后选择 arm 文件中 2 所示位置的平面，使两个平面接触，进而完成两个零件的装配，同时会显示两两零件相互之间的约束关系，如图 3-47 所示。

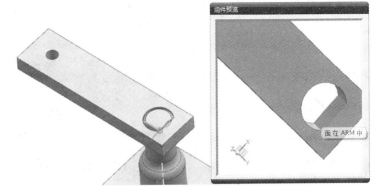

图 3-47　【装配约束】对话框（"接触对齐"）

㉒ 单击【装配约束】对话框中的【确定】按钮。继续单击【装配】|【添加组件】工具按钮，弹出【添加组件】对话框，单击【打开】工具按钮，弹出如图 3-48 所示对话框，选择 spider 文件，单击 OK 按钮。

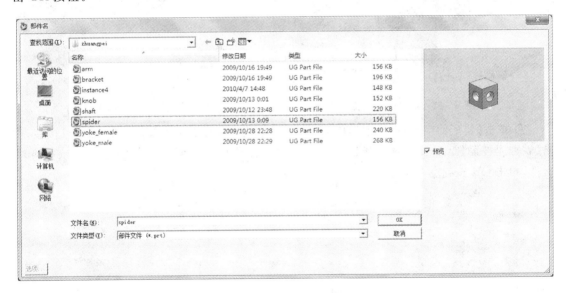

图 3-48　【部件名】对话框（5）

㉓ 系统弹出【添加组件】对话框，在【放置】选项组的【定位】下拉列表框中选择"通过约束"，然后单击【确定】按钮，如图 3-49 所示。

㉔ 系统同时弹出【装配约束】对话框和【组件预览】窗口，如图 3-50 和图 3-51 所示。在【装配约束】对话框中，【类型】下拉列表框选为"同心"约束，所有参数设置如图 3-50 所示。

㉕ 在软件主窗口中选择 yoke_male 文件中 1 所示位置的圆弧曲线，接着在【组件预览】窗口中选择 spider 文件中 2 所示位置的圆弧曲线，使两圆弧形成同心约束，如图 3-52 所示。

㉖ 单击【添加组件】对话框中的【确定】按钮，将 spider 文件安装到 yoke_male 文件的正确位置上，如图 3-53 所示。

图 3-49 【添加组件】对话框(6)

图 3-50 【装配约束】对话框("同心"4)

图 3-51 【组件预览】窗口(4)

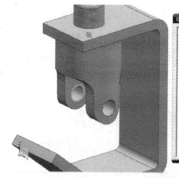

图 3-52 约束元素选择窗口

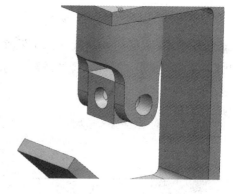

图 3-53 零件装配(2)

㉗ 单击【装配约束】对话框中的【确定】按钮。继续单击【装配】|【添加组件】工具按钮,弹出【添加组件】对话框,单击【打开】工具按钮,弹出如图 3-54 所示对话框,选择 yoke_female 文件,单击 OK 按钮。

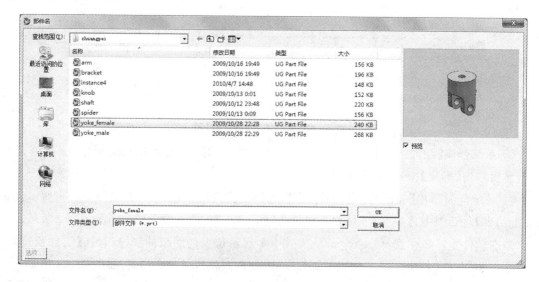

图 3-54 【部件名】对话框(6)

㉘ 系统弹出【添加组件】对话框,在【放置】选项组的【定位】下拉列表框中选择"通过约束",然后单击【确定】按钮,如图 3-55 所示。

㉙ 系统同时弹出【装配约束】对话框和【组件预览】窗口,如图 3-56 和图 3-57 所示。在【装配约束】对话框中,【类型】下拉列表框选为"同心"约束,所有参数设置如图 3-56 所示。

图 3-55　【添加组件】对话框(7)　　图 3-56　【装配约束】对话框("同心"5)　　图 3-57　【组件预览】窗口(5)

㉚ 在软件主窗口中选择 spider 文件中 1 所示位置的圆弧曲线,接着在【组件预览】窗口中选择 yoke_female 文件中 2 所示位置的圆弧曲线,使两圆弧形成同心约束,如图 3-58 所示。

㉛ 单击【装配约束】对话框中的【确定】按钮,显示 yoke_female 文件的安装位置,如图 3-59 所示。

图 3-58　装配元素选择窗口(1)　　　　　　　　图 3-59　零件装配(3)

㉜ 单击【移动组件】工具按钮 ,弹出【移动组件】对话框,如图 3-60 所示。选择要移动的组件 yoke_female,然后单击【移动组件】对话框的【变换】选项组中的【指定方位】工具按钮,利用附加在 yoke_female 组件上的操作手柄将组件微调至如图 3-60 所示的位置,单击【确定】按钮。

㉝ 单击【装配约束】工具按钮 ,在【装配约束】对话框中,【类型】下拉列表框选为"平行"约束,如图 3-61 所示。

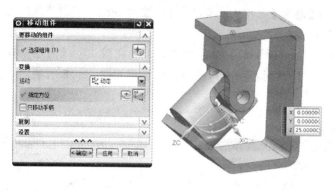

图 3-60 【移动组件】对话框　　　　　　　图 3-61 【装配约束】对话框("平行")

㉞ 在软件主窗口中选择 yoke_female 文件中 1 所示位置的平面,接着在主窗口中调整装配体的方向,以方便选择 bracket 文件中 2 所示位置的平面,如图 3-62 所示。

㉟ 单击【装配约束】对话框中的【确定】按钮,使两平面达到平行状态,如图 3-63 所示。

图 3-62 元素选择窗口　　　　　　　　　　图 3-63 零件装配(4)

㊱ 单击【装配】|【添加组件】工具按钮,弹出【添加组件】对话框,单击【打开】工具按钮,弹出如图 3-64 所示对话框,选择 knob 文件,单击 OK 按钮。

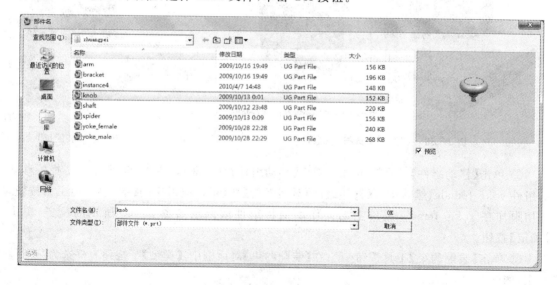

图 3-64 【部件名】对话框(7)

㉛　系统弹出【添加组件】对话框,在【放置】选项组的【定位】下拉列表框中选择"通过约束",然后单击【确定】按钮,如图 3-65 所示。

㊳　系统同时弹出【装配约束】对话框和【组件预览】窗口,如图 3-66 和图 3-67 所示。在【装配约束】对话框中,【类型】下拉列表框选为"同心"约束,所有参数设置如图 3-66 所示。

㊴　在软件主窗口中选择 arm 文件中 1 所示位置的圆弧曲线,接着在【组件预览】窗口中选择 knob 文件中 2 所示位置的圆弧曲线,使两圆弧形成同心约束,如图 3-68 所示。

㊵　单击【装配约束】对话框中的【确定】按钮,完成 knob 文件的安装,如图 3-69 所示,从而完成万向节机构的装配工作。

图 3-65　【添加组件】对话框(8)

图 3-66　【装配约束】对话框("同心"6)

图 3-67　【组件预览】窗口(6)

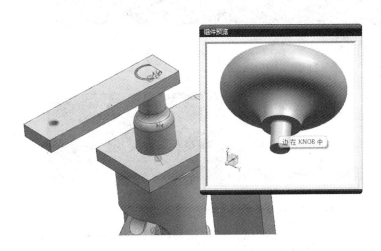

图 3-68　装配元素选择窗口(2)

图 3-69　零件装配(5)

第 4 章　MoldWizard 注塑模具设计入门

本章重点内容：

* 项目初始化
* 坐标系设定
* 工件创建
* 型腔布局操作
* 靠破孔
* 分型各项操作
* 模架库及标准件库选用操作
* 型腔组件——侧抽机构、斜顶机构操作方法
* 浇注系统设计操作
* 冷却系统设计操作

4.1　设计前准备

4.1.1　UG NX9.0 模具设计向导配置说明

为了便于在创建模具时减少每次进行系统设置的麻烦，可以在用户默认设置中先行对模具设计参数进行设置。具体设置步骤是：

① 双击 UG 图标，打开软件主程序，选择【文件】|【实用工具】|【用户默认设置】菜单项，如图 4-1 所示，弹出【用户默认设置】对话框，如图 4-2 所示。

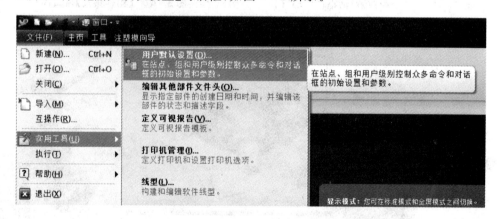

图 4-1　【用户默认设置】菜单项

② 拖动【用户默认设置】对话框的滚动条，在左侧一栏中找到【注塑模向导】并单击，对话框右侧显示出与注塑模向导有关的选项，如图 4-3 所示。

③ 选中【常规】|【项目设置】|【项目单位】选项组中的【与产品模型相同】单选按钮，并确认部件的【单位制】为"公制"，如图 4-4 所示。

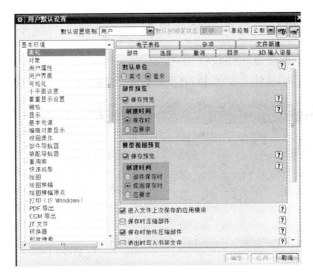

图 4-2　【用户默认设置】(1)

图 4-3　【用户默认设置】(2)

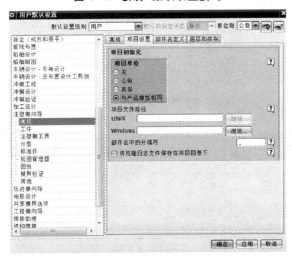

图 4-4　【用户默认设置】(3)

4.1.2 UG NX9.0 模具设计向导工作界面

模具设计向导工作界面设定的步骤是：

① 双击 UG 图标，启动软件主程序，执行【新建】或【打开】命令，进入【建模】环境，如图 4－5 所示。

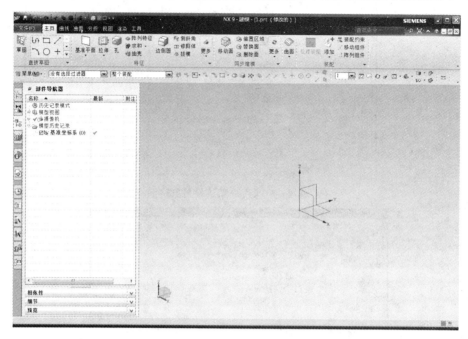

图 4－5　模具设计向导工作界面设定(1)

② 设置主菜单栏工具条。如图 4－6 所示，在主菜单栏【工具】菜单项后面的空白区域中右击打开快捷菜单，选择【注塑模向导】，在【工具】菜单项后面增加【注塑模向导】菜单项，选择该菜单项打开 MoldWizard 模具设计引导工具，如图 4－7 所示。

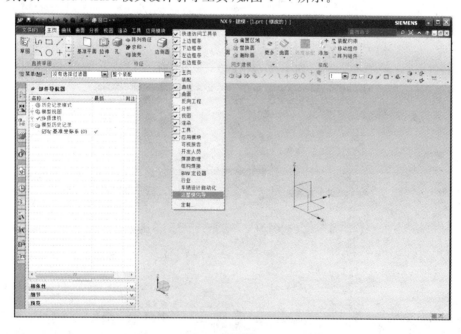

图 4－6　模具设计向导工作界面设定(2)

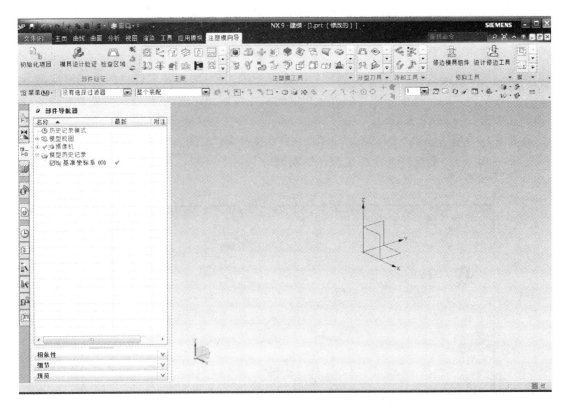

图 4-7　模具设计向导工作界面设定(3)

③ 注塑模向导模块如图 4-8 所示,主要分为部件验证、主要、注塑模工具、分型刀具、冷却工具、修剪工具和模具图纸等项。

图 4-8　模具设计向导工作界面设定(4)

4.1.3 塑件 3D 模型验证及修补

在接受客户资料后,需要根据客户要求对客户提供的制件产品进行数模检验。如果客户提供的是二维制件零件图,则需要根据零件图进行三维建模;如果客户提供的是三维模型,则需要根据客户提供的三维模型的类型进行相应的格式转换和检查,以检查模型是否有缺陷,例如曲面片丢失、结构不全等。

在如图 4-9 所示的文件夹中,有三个不同格式的文件 5-01.igs、5-02.stp 和 5-03.prt。打开 5-01.igs 曲面文件,需要检查曲面是否有缺漏,如图 4-10 所示,如果缺少曲面片,则需要进行修补。

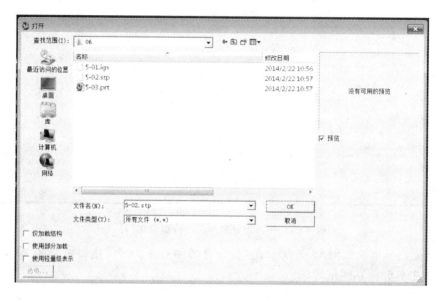

图 4-9 打开文件

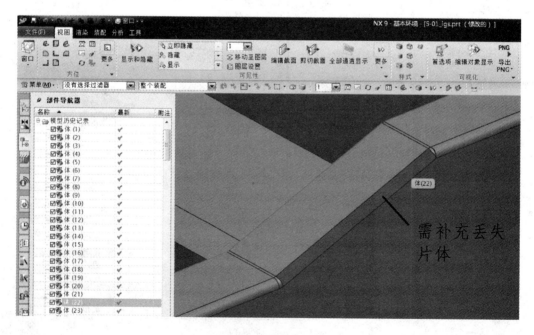

图 4-10 确定丢失面

选择 UG NX9.0 软件的【应用模块】菜单项,将【基本环境】切换至【建模】模式下,选择【曲面】系列命令中的【扫掠】命令对模型进行曲面修补,如图 4-11 所示。

图 4-11　曲面修补

4.1.4　塑件模具设计的前期分析及计划确定

在对客户提供的制件进行验证后,需要进行模具设计的前期分析及计划确定。这部分工作主要由成型工艺分析师应用 CAE 软件进行,如分析塑件成型的最佳浇口位置、浇注系统和冷却系统等的工艺尺寸及参数,为模具设计提供设计依据。同时模具设计师需要根据制件的结构特点确定模具结构的形式等。

如图 4-9 所示,打开文件 5-03.prt 进行模具设计前的分析及制订模具设计计划。观察如图 4-12 所示制件,制件有侧孔,需要设计侧向成型与抽芯机构;制件属于浅扁形制件,冷却系统采用平行冷却系统即可;制件采用一模两腔平衡排样模式;浇口采用点浇口形式,模具采用三板式模具;脱模机构采用推杆推出,复位采用弹簧复位。有关塑件的 CAE 分析过程这里不进行详述。

图 4-12　制　件

4.2 设计准备

4.2.1 项目初始化

1. UG NX9.0 软件工作环境切换

打开塑件模型,如图 4-13 所示,选择【文件】|【打开】菜单项,弹出如图 4-9 所示对话框,打开 5-03.prt 零件模型文件,此时 UG NX9.0 软件的环境为【基本环境】。

如图 4-14 所示,右击【工具】菜单项后面的空白区域,弹出快捷菜单,选择【应用模块】,在【工具】菜单项后面增加【应用模块】菜单项,选择该菜单项,打开应用模块工具条,如图 4-15 所示,单击【模具】工具按钮,打开 MoldWizard 模具设计引导工具,如图 4-16 所示。

图 4-13 【文件】|【打开】菜单项

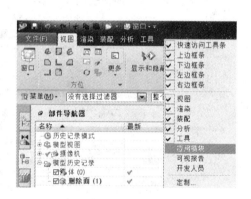

图 4-14 【应用模块】菜单项

图 4-15 【应用模块】工具条

图 4-16 注塑模向导

2. 模具设计项目初始化

在图 4-16 中,单击工具条中的【初始化项目】工具按钮,弹出如图 4-17 所示的初始化项目对话框。主要设定以下项目:

① 项目保存路径。如图 4-17 所示,这里可以更改路径,注意文件夹最好为新建的空文件夹,同时要保存制件的原始模型。

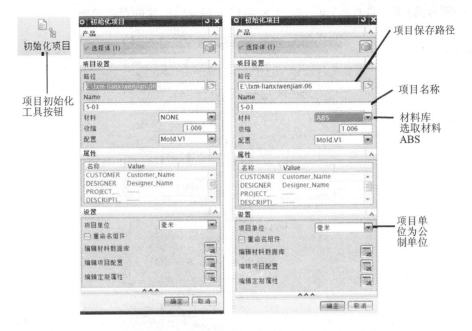

图 4-17　模具设计项目保存路径设定

② 项目名称。如图 4-17 所示,在 Name 文本框中可以修改项目名称,建议项目名称尽量简短,不要过长。

③ 制件的材料。如图 4-17 所示,打开【材料】下拉列表框,如图 4-18 所示,可以选择相应的制件材料,同时下方的收缩率数值会自动设定为本材料收缩率范围的中间值。

④ 项目单位。一般国内使用的都是公制单位 mm。

⑤ 重命名组件。如图 4-19 所示,选中【重命名组件】复选框,单击【确定】按钮,出现如

图 4-18　材料清单设定

图 4-19　重命名组件项设定

图 4-20所示的【部件名管理】对话框,此时可以重新规定组件的命名原则。

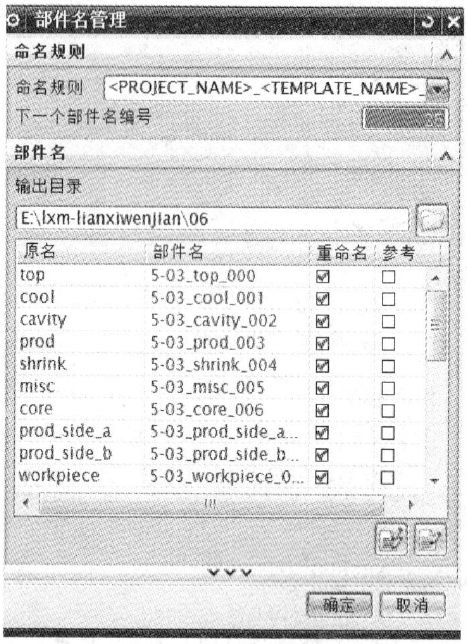

图 4-20 【部件名管理】对话框

4.2.2 产品可行性分析

1. 产品可行性分析内容——【部件验证】工具栏命令应用

由于制件产品模型某些部位的不合理性,导致模具设计的难度提高,甚至生产出来的产品根本无法满足客户要求,因此,进行产品可行性分析是十分必要的。产品可行性分析主要包含以下几点内容:

① 壁厚分析,产品主体壁厚尽量均匀,不能相差太大。加强筋的壁厚要小于主体壁厚,以防止缩水而产生产品缺陷。

② 拔模角,分析制件脱模的可能性,分析倒拔模的区域是不是需要做滑块之类的区域等。

③ 检查制件产品模型,应尽量避免使模具产生薄钢和尖角等结构。

2.【模具设计验证】操作

【模具设计验证】操作可以快速分析出制件的底切和拔模角等基本情况。

单击【部件验证】工具栏中的【模具设计验证】工具按钮,弹出【模具设计验证】对话框,如图 4-21所示。选中【产品质量】下的"铸模部件质量"和"模型质量"复选框,如图 4-22 所示。再单击【执行 Check-Mate】工具按钮▣,显示如图 4-23 所示的窗口和图形,在软件界面左侧的【HD3D 工具】窗口中生成底切、拔模角和模型质量等分析结果。

3.【检查区域】操作

【检查区域】操作可以快速分析出制件的底切和拔模角等基本情况(在【面】选项卡中查看)、定义型芯/型腔区域及查看分型线等(在【区域】选项卡中操作),如图 4-24 所示。

(1) 检查区域设置并计算

单击【部件验证】工具条中的【检查区域】工具按钮,弹出【检查区域】对话框,如图 4-24所示,选择指定脱模方向为 ZC 方向(图 4-24 中 1 处),再单击【计算】工具按钮▣(图 4-24 中2 处),完成计算分析。

图 4-21 【模具设计验证】对话框

图 4-22 模具设计验证设定

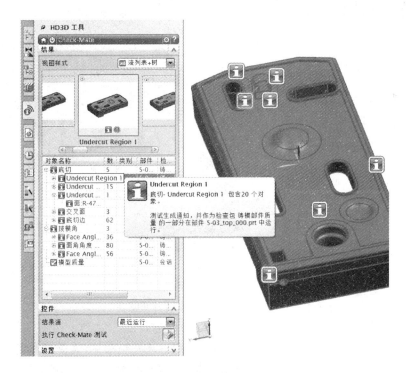

图 4-23 模具设计验证结果

（2）面分析

单击【检查区域】对话框中的【面】标签,显示如图 4-25 所示选项卡,选中【高亮显示所选的面】(图 4-25 中 1 处),再单击图 4-25 中 2 处的【设置所有面的颜色】工具按钮 ,制件模型的各面呈现如图 4-25 所示的颜色,这样可以观察各面的拔模情况。

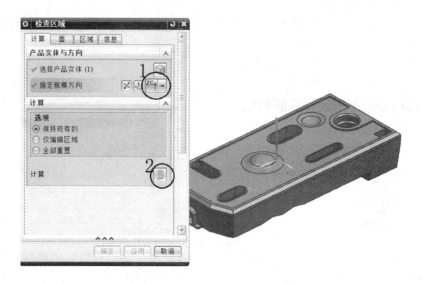

图 4 - 24 【检查区域】操作

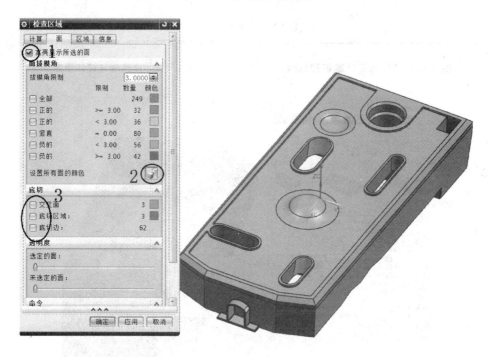

图 4 - 25 面分析(1)

如图 4 - 25 所示 3 处的【底切】选项组,可以对制件的倒扣区域进行设定,可以通过选中【交叉面】、【底切区域】或【底切边】来查看模型底切面的情况。如图 4 - 26 所示,选中 1 处的【交叉面】,将 2 处【透明度】选项组中的【未选定的面】滑块拖至末尾(实质是设置未选定的面为透明),这时可以清楚地观看交叉面处两孔结构的情况,如图 4 - 26 中 3 处所示。

(3) 区域划分

单击【检查区域】对话框中的【区域】标签,显示如图 4 - 27 所示的选项卡,单击图中 1 处的按钮 ,制件模型的各面会按照图 4 - 27 中【定义区域】选项组中所规定的颜色呈现型腔区域、型芯区域及未定义的区域等。选中图中 2 处的【交叉区域面】、【交叉竖直面】和【未知的面】等选项,这些面将呈红色显示出来。

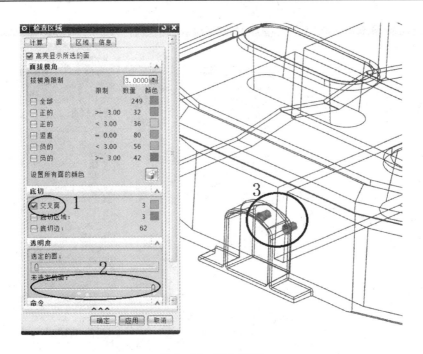

图 4 - 26　面分析(2)

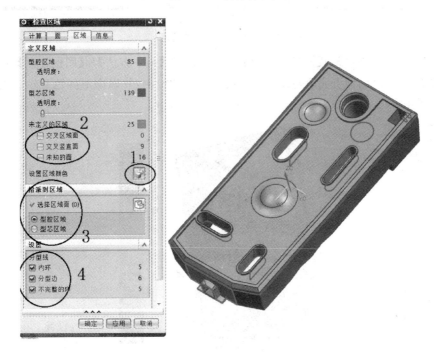

图 4 - 27　区域划分

在图 4 - 27 中的 3 处选中【型腔区域】,单击【选择区域面】工具按钮,再单击制件模型曲面,则该曲面将被定义为型腔区域面。如果选中的是【型芯区域】,则选择的制件模型曲面将被定义为型芯区域。

在图 4 - 27 中的 4 处选中【内环】、【分型边】或【不完整的环】等选项,可以查看分型线的情况。

4.【检查壁厚】操作

【检查壁厚】操作主要用来检测制件产品模型各面的壁厚,其界面如图 4 - 28 所示。

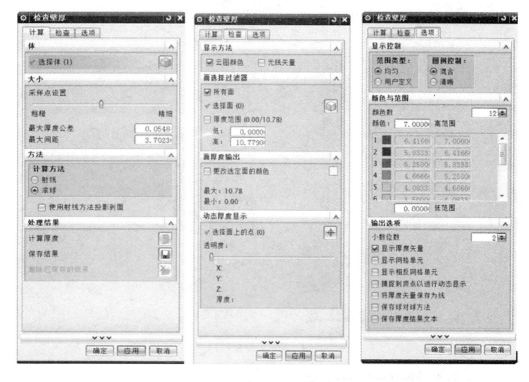

图 4 - 28 检查壁厚设定

只要设置如图 4 - 28 中的【采样点设置】、【计算方法】、【显示方法】和【图例控制】选项后单击【计算厚度】工具按钮，即可完成对制件产品模型厚度的检测，并以图形颜色显示各处的厚度，如图 4 - 29 所示。

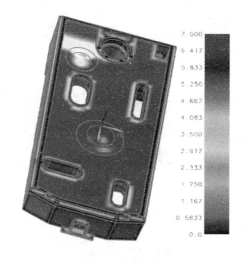

图 4 - 29 检查壁厚结果显示

4.2.3 坐标系设定

模具坐标系在注塑模向导操作中是十分重要的，它是模具分模及后续的模具模架等标准件加载的重要参考依据。模具坐标系的原点必须在分模面的正中心（这里要区别多腔模具的说法），同时，在一般情况下要求模具的脱模方向必须与模具坐标系的 +Z 向相一致。

1. 分析制件坐标系位置是否与模具坐标系相匹配

模具坐标系必须在塑件的分模面上，同时＋Z 轴必须与塑件的脱模方向一致。如图 4－30 所示，制件的坐标系位置与模具坐标系要求不相符。

图 4－30　工件原始坐标系

2. 定义模具坐标系

定义模具坐标系时应注意以下几点：

① 制件的分型面应该在制件表面的最大轮廓处（分型线上），进而确定制件表面的最大轮廓线，如图 4－31 所示。

② 设定模具坐标系位于最大轮廓面的面中心之上。单击【主要】工具条中的【模具 CSYS】（模具坐标系定义）工具按钮，弹出【模具 CSYS】对话框，如图 4－32 所示。

图 4－31　制件表面的最大轮廓处——分型线

图 4－32　【模具 CSYS】对话框

按照图 4－33 设置【模具 CSYS】对话框中的选项，同时选取制件最大轮廓处的下部小平面，如图 4－33 所示。单击【模具 CSYS】对话框中的【确定】按钮完成模具坐标系的设定，如图 4－34 所示，制件坐标系移至制件最大轮廓处平面的中心位置。

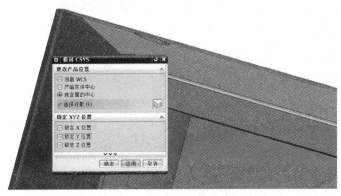

图 4－33　模具坐标系设定（1）

图 4－34　模具坐标系设定（2）

③ 继续设定模具坐标系处于制件最大轮廓处平面上的制件体中心上,即固定+Z高度不变,+X轴和+Y轴位置处于体的中心。

如图 4-35 所示,对【模具 CSYS】对话框进行设置。先选中【锁定 Z 位置】,再选中【产品实体中心】,单击【确定】按钮,模具坐标系如图 4-36 所示,设定完毕。

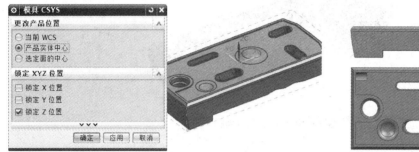 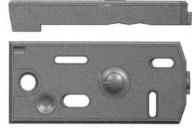

图 4-35　模具坐标系设定(3)　　　　　图 4-36　模具坐标系设定(4)

3.【模具 CSYS】对话框项目解析

【模具 CSYS】对话框中的项目包括:

① 当前 WCS　设置模具坐标系与制件的当前 WCS 坐标系相匹配,即制件坐标系符合模具坐标系要求,将制件坐标系设定为模具坐标系。

② 产品实体中心　将模具坐标系设定在制件产品的体中心位置上。

③ 选定面的中心　设置模具坐标系位于选取面的中心位置上。

④ 锁定 XYZ 位置　当允许重新放置模具坐标系时,保持三个坐标平面中被锁定的平面位置不变。

注意:

① 可以任何时间对【模具 CSYS】对话框进行多次重复设定;

② 当选中【产品实体中心】或【选定面的中心】选项时,必须先对锁定选项进行设置,然后再选中【产品实体中心】或【选定面的中心】选项,否则会发生不准确设定。

4.2.4　收缩率设定

本处收缩率的设置与【初始化项目】对话框中的【收缩】设定项的效果一样。只是本处收缩率的设置可以设置为非均匀比例。

单击【主要】工具条中的【收缩】工具按钮 ⚙,弹出如图 4-37 所示对话框。收缩有均匀、轴对称和常规 3 种类型,在【类型】下拉列表框中可以进行选择。

图 4-37　收缩率设定

注意：

收缩率值的确定一般是根据客户提供的收缩率进行设置，如果客户提供的收缩率为一范围值，则一般取中间值，或者根据制件的结构特点及模具设计经验进行适当调整。

4.2.5　工件设定

【工件】功能用于定义型腔和型芯的镶块体，也称为工件。

工件的创建方法有【用户定义的块】、【型腔-型芯】、【仅型腔】、【仅型芯】等。

1. 创建工件

创建工件的方法有：

① 单击【主要】工具条中的【工件】工具图标，打开如图 4-38 所示的【工件】对话框，【工件方法】下拉列表框选择"用户定义的块"。此种方法为常用方法。

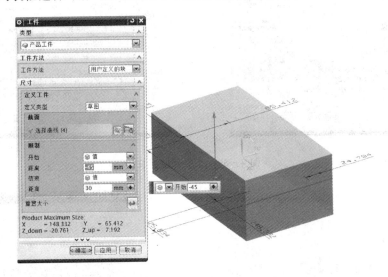

图 4-38　工件设定

② 型腔和型芯、仅型腔和仅型芯。这时创建的工件只作为型腔或型芯使用。

2. 工件尺寸的定义方法

工件尺寸的定义类型主要有"参考点"和"草图"两种方式，如图 4-39 中 1 处所示。

（1）"草图"类型定义工件的长/宽尺寸

如图 4-39 中 1 处所示，选择定义类型为"草图"；如图 4-39 中 2 处所示，单击【绘制截面】工具按钮，打开如图 4-40 所示的【线性尺寸】对话框。

如图 4-40 中 1 处所示，单击要修改的尺寸 p54，弹出 2 处 p54 的尺寸文本框，可以双击图 4-40 中 2 处文本框后面的符号，弹出如图 4-40 中 3 处所示的快捷菜单，此时可以根据需求修改尺寸 p54 的值。

注意：

此时的 p54＝offset2－y 是表达式，是在固定模式下根据制件的最大宽度，自动根据表达式偏置一定的尺寸取得的工件宽度尺寸（工件外部轮廓尺寸尽量取整数，即型腔和型芯的镶块体的整体尺寸尽量取整数）。此时根据表达式的模式，p54 的值为 24.793 8，实际就是工件的宽度（图 4-40 零件图中小虚线框为制件最大尺寸轮廓）为制件的最大宽度加上 2 倍的 p54 取整的值（应用【分析】|【测量距离】命令可以得知工件宽度为 115 mm）。

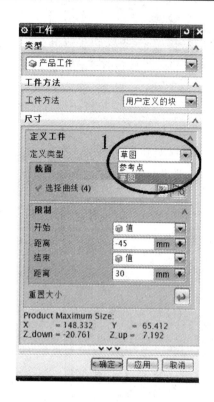 

图 4-39 工件尺寸定义

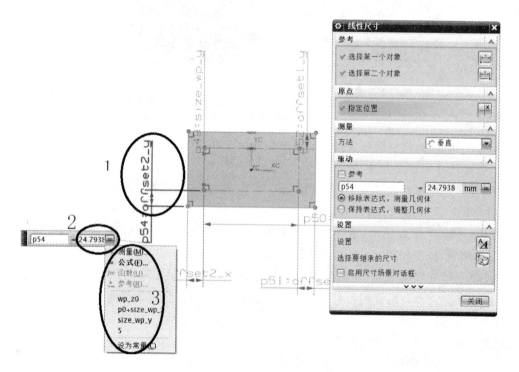

图 4-40 工件长/宽尺寸定义(1)

选择图 4-40 中 3 处快捷菜单中的【设为常量】菜单项,将 p54 值更改为常量值 20.793 8,如图 4-41 所示。按照上述相同的方法将 p51、p52 和 p53 的整数部分均改为 20(实际就是将型腔壁厚的最小值设为 20,保留小数部分是为了保证工件的外形尺寸为整数),如图 4-42 所示。

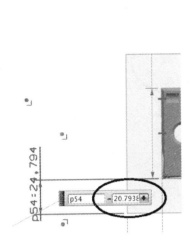

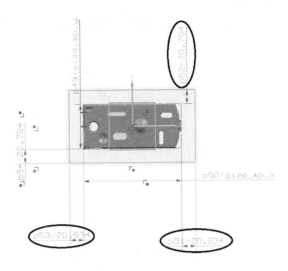

图 4-41　工件长/宽尺寸定义(2)　　　　　　图 4-42　工件长/宽尺寸定义(3)

(2)"草图"类型定义工件的高尺寸

如图 4-43 中 1 处所示,在【限制】选项组中,在开始【距离】中填写-40,其含义为型腔/型芯底壁厚的最小值 20 与工件分型面下半部分的高度 $Z\_down = -20.761$(如图 4-43 中 2 处所示)求和后取整数。

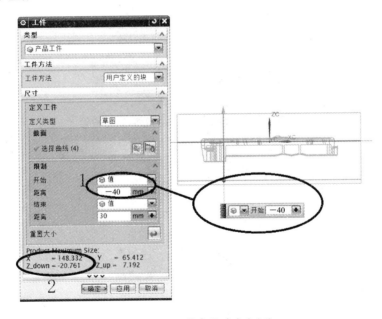

图 4-43　工件高尺寸定义(1)

如图 4-44 中 1 处所示,在【限制】选项组中,在结束【距离】中填写 27,其含义为型腔/型芯底壁厚的最小值 20 与工件分型面上半部分的高度 $Z\_up = 7.192$(如图 4-44 中 2 处所示)求和后取整数。

(3)"参考点"类型定义工件的尺寸

如图 4-45 所示,选择 1 处的"参考点"类型;单击 2 处,选择参考点,参考点即尺寸标注的起始原点,一般参考点为模具坐标系的原点;在 3 处列表中双击输入坐标值,坐标值参考 4 处的图例。

图 4 - 44　工件高尺寸定义(2)

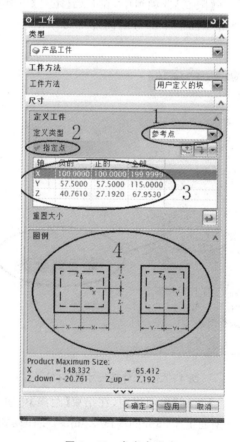

图 4 - 45　参考点设定

4.2.6　模具布局设定

模具布局操作是为了便于模具一模多腔或多模多腔操作。本部分只讲述一模多腔操作。

1. 布局类型

单击【主要】工具条中的【型腔布局】工具按钮⊞，弹出如图 4-46 所示【型腔布局】对话框，对话框主要包含矩形和圆形布局类型，如图 4-46(a)、(b)所示。矩形布局主要有平衡和线性模式。圆形布局主要有径向和恒定模式。

(a) 矩形布局　　　　　　　　　(b) 圆形布局

图 4-46　模具型腔布局类型

2. 矩形——平衡布局操作

（1）布局设置

如图 4-47 所示，单击图中 1 处选择"矩形"类型；选中【平衡】模式；单击图中 2 处工件的边，并将【指定矢量】设为沿着＋YC 方向；将图中 3 处【平衡布局设置】选项组中的【型腔数】设

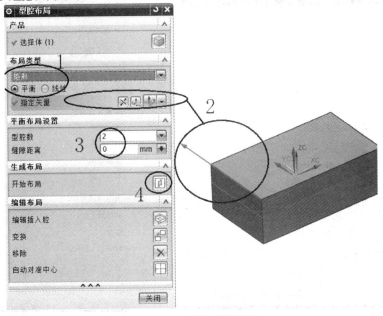

图 4-47　平衡布局操作(1)

为 2，将【缝隙距离】设为 0；单击图中 4 处的【开始布局】工具按钮，最终的工件布局如图 4－48 所示。

（2）模具坐标系对准中心

如图 4－48 所示，单击 1 处【编辑布局】选项组中的【自动对准中心】工具按钮，模具坐标系自动移至两工件 XY 平面的中心位置，如图 4－49 所示。

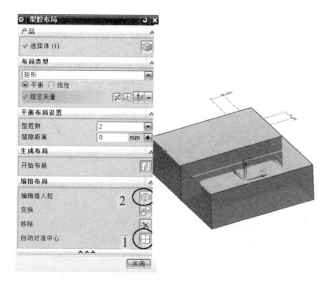

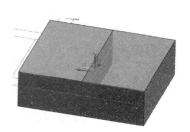

图 4－48　平衡布局操作(2)　　　　　　　图 4－49　平衡布局操作(3)

（3）插入腔类型设置——型腔/型芯与 A/B 板配合形式

单击如图 4－48 中 2 处所示的【编辑插入腔】工具按钮，弹出【插入腔体】对话框，如图 4－50 所示，选择 R 值为 5，选择形式 type 为 2 型，单击【确定】按钮完成设置。

3. 布局编辑——工件布局的【变换】/【移除】操作

如图 4－51 中 1 处所示的【变换】工具按钮为型腔布局模腔变换操作按钮。

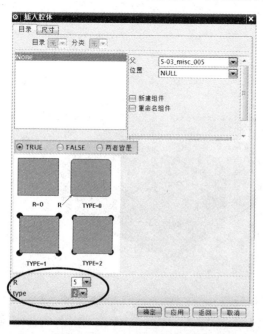

图 4－50　插入腔类型设置　　　　　　　图 4－51　布局编辑

变换类型主要包括"旋转"、"平移"和"点到点"三种。变换的操作过程与【菜单】|【编辑】|【移动对象】操作命令的操作方式基本相同,本处不再详细叙述。

如图4-51中2处所示的【移除】工具按钮为型腔布局工件移除按钮,即将选中的模腔从布局中移除。

4.3　分　型

本节主要掌握【分型刀具】工具条中各个命令的使用方法,并熟悉各命令结合分模的一般步骤。【分型刀具】工具条如图4-52所示。

图4-52　【分型刀具】工具条

4.3.1　编辑设计区域

编辑设计区域操作主要是应用【检查区域】命令对制件产品的拔模角进行分析,以识别制件产品的内外表面是属于型芯还是型腔的表面,并以不同颜色加以区别,对于不正确的或未识别的曲面,可以通过人为指定的方式来确定。【检查区域】命令与【部件验证】工具条中的【检查区域】命令相同,请参考4.2节中的"检查区域"操作。

1.分析制件面特性——面分析

(1)检查区域设置

单击【检查区域】工具按钮，弹出【检查区域】对话框,同时也弹出【分型导航器】窗口,如图4-53所示。

图4-53　【检查区域】对话框与【分型导航器】窗口

注意：

【分型导航器】窗口主要是通过选中复选框来控制分型过程中各元素成分的显示，以方便检查或观察元素的特征和现象。

如图 4-54(a)中 1、2、3 步骤所示，指定脱模方向为 ZC 轴，单击【计算】工具按钮▦，完成制件的分析。单击【检查区域】对话框中的【面】标签，对话框如图 4-54(b)所示，分别按照图中的 4、5 步骤所示，更改【拔模角限制】角度为 2，单击【设置所有面的颜色】工具按钮对制件模型按照拔模角区分的区域颜色进行设定，制件模型如图 4-55 所示。

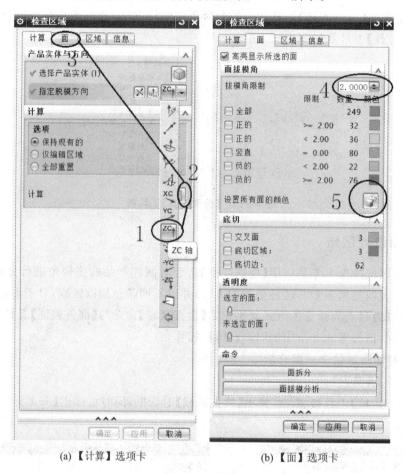

(a)【计算】选项卡　　　　(b)【面】选项卡

图 4-54　面分析的参数设置

（2）隐藏工件

如图 4-55 所示，制件模型的各表面按照设定的颜色进行呈现。但是，因为制件模型是包裹在工件中的，使得在观察模型各外表面情况时很不方便，所以如图 4-56 所示，在【分型导航器】窗口中选中"工件"，将工件设置为不显示。

（3）曲面分类观察

如图 4-57 所示，按照图中 1 处选中正的拔模角，按照 2 处拖拉【未选定的面】滑块至末尾使未选定曲面透明不显示，此时可以观察到如图 4-57 中 3 处所选的两个孔的内侧表面不全，孔未显示的侧面拔模角为负角。也就是说，这两个孔的侧面要分成两部分，一部分属于型腔侧，另一部分属于型芯侧，即此孔在模具成型中属于"碰穿成型"。

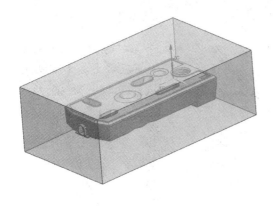

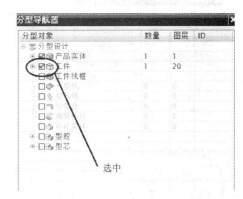

图 4 - 55　面分析的制件模型　　　　　　　　图 4 - 56　隐藏工件

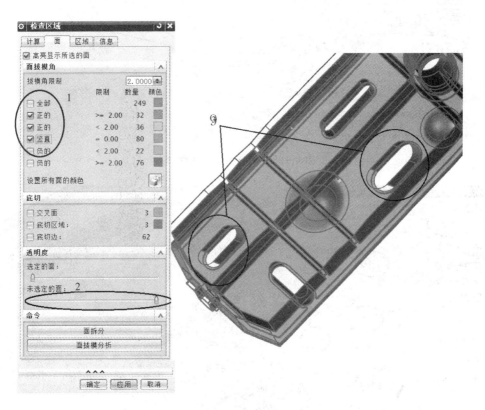

图 4 - 57　面分析分类观察(1)

如图 4 - 58 所示,按照图中 1 处选中底切面,按照图中 2 处拖拉【未选定的面】滑块至末尾,表示透明显示,此时可以观察到如图 4 - 58 中 3 处所选的为侧孔,需要侧抽成型。

(4)【面拆分】操作

如图 4 - 57 中 3 处所选的两孔为"碰穿成型",孔的两侧面需要进行面拆分操作。根据碰穿成型的基本要求,这里尽量保证孔侧面的分割角度与孔侧面的倾斜角度保持一致。

对孔侧面的面进行拔模角度测量,选择【分析】|【测量角度】菜单项,弹出【测量角度】对话框,【类型】选为"按对象",【第一个参考】选项组中的【参考类型】选为"对象",并选中孔的倾斜面(图 4 - 59 中 1 处指定面),【第二个参考】选项组中的【参考类型】选为"矢量",并指定 - ZC轴,测得角度为 15°。

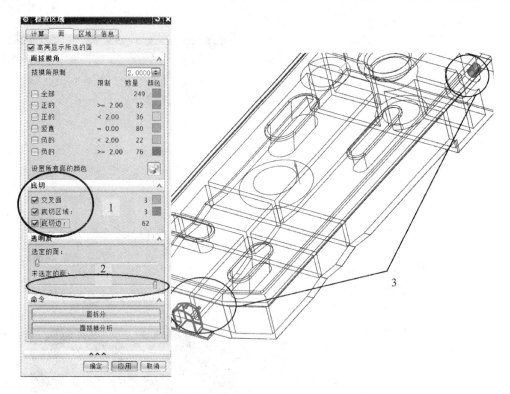

图 4-58　面分析分类观察(2)

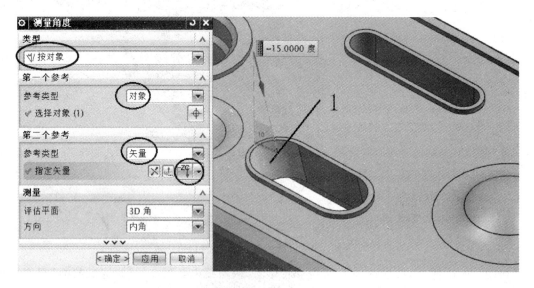

图 4-59　拔模角度测量

　　对孔侧面进行分割。选择【应用模块】|【建模】菜单项,切换工作模式至建模模式下。执行【草绘】命令,在图 4-60 中选择平面"面/UM_PROD_BODY"为基准面进行草绘操作,草图如图 4-61 所示。

　　回到【检查区域】对话框,单击【面】选项卡中的【面拆分】按钮,如图 4-62 所示。弹出【拆分面】对话框,如图 4-63 所示。按照图 4-63 依次选择【类型】为"曲线/边",【要分割的面】指定为 3 处所选的两个侧面,单击【分割对象】选项组中的【选择对象】工具按钮，选中 5 处所指示的直线,单击【应用】按钮完成面的拆分。重复以上步骤,完成另一个孔侧面的分割,分割完的制件模型如图 4-64 所示。

图 4-60 面拆分辅助线绘制(1)

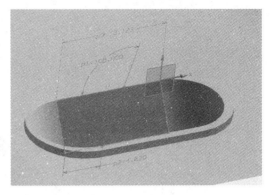

图 4-61 面拆分辅助线绘制(2)

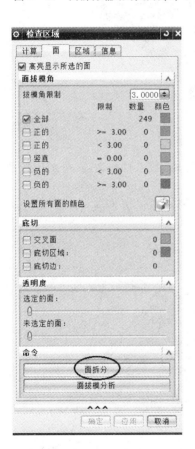

图 4-62 面拆分(1)

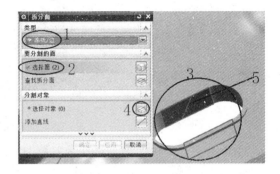

图 4-63 面拆分(2)

图 4-64 面拆分(3)

2. 曲面区域划分

单击【检查区域】对话框中的【区域】标签,如图 4-65 所示。

如图 4-66 中 1 处所示,拖拉【定义区域】选项组中【型腔区域】或【型芯区域】中的【透明度】滑块,可以设置型腔或型芯区域的透明度,以便观察,如图 4-66 中 1 处所示。选中【未定义的区域】选项组中的【未知的面】复选框,不选【设置】|【分型线】选项组中的【不完整的环】复选框,如图 4-66 中 2、3 处所示。查看还有哪些面没有定义,并根据分型线情况确定各未定义的面归属于型芯还是型腔。

图 4-65　面【区域】分析

　　选中图 4-66 中 4 处【型腔区域】,单击 5 处【选择区域面】工具按钮,分别选择图中 6 处所指的两个面,单击【应用】按钮,将其定义为型腔区域。

　　以同样的方法选中【型芯区域】,指定图 4-66 中 7 处的两个面为型芯区域。

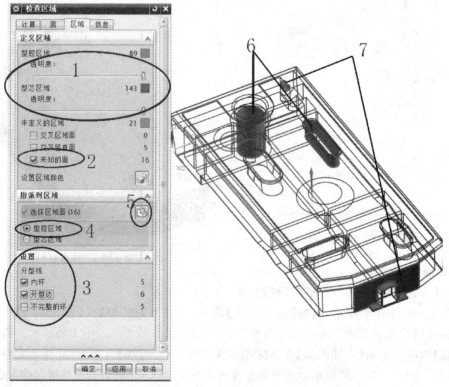

图 4-66　面区域定义

4.3.2　靠破孔

靠破孔就是修补制件上的通孔,以便于分割型腔和型芯。对靠破孔的操作方法主要有实体修补和片体修补。实体修补是用一个实体特征去填充一个空隙,并将该实体特征添加到以后分割出来的型芯或型腔或者其他镶件上,以弥补实体修补所移去的面和边。片体修补用于覆盖一个开放的曲面,并确定是属于型腔侧还是型芯侧,一般曲面补片同属于型芯和型腔。

1. 实体修补

实体修补主要包括创建方块、方块结构成型和实体补片定义三个步骤。

(1) 创建方块

单击【注塑模工具】工具条中的【创建方块】工具按钮,弹出【创建方块】对话框,如图 4 - 67 所示。依次按照图 4 - 67 中 1 处选择【类型】为"包容块",2 处选择制件如图 3 处所指侧面小孔的内表面,在如图 4 处设置【间隙】值为 0(间隙值实际上指孔的内表面包容长方体的各面向六个侧面增厚的值),单击图中 5 处的小箭头并拖拽至一定长度(实际上是将小孔方块侧面沿着 -XC 轴增加间隙),在 6 处输入【面间隙】值为 30,单击【确定】按钮生成体积块。

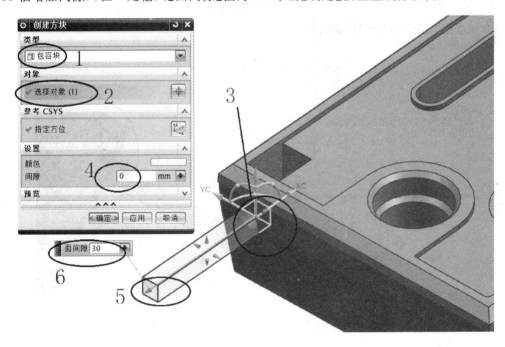

图 4 - 67　创建方块

(2) 方块结构成型——进行布尔运算

选择【应用模块】|【建模】菜单项,进入建模模式,单击【求差】工具按钮 🔲求差,如图 4 - 68 所示,【目标】选为如图 4 - 68 中所示的方块,【工具】选中制件模型,【设置】选项组中选中【保存工具】,单击【确定】按钮完成对方块的布尔运算成型。

(3) 实体补片定义

选择【注塑模向导】菜单项返回模具设计向导模式,单击【实体补片】工具按钮 🔲,弹出"实体补片"对话框,如图 4 - 69 所示,【类型】选为"实体补片",【选择产品实体】选为制件模型,【选择补片体】选为方块体,【目标组件】下拉列表框选择"5 - 03_core_006",单击【应用】按钮,将实体补片指至型芯上,完成实体补片操作,如图 4 - 70 所示,从图中可见,侧孔已经被封闭。

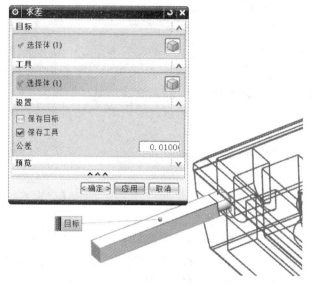

图 4 - 68　布尔运算

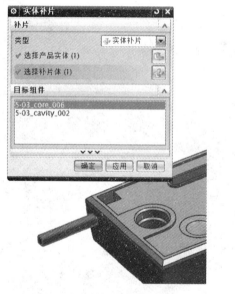

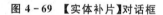

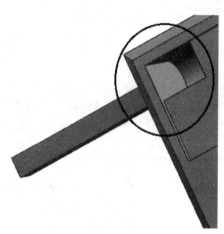

图 4 - 69　【实体补片】对话框　　　　　　　图 4 - 70　实体补片

2. 片体修补

片体修补的方法很多，应用于修补的命令也很多，主要有【边修补】和【扩大曲面补片】等，以及在建模模式下采用各种曲面的创建方法来创建补片等。

（1）【边修补】

【边修补】主要适用于对由多个面组成的孔的修补，也可用于对单面上的孔的修补。此方法是最常用的方法。

单击【分型刀具】工具条中的【曲面补片】工具按钮 ◈，弹出【边修补】对话框，如图 4 - 71 所示。也可单击【注塑模工具】工具条中的【边修补】工具按钮，两者功能相同。

如图 4 - 71 所示，边修补主要有"面"、"体"和"移刀"三种定义边环的方式：

➤ "面"主要是通过选中孔所在的面，从而获得孔边环。

➤ "体"主要是通过拾取特征体，从而获得孔边环。

> "移刀"是通过与【遍历环】选项组的配合操作来完成环的定义,实际上就是【遍历环】操作。

通过"面"、"体"方式获得的孔边环将在【环列表】中显示,然后通过选择列表中的环(一个或多个,同时也可以删除列表中的环),可以一一生成补片。

(2)【边修补】——"面"类型补片操作实例

单击【分型刀具】工具条中的【曲面补片】工具按钮◆,弹出【边修补】对话框,如图 4-72 所示的 1、2、3 步骤,1 处选择类型为"面",2 处单击【选择面】工具按钮⬡,3 处选中所指的平面,平面内的孔边环被自动拾取,并在 4 处【列表】中显示为"环 1",默认 5 处选中【作为曲面补片】,单击 6 处的【应用】按钮完成"面"补孔操作。

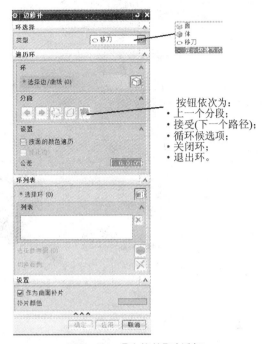

图 4-71 【边修补】对话框

(3)【边修补】——"体"类型补片操作实例

单击【分型刀具】工具条中的【曲面补片】工具按钮◆,弹出【边修补】对话框,如图 4-73 所示的 1、2、3 步骤,1 处选择类型为"体",2 处单击【选择体】工具按钮⬡,选中制件模型,体内的孔边环被自动拾取,并在 3 处【列表】中显示为"环 1"～"环 5",选取环 1、环 4、环 5,默认选中【作为曲面补片】,单击【应用】按钮即可完成体上三处孔的补孔操作,如图 4-74 中圈出的三处。

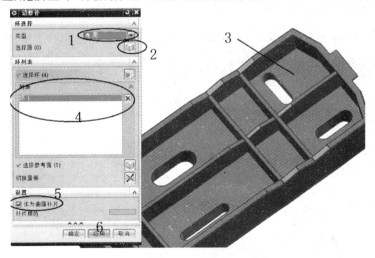

图 4-72 【边修补】的"面"方式修补孔

注意:

例如其中环 2 和环 3 这种"碰穿成型"的孔,不可应用"体"类型补片(关键看孔边缘线的形状)。选取如图 4-73 中 3 处的"环 2",单击【应用】按钮,补孔如图 4-75 中所示,补孔并不是想要的补片。

(4)【边修补】——"移刀"类型补片操作实例——"碰穿成型孔"的修补(一)

单击【分型刀具】工具条中【曲面补片】工具按钮◆,弹出【边修补】对话框,如图 4-76 所

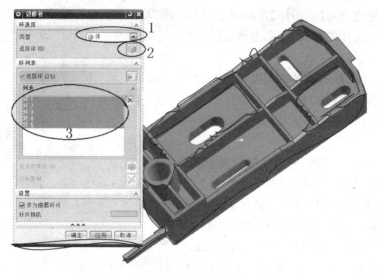

图 4-73 【边修补】的"体"方式修补孔(1)

(a) 补孔前的孔   (b) 补完的补片

图 4-74 【边修补】的"体"方式修补孔(2)   图 4-75 【边修补】的"体"方式修补孔(3)

示,1 处选择类型为"移刀",2 处单击【选择边/曲线】工具按钮 ![icon]，3 处选中所指的边线,在拾取这条边线的同时,又向边线的左侧遍历了一条边线,如图中 5 处所指,但是这条边线不是想要的边线。单击图中 4 处的【循环候选项】工具按钮 ![icon]，选取了与边线交叉的另外一条边线,如图 4-76 中 6 处所示的边线,如果这条边线是想要的,就单击【接受】工具按钮 ![icon] 确认所选取的

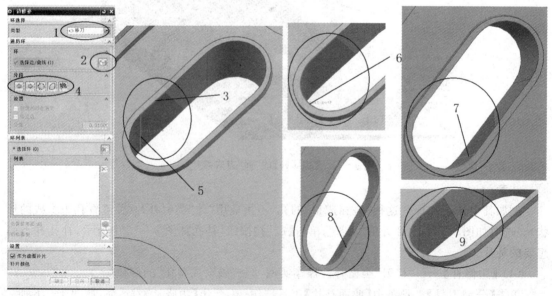

图 4-76 【边修补】的"移刀"方式修补孔(1)

边线。同时系统自动遍历下一条边线,如图 4 - 76 中 7 处所示也不是想要的边线,再单击 4 处的【循环候选项】工具按钮,遍历另一条边线,如图中 8 处所指,单击【接受】工具按钮,再单击【关闭环】工具按钮,完成边遍历生成封闭环,如图中 9 处所指的封闭环。单击对话框中的【应用】按钮完成补片创建。

重复以上操作过程制作孔另一侧的类似补片,补完的结果如图 4 - 77 所示的两个补片。

注意:

在进行"移刀"类型的【选择边/曲线】的拾取时,想让边线往哪侧遍历就靠近边线哪侧的端点单击来拾取边线。

(5)在建模环境下应用曲面建模命令补孔实例——"碰穿成型孔"的修补(二)

继续修补如图 4 - 77 所示两个补片之间的孔片体。选择【主页】菜单项,切换至【建模】环境,选择【曲面】|【有界平面】菜单项,如图 4 - 78 所示,依次拾取两片体之间的孔边线,单击【确定】按钮完成补片的创建。

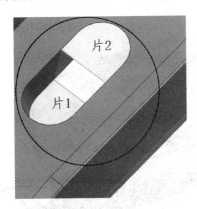

图 4 - 77　【边修补】的"移刀"方式修补孔(2)

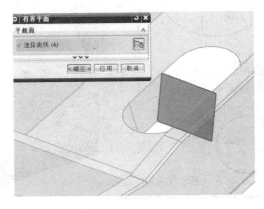

图 4 - 78　有界平面补孔(1)

注意:

本步骤在建模环境下创建的曲面,软件系统不认定这些曲面为靠破孔曲面,所以一定要进行一步关键的认定操作。

将环境切换至【注塑模向导】环境,单击【分型刀具】或【注塑模工具】工具条中的【编辑分型面和曲面补片】工具按钮,弹出【编辑分型面和曲面补片】对话框,如图 4 - 79 所示,选中补片,指定其为靠破孔曲面补片。

图 4 - 79　有界平面补孔(2)

以上步骤完成了该"碰穿成型孔"的修补任务。重复以上操作过程可以完成另外一个孔的修补,此处不再详述。

4.3.3　抽取区域和分型线

抽取区域和分型线用来提取型腔/型芯区域的面,也可以自动提取分型线。提取的面在分型时与主分型面共同作用,对工件进行分割,产生型腔/型芯。

单击【分型刀具】工具条中的【定义区域】工具按钮 ，弹出【边修补】对话框,如图 4-80 所示,单击 1 处"未定义的面"选项检查未定义的面是 2 处显示的补块,所以可以忽略。检验"型腔区域"数与"型芯区域"数之和为 79+173=257-5,所以区域没问题。选中图 4-80 中 3 处的【创建区域】和【创建分型线】,单击【确定】按钮完成提取区域和分型线。

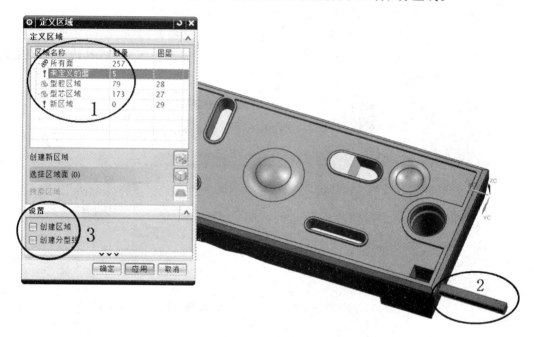

图 4-80　抽取区域和分型线

4.3.4　创建分型面

1.【设计分型面】对话框项目简介

单击【分型刀具】工具条中的【设计分型面】工具按钮 ，弹出【设计分型面】对话框,如图 4-81 所示。【设计分型面】对话框中的主要内容如下。

(1)【分型线】选项组

系统将自动在定义区域和分型线的步骤中产生分型线列表,如图 4-82 中 1 处所示,单击选取"分段 1",对话框自动弹出如图 4-82 中 2 处所示【创建分型面】选项组中的【方法】,此时默认以"拉伸"的方法生成分型面。

如图 4-83 中 1 处所示选择"分段 2",对话框自动弹出如图 4-83 中 2 处所示的适于此分型线的创建分型面的方法,此时默认以"有界平面"的方法生成分型面,生成的分型面如图 4-83 中 3 处所示。

注意:

系统将根据分型线的情况自动提供几种创建分型面的方法,主要有拉伸、扫掠、有界平面、条带曲面、修剪和延伸及扩大的曲面等。

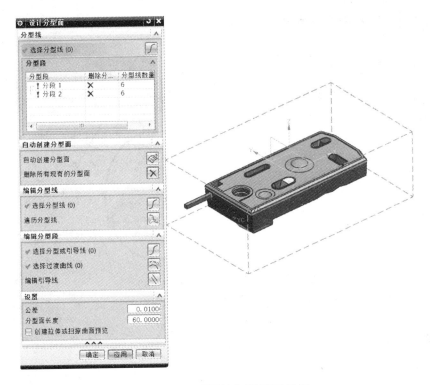

图 4 - 81　【设计分型面】对话框

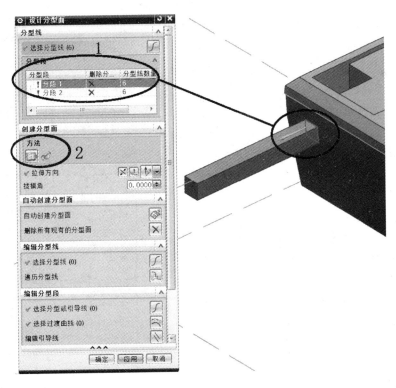

图 4 - 82　创建分型面(1)

(2)【自动创建分型面】选项组

如图 4 - 84 中 1 处所示,主要包含【自动创建分型面】和【删除所有现有的分型面】两项:

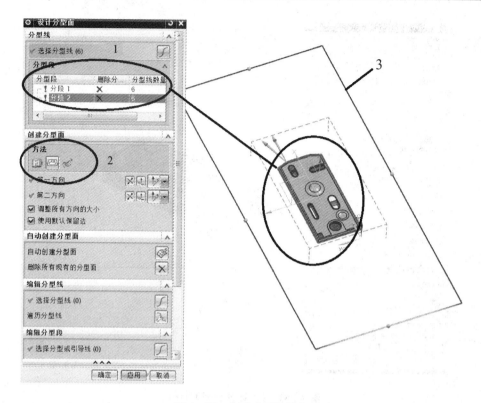

图 4-83　创建分型面(2)

➤【自动创建分型面】 在不选取【分型线】选
项组中分段的情况下，单击【自动创建分型
面】工具按钮 ，系统将自动创建分型面。
如果分型线相对简单，则此操作比较快捷。

➤【删除所有现有的分型面】 如果想全部重
新做分型面，就单击此工具按钮，删除所有
的分型面。

（3）【编辑分型线】选项组

如图 4-84 中 2 处所示，主要包含【选择分型
线】和【遍历分型线】两项。

单击【选择分型线】工具按钮，系统将显示所
有的分型线，再单击【遍历分型线】工具按钮，弹出
【遍历分型线】对话框，如图 4-85 所示，重新选取
分型线，并定义新的分型线段，这些线段将在【分
型段】列表中显示出来。

（4）【编辑分型段】选项组

如图 4-84 中 3 处所示，主要包含【选择分型
或引导线】、【选择过渡曲线】和【编辑引导线】三项：

➤【选择分型或引导线】 主要功能是将复杂
的分型线进行分段，并给本分段定义引导
线（关键是定义引导线的引导方向）。

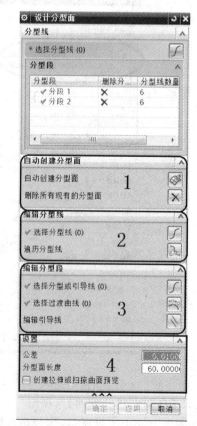

图 4-84　【设计分型面】对话框中的主要内容

如图 4-86 所示,单击【选择分型或引导线】工具按钮 ,选取图中 1 处的分型线段,系统指定的"引导线"如图中 2 处所指。单击【应用】按钮完成分型线分段和分型面成型的编辑操作。

图 4-85　【遍历分型线】对话框

➤ 【选择过渡曲线】 主要应用在空间分型线(空间分型线是指分型线不在同一平面上,是高度不同的曲线环过渡段,如图 4-87 中 1 处所指的分型线段)圆角或拐角处对分型过渡的部分进行定义。

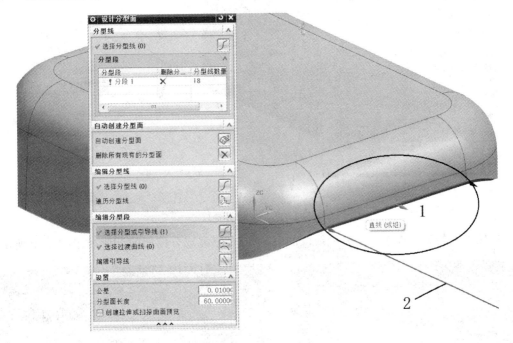

图 4-86　编辑分型段

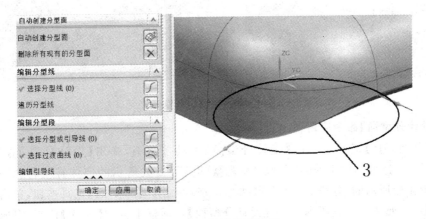

图 4-87　过渡曲线定义

单击【选择过渡曲线】工具按钮，选中如图 4 - 87 中 1 处所指的分型线段，单击【应用】按钮完成过渡曲线的定义。

➤【编辑引导线】　主要是编辑分型线段引导线的方向及长度。

单击【编辑引导线】工具按钮，弹出【引导线】对话框，如图 4 - 88 所示，选中图中 1 处所指的引导线，修改【引导线长度】的值，修改【方向】的值为 YC 方向。单击【应用】按钮完成修改。

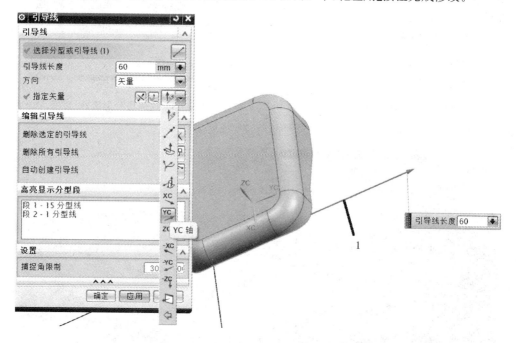

图 4 - 88　编辑引导线

按照以上的方法逐次定义分型线段的引导线，最终完成分模面的设计，如图 4 - 89 所示。

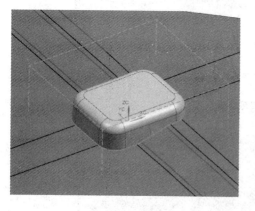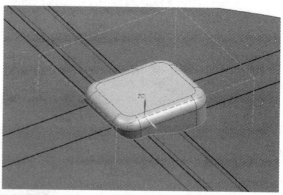

图 4 - 89　完成的分模面

2.【设计分型面】命令应用

单击【分型刀具】工具条中的【设计分型面】工具按钮，弹出【设计分型面】对话框，如图 4 - 90 所示。选取图中 1 处的"分段 1"，观察知其为 2 处所示的实体补块轮廓，不须考虑。选取如图中 4 处所示的"分段 2"，系统自动在 5 处显示出【有界平面】工具按钮，单击该工具按钮产生分型面，如图中 6 处所指，单击【设计分型面】对话框下方的【应用】按钮，完成分型面的设计。

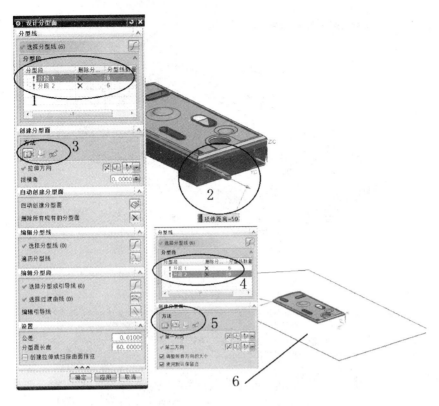

图 4 - 90 【设计分型面】命令应用

4.3.5 定义型芯、型腔

单击【分型刀具】工具条中的【定义型腔和型芯】工具按钮,弹出【定义型腔和型芯】对话框,如图 4 - 91 所示。在图中 1 处选择"型腔区域",单击【应用】按钮,系统自动产生型腔,并弹出【查看分型结果】对话框,如图 4 - 92 所示,如果确认产生的是型腔侧,则单击【确定】按钮,否则,单击【法向反向】按钮。

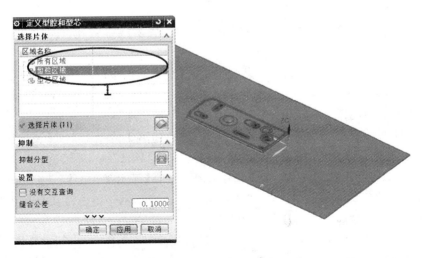

图 4 - 91 【定义型腔和型芯】对话框

同上操作,在图 4 - 91 中 1 处选择"型芯区域",产生型芯,如图 4 - 93 所示。

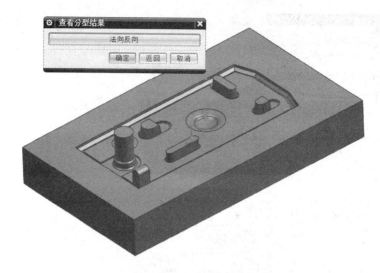

图 4-92 定义型腔和型芯(1)

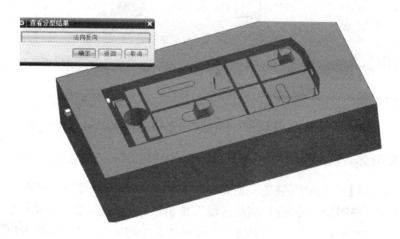

图 4-93 定义型腔和型芯(2)

4.4 注塑模向导的装配结构组成认识

注塑模设计向导创建的文件是一个装配文件,这个自动产生的装配结构克隆了一个隐藏在 Moldwizard 内部的种子装配,该种子装配是用 UG 的高级装配和 WAVE 链接器所提供的部件间参数关联的功能建立的,专门用于复杂模具装配的管理。

如图 4-94 所示,在完成型芯、型腔的定义后,单击如图 4-94 中 1 处【装配导航器】工具按钮,使其显示装配目录树,此时会看到图中 2 处呈现的"目录"为 5-03_parting_022。右击 5-03_parting_022,弹出如图 4-95 所示快捷菜单,选择【显示父项】|【5-03_top_000】菜单项,装配导航器下方呈现模具设计装配目录树,如图 4-96 所示。单击目录中项目前面的加号"+",可以展开整个装配目录树,如图 4-97 所示。

在图 4-97 中,5-03_parting_022 为亮色显示,其他项都为暗色显示,这是指 5-03_parting_022 为激活的工作状态,其他零部件为非工作状态。双击目录中的 5-03_top_000,可将 5-03_top_000 下面的所有零部件激活为工作状态,如图 4-98 所示。

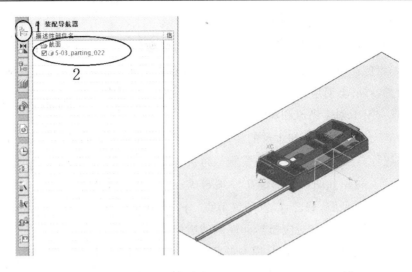

图 4-94　【装配导航器】按钮

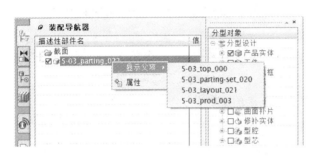

图 4-95　装配导航器装配目录选项快捷菜单

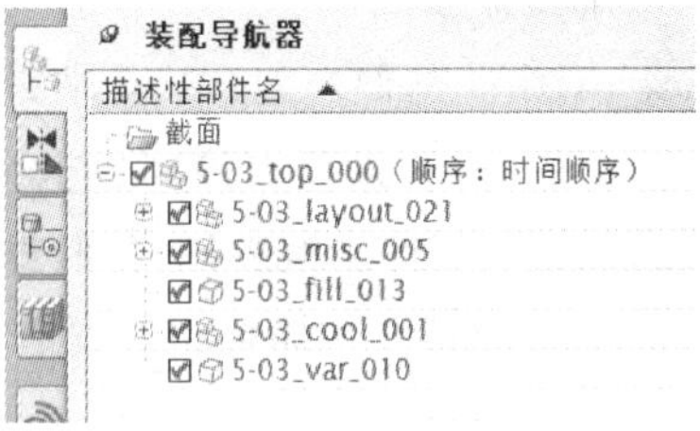

图 4-96　模具设计装配目录树

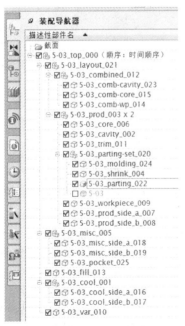

图 4-97　展开的模具设计装配目录树

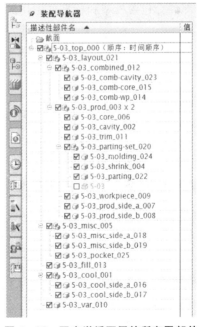

图 4-98　双击激活下属的所有零部件

在图 4-98 中,"5-03_"是制件模型的文件名。其余特定文件的命名形式为"5-03_部件/节点名称",如 5-03_top_000 是整个装配的顶级文件名称,包含了模具所有的文件。各部件/节点的含义如下:

- layout 节点。用于排列 prod 节点的位置。
- misc 节点。用于安排没有定义到单独部件的标准件。misc 节点下的组件为模架上的组件,如定位圈、锁模块、支撑柱等。misc 节点主要分为两部分:side_a 对应模具定模侧的组件,side_b 对应模具动模侧的组件。
- fill 节点。用于创建浇道和浇口的实体。
- cool 节点。用于创建冷却水道的实体。cool 节点主要分为两部分:side_a 对应模具定模侧的组件,side_b 对应模具动模侧的组件。
- prod 节点。将单独的特定部件文件集合成一个装配的子组件。特定部件文件包括收缩件(shrink)、型腔、型芯,以及顶针节点。prod 节点主要分为两部分:side_a 对应模具定模侧的组件,side_b 对应模具动模侧的组件。
- molding 部件。包含一个产品模型的几何链接的复制件。模具特征中的拔模斜度和分割面等都会添加到组件里,以使产品模型具有成形性。
- shrink 部件。包含一个产品模型的几何链接复制件。通过比例功能给链接体加入一个收缩系数。
- parting 部件。包含一个收缩体的几何链接复制件,以及一个用于创建型腔、型芯、块的工件,分型面将在该部件里生成。
- cavity 部件。型腔体,是收缩部件几何链接的一部分。
- core 部件。型芯体,是收缩部件几何链接的一部分。
- trim 部件。Trim 节点包含由模具修剪功能得到的几何体,主要用于裁剪电极、镶块和滑块面等。
- var 部件。包含模架和标准件中用到的表达式。

4.5　模架添加

4.5.1　模架库简介

在注塑模向导中,主要包含了 HASCO、DEM、LKM、FUTABA 等模架目录库。模具设计者应先掌握制件最大的投影面积,以及工件、型腔和型芯的长、宽、高等信息,以确定模架的长、宽和 A/B 板厚度,以及方铁的高度和厚度等参数,然后到目录库中选择相应的模架,并适当修改相应的参数,然后加载即可。

单击【主要】工具条中的【模架库】工具按钮，弹出如图 4-99 所示的【模架库】对话框。对话框中包含模架的文件夹视图(模架目录)、成员视图(模架类型)、部件和设置等项目。

1. 模架目录

模架目录如图 4-100 所示,包括 DEM、DMS、FUTABA、HASCO 和 LKM 等模架系列。如图 4-99 所示,单击【文件夹视图】下方的模架系列"DME"后,在【成员视图】中会显示此模架系列中包含的模架类型,包含 2A、2B、3A、3B 等,单击"2A"系列后,在软件窗口中呈现所选类型模架的【信息】窗口(模架示意图),如图 4-101 所示。【信息】窗口中不仅包含模架结构示意图,而且在其下方还有【布局大小】的内容,该内容为型腔/型芯镶件的尺寸信息。

图 4 - 99　【模架库】对话框　　　　图 4 - 100　模架目录

2. 模架类型的部分含义

模架类型包括：2A（二板式 A 型）、2B（二板式 B型）、3A（三板式 A 型）、3B（三板式 B 型）、3C（三板式 C型）、3D（三板式 D 型）、A（二板式 A 型）、B（二板式 B型）、AX（三板式 AX 型）、T（三板式 T 型）、X5（三板式X5 型）和 X6（三板式 X6 型）。

3. 公司的模架标准

由于国内应用龙记公司的模架较多，因此这里对其标准做一介绍。龙记公司的标准模架主要有 3 种：大水口系统 LKM_SG、细水口系列 LKM_PP 和简化型细水口系列 LKM_TP。

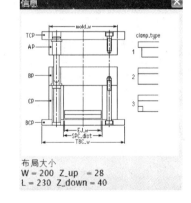

图 4 - 101　模架示意图

（1）大水口系列标准模架

大水口系列标准模架共有 A、B、C、D 四种类型，如图 4 - 102 所示。

A、B、C、D 四种类型主要是指模板数目上的差异，其中 B 类型的模板最齐全。A 类型在B 类型的基础上减少一块推板，D 类型在 B 类型的基础上减少一块动模垫板，C 类型在 B 类型的基础上减少一块推板和一块动模垫板。

图 4 - 102 左上角的 GTYPE 表示导柱的安装方式，其中 GTYPE＝0 表示导柱的安装部分位于 B 板上（动模板侧），GTYPE＝1 表示导柱的安装部分位于 A 板上（定模板侧）。

（2）细水口系列标准模架

细水口系列标准模架主要有 DA、EA、DB、EB、DC、EC、DD、ED 八个类型。细水口系列标准模架与大水口系列标准模架的不同之处在于细水口系列标准模架多了一块水口板。

GTYPE=0，导柱位于B板
GTYPE=1，导柱位于A板

大水口系统
SIDE GATE SYSTEM

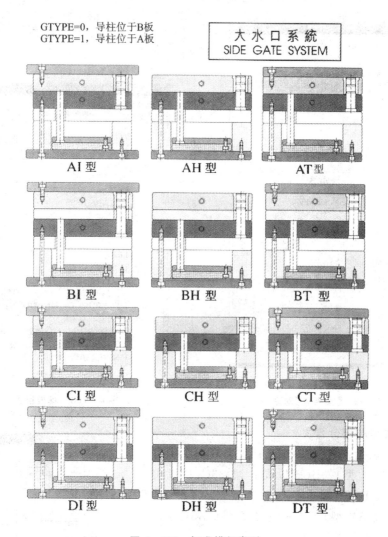

AI 型	AH 型	AT 型
BI 型	BH 型	BT 型
CI 型	CH 型	CT 型
DI 型	DH 型	DT 型

图 4 - 102　标准模架类型

（3）简化型细水口系列标准模架

简化型细水口系列标准模架的主要内容与细水口系列标准模架的主要内容基本相同,其区别是简化型细水口系列标准模架在 A、B 板间只有一组导柱与导套来导向,而在细水口系列标准模架中,A、B 板之间有两组导柱与导套来导向。

4.5.2　模架管理实例

单击【主要】工具条中的【模架库】工具按钮▦,弹出【模架库】对话框,选取龙记公司的细水口系列标准模架,如图 4 - 103(a)所示,依次选择 1 处的 LKM_PP;2 处的 DA;3 处改选 index 为 2930(即模架尺寸为 290×300),AP_h 为 40,BP_h 为 40。单击【应用】按钮,模架调入,如图 4 - 103(b)所示,模架方向需要调转,单击如图 4 - 103(c)中 4 处的【旋转模架】工具按钮🔁,模架旋转 90°,如图 4 - 104 所示。

图 4 - 104 所示模架尺寸结构不合理,需进行修改,在图 4 - 103(a)中 3 处重新选择 index 项为 4045,再单击如图 4 - 103(c)中 4 处【旋转模架】工具按钮🔁,将模架旋转 90°,如图 4 - 105 所示。

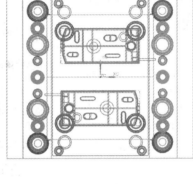

(a) 选取细水口模架　　　　　　(b) 调入模架　　　　　　(c) 单击【旋转模架】按钮

图 4 - 103　模架设定(1)

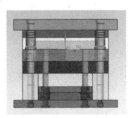

　　　　　　　　　　　　　　　　　(a) 动模侧　　　　　　(b) 定模侧

图 4 - 104　模架设定(2)　　　　　　**图 4 - 105　模架设定(3)**

4.6　成型零件结构设计

　　模具型芯、型腔的细化设计,主要包括成型产品轮廓形状部分的镶块头和固定镶块的镶块角的设计,同时还有成型零件的精定位设计等。

4.6.1　型芯镶件设计

　　右击【装配导航器】目录中的 5 - 03_core_006 弹出快捷菜单,如图 4 - 106 所示,选择【设为显示部件】,使其成为工作部件并单独呈显示状态。

1. 创建镶件

（1）镶块尺寸设定

单击【主要】工具条中的【子镶块库】工具按钮 ![icon]，弹出【子镶块设计】对话框，如图 4－107 所示，在图中 1 处选中【新建组件】，参考图 4－108 示意图，在图 4－107 中 2 处分别设置参数，如图 4－109 所示。其中"SHAPE"为 RECTANGLE（矩形），"INSERT_BOTTOM"为－40（Z 方向型芯底部距坐标系高为－40），"X_LENGTH"为 25（要制作镶块 X 方向的长度为23.433 5），"Y_LENGTH"为 12（要制作镶块 Y 方向长度为 9.959 4），"Z_LENGTH"为 45（镶块顶部距型芯底部43.684 8）。单击对话框中的【应用】按钮，弹出【点】定位对话框，如图 4－110 所示。

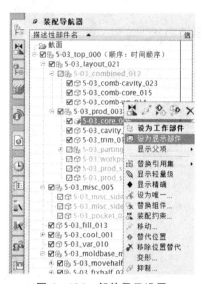

图 4－106　部件显示设置

图 4－107　创建镶块（1）

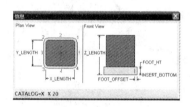

图 4－108　创建镶块（2）

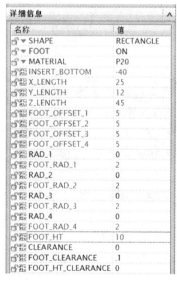

图 4－109　创建镶块（3）

（2）镶块定位点

在如图 4－110 所示的【点】定位对话框中，1 处的【类型】选择"两点之间"的方式，单击 2 处【指定点 1】后面的【点对话框】工具按钮，弹出【点】对话框，如图 4－111 所示，在图中 1 处选择"象限点"类型，单击图中 2 处【选择对象】后面的工具按钮，显示如图 4－112 中 1 处所示的象限点。按照同样的操作过程将【指定点 2】定位为图 4－112 中 2 处所示的象限点。单击

图 4-112 中 3 处的【确定】按钮,完成定位点设置,如图 4-113 所示,从而完成镶块的生成。

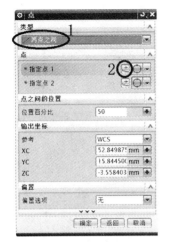

图 4-110　镶块定位(1)　　　图 4-111　镶块定位(2)　　　图 4-112　镶块定位(3)

重复刚才定位点的过程,设定其他镶块的生成参数,完成生成后如图 4-114 所示。

(3) 镶块修剪

单击【修剪工具】工具条中的【修边模具组件】工具按钮,弹出【顶杆后处理】对话框,如图 4-115 所示,单击【是】按钮,使型芯的工作状态转换至模具的总装状态,同时弹出【修边模具组件】对话框,如图 4-116 所示。

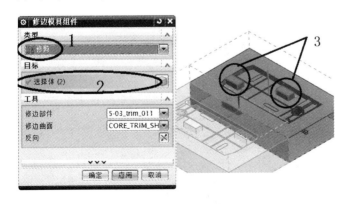

图 4-113　镶块定位(4)　　　图 4-114　镶块定位(5)　　　图 4-115　镶块修剪(1)

在图 4-106 的【装配导航器】中不选【设为显示部件】,使型芯单独显示,如图 4-116 所示,在图中 1 处选择"修剪"类型,单击 2 处【选择体】后面的工具按钮,选择 3 处所指的两个镶块,单击【应用】按钮,完成镶块的修剪操作,如图 4-117 所示。

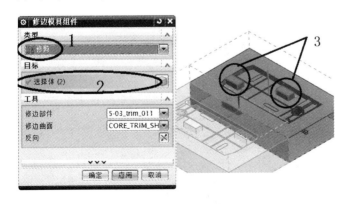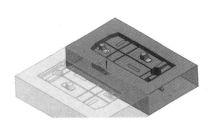

图 4-116　镶块修剪(2)　　　　　图 4-117　镶块修剪(3)

（4）镶块结构调整

如图 4-117 所示生成的镶块实际是不合理的，这里可以对其进行结构调整。

右击图 4-106 的【装配导航器】目录中的 5-03_core_006，将其设置为显示部件，使其独立显示，如图 4-118 所示，生成的镶块一般都呈这种显示状态。装配导航器目录如图 4-119 所示，分别右击 5-03_core_sub_063 和 5-03_core_sub_065 弹出快捷菜单，选择【替换引用集】|【TURE】模式，镶块呈实体显示，如图 4-120 所示。

图 4-118　镶块结构调整（1）

图 4-119　镶块结构调整（2）

激活 5-03_core_sub_063 至工作状态，切换至【建模】模式，单击【拉伸】|【草绘】工具按钮，选择镶块上平面为基准面进行草绘，如图 4-121 所示，按图 4-122 所示设置拉伸参数进行除料，除料后的镶块如图 4-123 所示。对 5-03_core_sub_065 进行同样过程的操作。

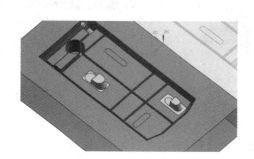

图 4-120　镶块结构调整（3）

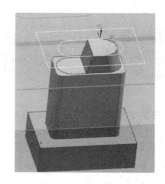

图 4-121　镶块结构调整（4）

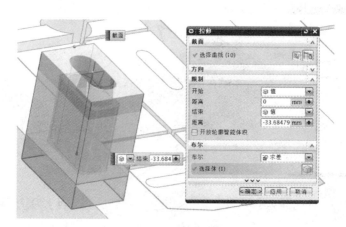

图 4-122　镶块结构调整（5）

同上激活 5 - 03_core_sub_063 至工作状态，切换至【建模】模式，单击【同步建模】工具条中的【偏置区域】工具按钮，弹出【偏置区域】对话框，选择镶块底座的 4 个侧面，偏置距离值输入 -3.020 3，单击【确定】按钮，完成镶块 FOOT 的偏置。同上步骤对 5 - 03_core_sub_065 进行结构调整。调整完的整体结构如图 4 - 124 所示。

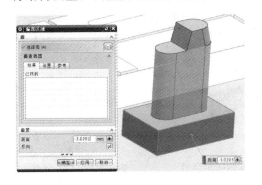

图 4 - 123　镶块结构调整(6)　　　　　图 4 - 124　镶块结构调整(7)

2. 创建侧抽滑块镶件

(1) 侧抽滑块镶件块体的创建

激活型芯 5 - 03_core_006，单击【注塑模工具】工具条中的【创建方块】工具按钮，选择图 4 - 125 中的面，并分别拉拽面的前后方向至图中所示位置，单击【确定】按钮完成方块的定义。

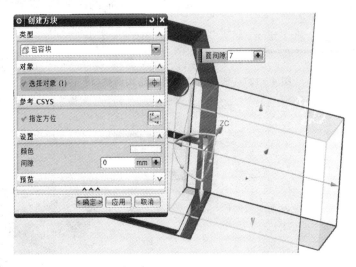

图 4 - 125　侧抽滑块镶件块体的创建

(2) 侧抽滑块镶件块体的布尔运算

切换至【建模】模式，单击【特征】工具条中的【求交】工具按钮，如图 4 - 126 所示，进行设置后单击【确定】按钮。

(3) 侧抽滑块镶件的结构调整

右击型芯零件，隐藏型芯主体，独立显示侧抽镶件块体。单击【同步建模】工具条中的【替换面】工具按钮按图 4 - 127 进行设置。单击【确定】按钮完成侧抽镶件块体的定义，如图 4 - 128 所示。

(4) 侧抽滑块镶件的腔体切割

切换至【注塑模向导】模式，单击【主要】工具条中的【腔体】工具按钮，按图 4 - 129 进行设置，单击【确定】按钮完成侧抽镶件与型芯的腔体切割操作。

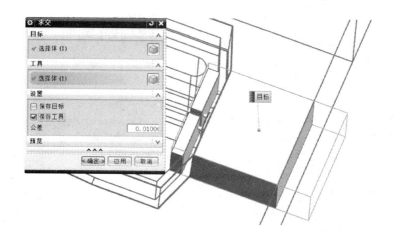

图 4-126 侧抽滑块镶件块体的布尔运算

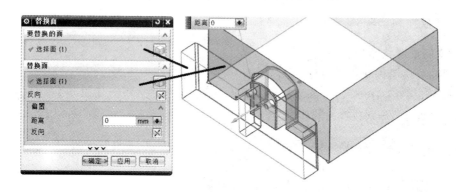

图 4-127 侧抽滑块镶件的结构调整(1)

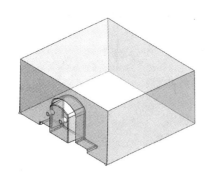

图 4-128 侧抽滑块镶件的结构调整(2)　　　图 4-129 侧抽滑块镶件的腔体切割

（5）为侧抽滑块镶件创建链接

激活型芯 5-03_core_006。右击【注塑模向导】主菜单后面 1 处的空白区域，弹出快捷菜单，如图 4-130 所示，选中图中 2 处的【装配】，切换至【装配】模式，单击【组件】工具条中的【新建组件】工具按钮，弹出【新组建文件】对话框，如图 4-131 所示，按图进行设置，【名称】文本框输入 cechou-01.prt，【文件夹】的路径地址不变，单击【确定】按钮弹出【新建组件】对话框，如图 4-132 所示，不选择任何特征，单击【确定】按钮，在【装配导航器】中 5-03_core_006

的下级出现 cechou-01,如图 4-133 所示。

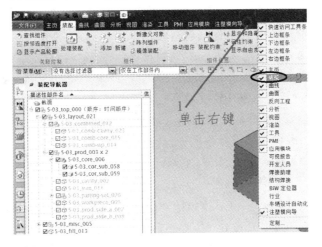

图 4-130　侧抽滑块镶件创建链接(1)

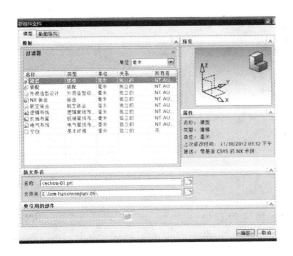

图 4-131　侧抽滑块镶件创建链接(2)

图 4-132　侧抽滑块镶件创建链接(3)

在【装配导航器】中右击 cechou-01,将其【设为工作部件】,切换至【装配】模式,单击【常规】工具条中的【WAVE 几何链接器】工具按钮,弹出【WAVE 几何链接器】对话框,如图 4-134 所示,类型选为"体",单击【选择体】后面的工具按钮选择侧抽滑块镶件。

图 4-133　侧抽滑块镶件创建链接(4)

图 4-134　侧抽滑块镶件创建链接(5)

3. 侧抽滑块 2 结构修改

（1）镶件重命名并进行再链接

与前面 cechou‐01 侧抽滑块镶件创建链接的过程相同，将侧抽滑块 1 重命名为 cechou01，将对面的侧抽滑块 2 重命名为 cechou02，将型芯主体命名为 zhuti‐core，并对其进行链接操作，过程不再详叙。链接完的【装配导航器】如图 4‐135 所示。

（2）cechou02 侧抽滑块 2 结构修改

激活 cechou02，并设为显示部件，如图 4‐136(a) 所示。

切换至【注塑模向导】模式，单击【注塑模工具】工具条中的【参考圆角】工具按钮 ，弹出【参考圆角】对话框，如图 4‐136(b)所示，【参考面】选为 cechou02 件前端的圆柱面，【要倒圆的边】选为 cechou02 件后侧的 4 个棱柱，单击【应用】按钮。

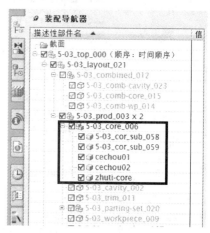

图 4‐135　镶件重命名及再链接

(a) 激活cechou02

(b) 【参考圆角】对话框

图 4‐136　结构修改(1)

右击【装配导航器】中的 cechou02，在快捷菜单中选择【显示父项】|【5‐03_core_006】，以显示整体型芯镶件的装配。

切换至【分析】模式，单击【测量】工具条中的【测量距离】工具按钮 ，弹出【测量距离】对话框，如图 4‐137 所示，测量 cechou02 端与 zhuti‐core 侧壁的距离为 3.908 7。

转换至【建模】模式，单击【同步建模】工具条中的【偏置区域】工具按钮 偏置区域，弹出【偏置区域】对话框，按图 4‐138 进行设置，单击【应用】按钮完成 cechou02 的结构修改。

图 4‐137　结构修改(2)

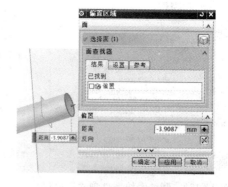

图 4‐138　结构修改(3)

4. 主体镶件与侧抽滑块 2 配合孔结构修改

激活 zhuti - core,并设为显示部件,如图 4 - 139(a)所示,同时应用【测量距离】命令测量 cechou02 侧抽滑块 2 的半径为 1.810 2。

切换至【建模】模式,单击【特征】工具条中的【边圆角】工具按钮 ,弹出【边圆角】对话框, 如图 4 - 139(b)所示,依次选择 zhuti - core 件的方孔棱边,进行倒圆角操作。

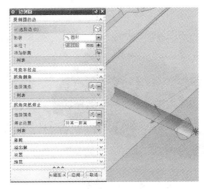

(a) 【测量距离】对话框　　　　　　　　　　(b) 【边圆角】对话框

图 4 - 139　孔结构修改

完成的型芯镶件如图 4 - 140 所示。

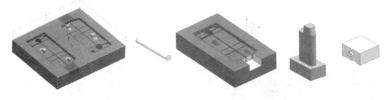

图 4 - 140　型芯镶件

4.6.2　型腔镶件设计

1. 型腔镶件结构设计

右击【装配导航器】目录中的 5 - 03_cavity_002,弹出快捷菜单,将其设为显示部件。

切换至【建模】模式,单击【特征】工具条中的【拉伸】工具按钮 ,弹出【拉伸】对话框,在【截 面】选项组中,选择曲线的方法采用拾取现有轮廓曲线的方法,单击右侧的【曲线】工具按钮 ,拾 取如图 4 - 141(a)中 1 处所示的轮廓,拉伸体的高度由起始至腔体底面,结果如图 4 - 141(b)所

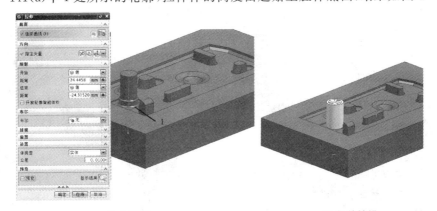

(a) 拉伸设置　　　　　　　　　　　　　(b) 拉伸结果

图 4 - 141　型腔镶件结构设计(1)

示。按照上述方法分别做其他镶件的拉伸体,最终结果如图 4-142 所示。

单击【特征】工具条中的【求交】工具按钮 求交,选中【设置】选项组中的【保存工具】,将图 4-143 中的【目标】选为镶件,将【工具】选为腔体,完成镶件成型。以同样的方法依次完成其他镶件的成型,最终结果如图 4-144 所示。

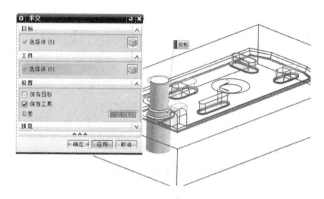

图 4-142　型腔镶件结构设计(2)　　　　　　图 4-143　型腔镶件结构设计(3)

隐藏型腔的主体部分,如图 4-145 所示。单击【拉伸】工具按钮 ,以型腔底面为基准,分别为各镶件做 FOOT,如图 4-146 所示。

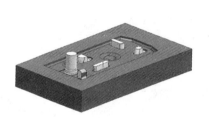

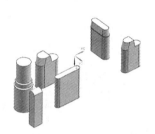

图 4-144　型腔镶件结构设计(4)　　　　图 4-145　型腔镶件结构设计(5)

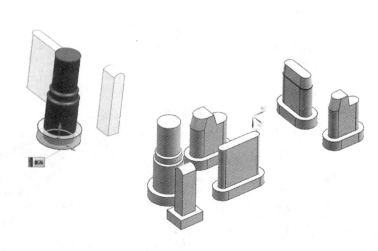

图 4-146　型腔镶件结构设计(6)

　　切换至【注塑模向导】模式,单击【主要】工具条中的【腔体】工具按钮 ,按图 4 – 147 进行设置,完成腔体成型。

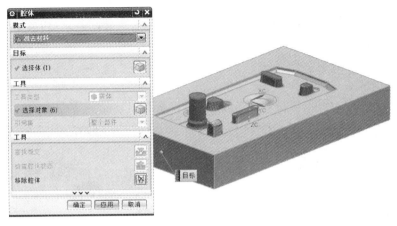

图 4 – 147　腔体成型

　　切换至【建模】模式,隐藏 6 个镶件,单击【同步建模】工具条中的【偏置区域】工具按钮 ,按图 4 – 148 逐个对 FOOT 的部分侧面进行偏置操作。

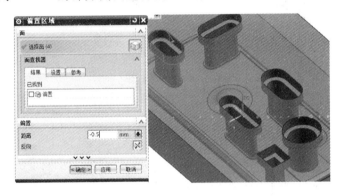

图 4 – 148　腔体面偏置操作

2. 型腔镶件重命名并进行再链接

　　与型芯各镶件定义链接的过程相同,首先在【装配导航器】中将 5 – 03_cavity_002 设置为显示部件,切换至【装配】模式,单击【组件】工具条中的【新建】工具按钮,新建 zhuti – cavity、xj01、xj02、xj03、xj04、xj05 和 xj06,如图 4 – 149 所示,在新建过程中不指定镶件实体。分别将各个镶件设为工作部件,单击【常规】工具条中的【WAVE 几何链接器】工具按钮,对各个镶件进行链接操作,最终结果如图 4 – 150 所示。

图 4 – 149　新建组件

图 4 – 150　型腔镶件

4.6.3 合并型腔、型芯及镶件组

1. 新建零件组

双击【装配导航器】中的 5-03_top_000,激活模具的整个装配目录,切换至【装配】模式,应用【新建】命令新建 core、cavity、core-xj-z、cavity-xj-z、core-cechou-01、core-cechou-02 六个部件,装配导航器目录如图 4-151 所示。

2. 组件几何链接

分别将 core、cavity、core-xj-z、cavity-xj-z、core-cechou-01 和 core-cechou-02 逐个设为工作部件,逐个应用【WAVE 几何链接器】命令将型腔、型芯及镶件等进行组合,如图 4-152 所示。

注:工件链接后,在隐藏其他所有工件后,新链接生成的工件在软件窗口中不显示,如图 4-153 所示,core 不显示。

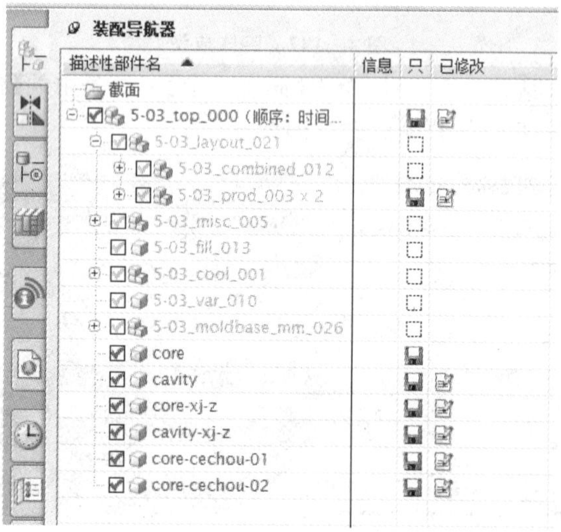

图 4-151 模具装配导航器目录

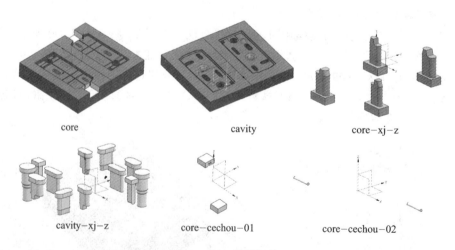

图 4-152 模具组件

如图 4-153 中 1 处所指 core 零件后面的【引用集】的形式为 PART。右击【装配导航器】中的 core,在弹出的快捷菜单中选择【替换引用集】|【MODEL】,core 即可显示,如图 4-154 所示。

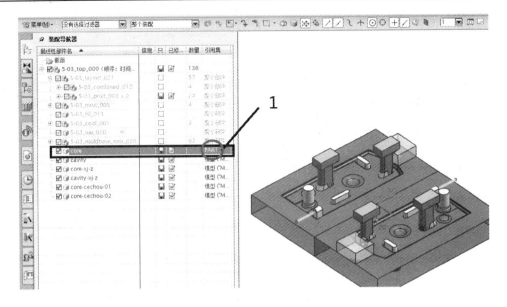

图 4 - 153　组件显示设置(1)

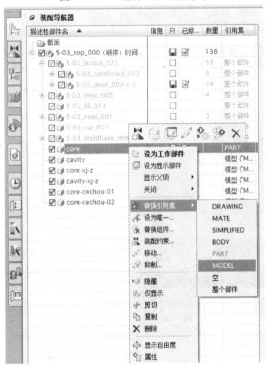

图 4 - 154　组件显示设置(2)

4.6.4　成型零件精定位设计——虎口设计

1. 型腔虎口建模

将型腔零件 cavity 设为显示部件,切换至【建模】模式。应用【求和】命令将两实体合并,如图 4 - 155 所示。

应用【拉伸】命令,在【拉伸】对话框的【截面】选项组中选择"草绘",选择型腔分型面所在的平面为基准面,如图 4 - 156 所示。按照图 4 - 157 绘制草图,按照图 4 - 158 设置高度为 10,完成拉伸体建模。

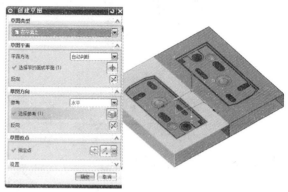

图 4 - 155 虎口设计(1)

图 4 - 156 虎口设计(2)

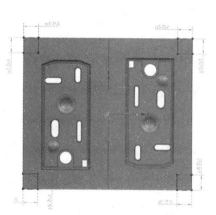

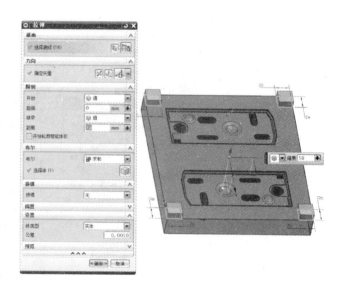

图 4 - 157 虎口设计(3)

图 4 - 158 虎口设计(4)

应用【拔模】命令,对如图 4-159 所示的 8 个内侧面进行拔模。

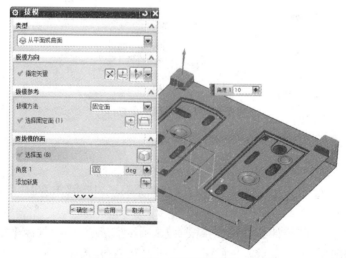

图 4 - 159 虎口设计(5)

应用【边倒圆】命令,对如图 4 - 160 所示的 4 条棱进行倒圆角操作。

应用【倒斜角】命令,对如图 4 - 161 所示的 4 条棱进行倒角操作。

2. 型芯侧虎口建模

在【装配导航器】中双击 core 将其激活为工作状态,应用【求和】命令将两实体合并。

在【装配导航器】中双击 5 - 03_top_000,激活模具的整个装配目录,如图 4 - 162 所示,此时只显示 core 和 cavity 两个零件。

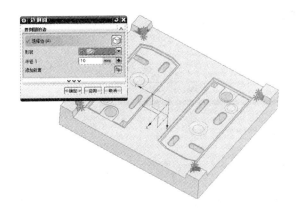

图 4 - 160　虎口设计(6)　　　　　　图 4 - 161　虎口设计(7)

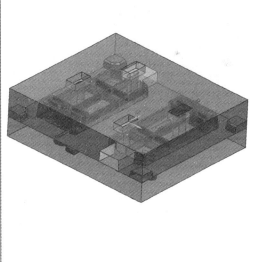

图 4 - 162　虎口设计(8)

切换至【注塑模向导】模式,应用【腔体】命令,对如图 4 - 163 所示的型芯进行虎口成型操作。

将型腔侧的 core 零件设为显示部件,切换至【建模】模式。

应用【偏置区域】命令修改型芯的虎口结构(避让),如图 4 - 164 所示。

双击 core 零件的父项 5 - 03_top_000,激活模具的整个装配目录,core 和 cavity 两个零件的虎口配合如图 4 - 165 所示。

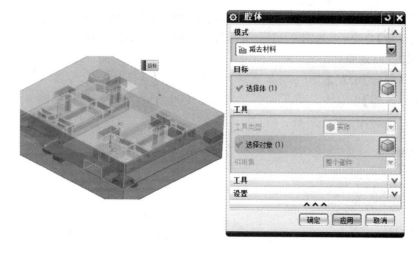

图 4-163　虎口设计(9)

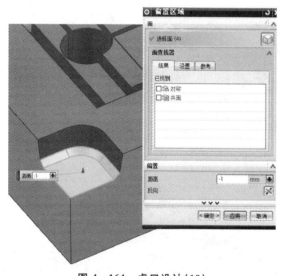

图 4-164　虎口设计(10)

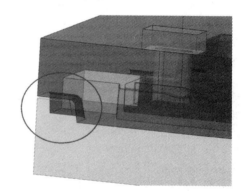

图 4-165　虎口设计(11)

4.7　浇注系统设计

4.7.1　主流道设计

1.　定位圈标准件选用

切换至【注塑模向导】模式,单击【主要】工具条中的【标准件库】工具按钮,根据注塑机参数及模具的实际情况,按照图 4-166 选择定位圈的类型及进行尺寸设置,单击【应用】按钮,系统自动将定位圈定位至模具定模座板之上,如图 4-167 所示。

2.　主流道衬套标准件选用

应用【分析】菜单中的【测量距离】命令,测量模具定模座板(T 板)与 A 板的厚度之和(主流道衬套的整体长度),如图 4-168 所示。

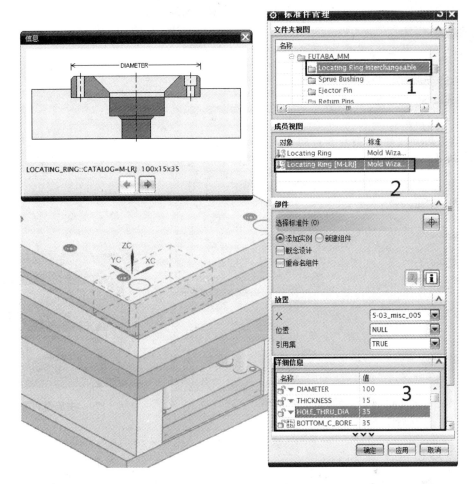

图 4 - 166　定位圈选用(1)

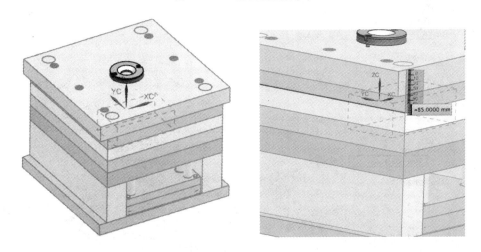

图 4 - 167　定位圈选用(2)　　　　　图 4 - 168　主流道衬套选用(1)

　　单击【主要】工具条中的【标准件库】工具按钮 ，根据注塑机参数及模具的实际情况，按照图 4 - 169 选择主流道衬套的类型，并将尺寸 CATALOG_LENGTH1 设置为 85(实际标准应为 90)，将 HEAD_DIA 设置为 35，单击【应用】按钮，系统自动将主流道衬套定位至模具中，如图 4 - 170 所示。

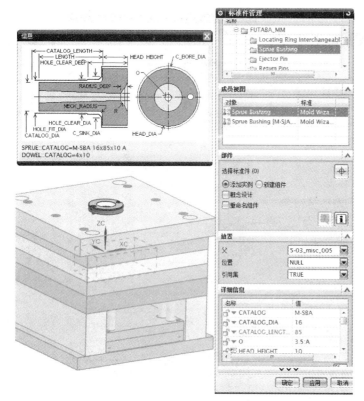

图 4 - 169　主流道衬套选用(2)

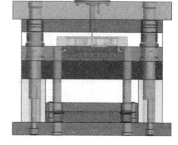

图 4 - 170　主流道衬套选用(3)

4.7.2　点浇口设计

如图 4 - 171 所示,在【装配导航器】中设置 5 - 03_a_plate_031 和 cavity 为独立显示。

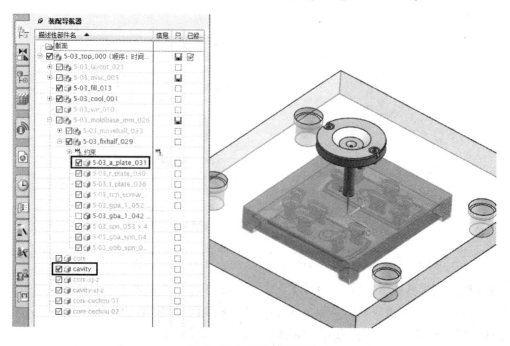

图 4 - 171　部件显示设置

1. 确定点浇口位置

切换至【建模】模式,单击【草图】工具按钮,选择分型面(A 板的下平面),绘制如图 4 - 172 所示的草图。

在【装配导航器】中将 cavity 零件设为工作部件,切换至【建模】模式,单击【草图】工具按钮,选择分型面(cavity 的下平面),绘制与图 4 - 172 中相同的草图。

切换至【曲线】模式,单击【派生的曲线】工具条中的【曲线投影】工具按钮,在图 4 - 173 中,单击【投影曲线】对话框中 1 处的【点对话框】工具按钮,弹出如图 4 - 174 所示的【点】对话框,在图 4 -174 中 1 处选择类型为"终点",选取 2 处所示线段端点,单击【确定】按钮返回【投影曲线】对话框。

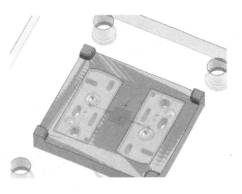

图 4 - 172　点浇口设计(1)

单击图 4 -173 中 2 处的按钮,拾取如图 4 -175 所示的曲面,单击【确定】按钮完成投影。

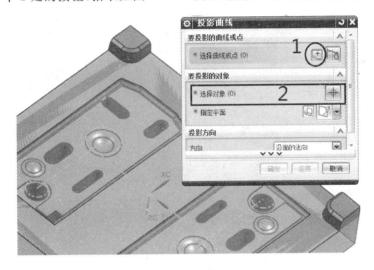

图 4 - 173　点浇口设计(2)

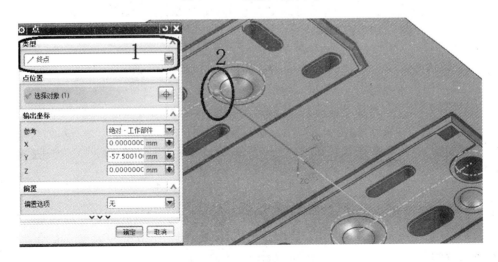

图 4 - 174　点浇口设计(3)

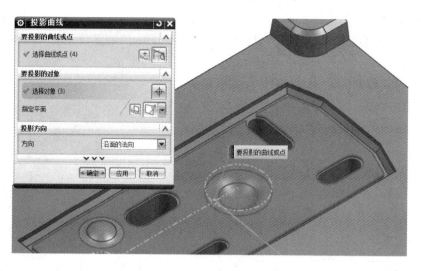

图 4 - 175　点浇口设计(4)

应用【分析】命令测量如图 4 - 176 所示的两点之间的距离。

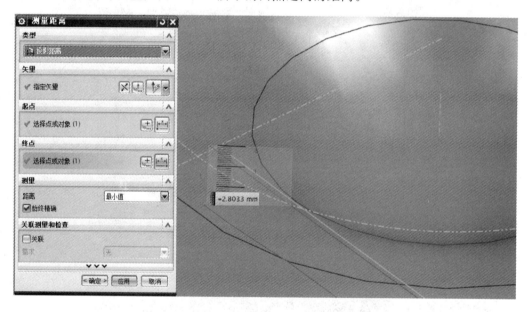

图 4 - 176　点浇口设计(5)

2. 点浇口设置

切换至【注塑模向导】模式,在【装配导航器】中设置 5 - 03_a_plate_031 和 cavity 为独立显示。单击【主要】工具条中的【浇口库】工具按钮,弹出【浇口设计】对话框,对话框中的参数设置如图 4 - 177 所示,单击【应用】按钮,弹出【点】对话框,选择图 4 - 178 中 1 处所示的线端点,单击【确定】按钮弹出【矢量】对话框,如图 4 - 179 所示,设置矢量的方向为 - ZC,单击【确定】按钮完成点浇口的设计,如图 4 - 180 所示。

3. 浇口移动编辑

打开【浇口设计】对话框,选择已经生成的点浇口,对话框自动显示点浇口的参数。单击对话框下方的【重定位浇口】按钮,弹出【REPOSITION】对话框,在图 4 - 181 中的【Z】文本框中输入前面测量的距离值 2.803 3,单击【确定】按钮完成点浇口的移动。

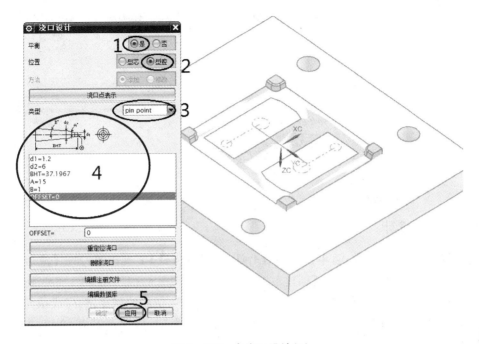

图 4 - 177　点浇口设计(6)

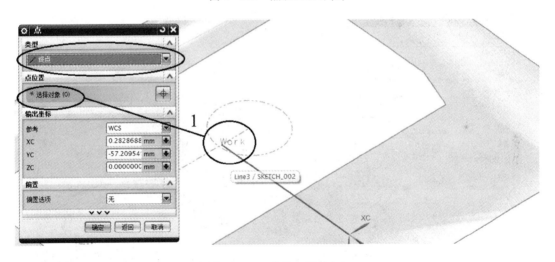

图 4 - 178　点浇口设计(7)

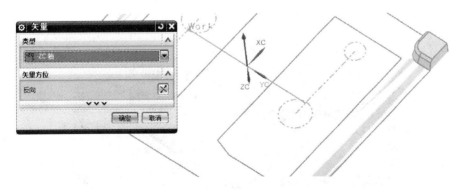

图 4 - 179　点浇口设计(8)

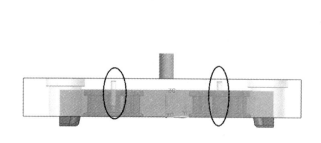

<table>
<tr><td>图 4 - 180　点浇口设计(9)</td><td>图 4 - 181　点浇口设计(10)</td></tr>
</table>

4.7.3　分流道设计

切换至【注塑模向导】模式,单击【主要】工具条中的【流道】工具按钮,弹出【流道】对话框,单击【绘制截面】工具按钮，弹出【创建草图】对话框,按照图 4 - 182 中的 1、2、3 处所示创建新草绘平面,单击【确定】按钮进入草绘状态,按照图 4 - 183 所示绘制草图,完成截面草绘后返回【流道】对话框,按照图 4 - 184 所示选择分流道为半圆形式,半径设置为 10,单击【确定】按钮完成分流道设计。

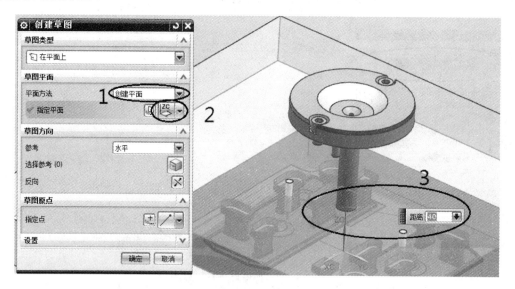

图 4 - 182　分流道设计(1)

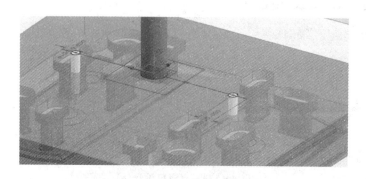

图 4 - 183　分流道设计(2)

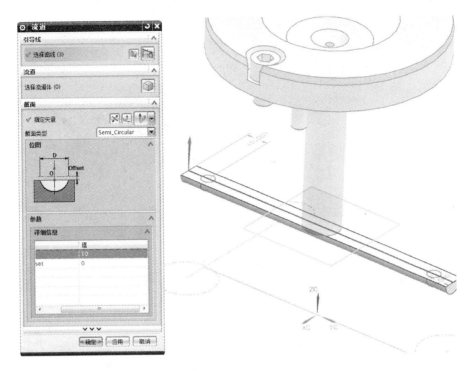

图 4 - 184　分流道设计(3)

至此,整个浇注系统的设计完成了,如图 4 - 185 所示。

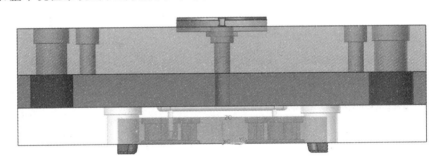

图 4 - 185　完整的浇注系统

4.8　推出系统设计

4.8.1　推出机构设计

如图 4 - 186 所示,在【装配导航器】中设置 5 - 03_core_006、5 - 03_movehalf_033、core 和 core - xj - z 为独立显示。

切换至【分析】模式,单击【测量】工具条中的【测量距离】工具按钮,测量如图 4 - 187 所示距离(推杆长度确定依据)。

1. 草绘推杆定位点

将模具 B 板 5 - 03_b_plate_051 隐藏,以方便依据型芯轮廓绘制草图点。切换至【主页】模式,单击【草绘】工具按钮进入草绘状态,选择分型面为草绘基准面,按照图 4 - 188 所示绘制

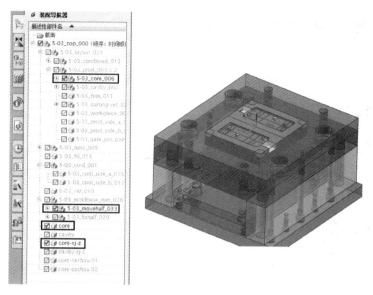

图 4-186　部件显示设置

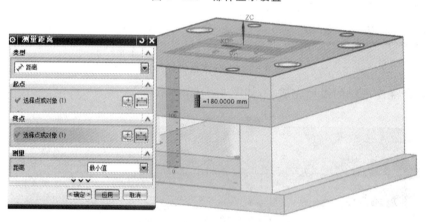

图 4-187　尺寸测量

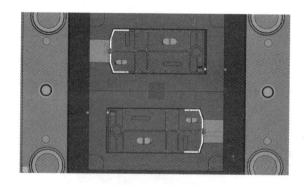

图 4-188　草绘推杆定位点

10 个点,单击【退出草图】工具按钮完成草图绘制。

2. 定义推杆类型、尺寸设置及定位操作

切换至【注塑模向导】模式,单击【主要】工具条中的【标准件库】工具按钮 ,在【标准件管理】对话框中,按照图 4-189 中 1 处所示在【名称】下拉列表框中选择 FUTABA_MM 下面的

Ejector Pin;在2处【成员视图】选项组中选择第一项;3处选中【添加实例】,4处选择"POINT"
(点)定位方式;在5处,CATALOC设为EJ,CATALOC_DIA设为8(推杆直径为8),CATA-
LOC_LENGTH设为200(推杆长度为200)。单击【应用】按钮弹出【点】对话框,依次选择绘
制的10个点,如图4-190所示,完成点的选取后,单击【点】对话框中的【取消】按钮,退回到
【标准件管理】对话框,单击【确定】按钮完成推杆定位,结果如图4-191所示。

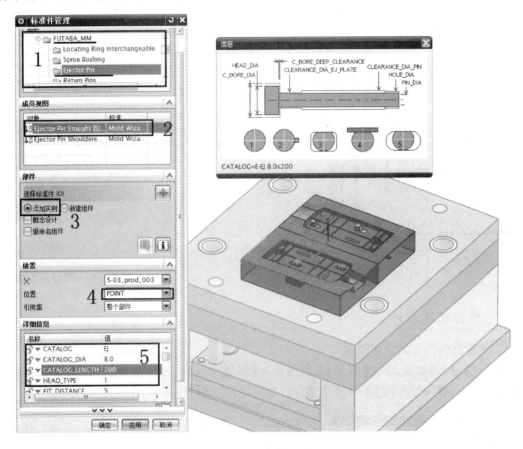

图4-189　推杆设计(1)

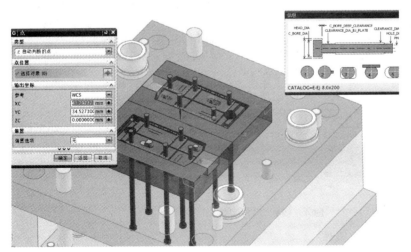

图4-190　推杆设计(2)

图4-191　推杆设计(3)

3. 顶杆后处理操作

单击【主要】工具条中的【顶杆后处理】工具按钮，弹出【顶杆后处理】对话框，如图 4 - 192 所示，在 1 处双击 5 - 03_ej_pin_070 选取 10 根顶杆；2 处【修边曲面】方式选为"CORE_TRIM_SHEET"；3 处设置【配合长度】为 10 mm，【偏置值】为 0.1 mm。单击【确定】按钮完成顶杆后处理，如图 4 - 193 所示。

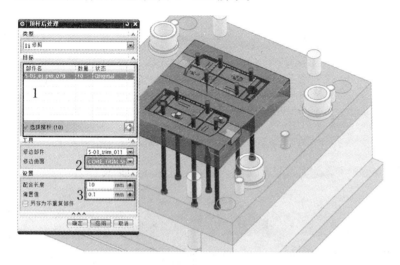

图 4 - 192　顶杆后处理(1)　　　　　　　　　　　　图 4 - 193　顶杆后处理(2)

4.8.2　复位机构设计

1. 测量复位弹簧的空间距离

切换至【分析】模式，单击【测量】工具条中的【测量距离】工具按钮，测量如图 4 - 194 所示距离。同时应用【测量距离】命令测量复位杆的直径尺寸为 25。

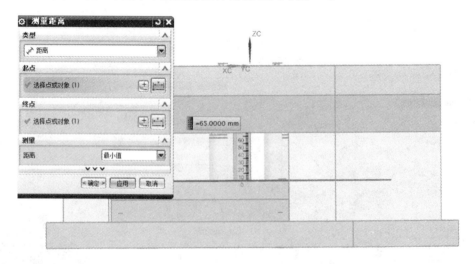

图 4 - 194　尺寸测量

2. 复位弹簧参数设置及定位操作

切换至【注塑模向导】模式，单击【主要】工具条中的【标准件库】工具按钮，弹出【标准件管理】对话框，如图 4 - 195 所示，在 1 处选择 FUTABA_MM 下面的 Springs；2 处选择 Springs

[M-FSB];4 处的【位置】选用"PLANE"（面）定位方式，【选择面或平面】选择顶杆固定板上的平面；【详细信息】选项组是弹簧的具体参数，如图 4 - 196 所示。以上参数设置完毕后，单击【标准件管理】对话框中的【应用】按钮，弹出【标准件位置】对话框。

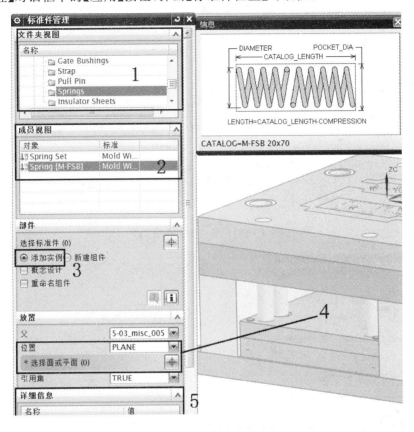

图 4 - 195　复位弹簧设计（1）

详细信息	
名称	值
TYPE	M-FSB
WIRE_TYPE	ROUND
DIAMETER	32.5
CATALOG_LENGTH	70
DISPLAY	DETAILED
COMPRESSION	5
INNER_DIA	20.5
WIRE_DIA	(DIAMETER-INNE...
POCKET_DIA	DIAMETER+2
UNDERSIZE	2
COLOR	"Green"

图 4 - 196　复位弹簧设计（2）

在图 4 - 197 所示方框中，选择复位杆与推杆固定板的孔圆心作为弹簧的定位点，然后单击【标准件位置】对话框中的【应用】按钮，完成一根弹簧的定位。依次重复三次，分别对其他三根弹簧进行定位操作。定义完成后，单击【标准件位置】对话框中的【取消】按钮，返回【标准件管理】对话框，系统自动默认选中【修改】，如图 4 - 198 所示，如果要修改弹簧尺寸的参数或位置参数，则可以继续修改。如果不需要修改，则单击【标准件位置】对话框中的【取消】按钮，完成复位弹簧的定义。

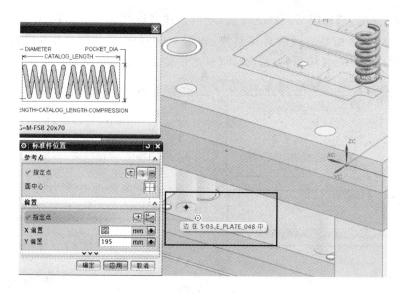

图 4－197　复位弹簧设计(3)

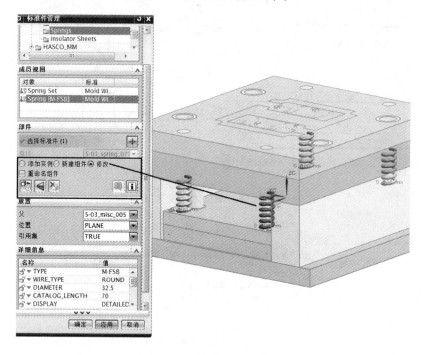

图 4－198　复位弹簧设计(4)

3. 复位弹簧参数的修改

从图 4－199 可以看出,复位弹簧与复位杆干涉,复位弹簧参数不合理,需要进行修改。

切换至【注塑模向导】模式,单击【主要】工具条中的【标准件库】工具按钮，弹出【标准件管理】对话框,双击需要修改的复位弹簧,系统自动选中【部件】选项组中的【修改】单选按钮,如图 4－200 所示,将"DIAMETER"的尺寸改为 39.5,INNER_DIA 的尺寸由 20.5 变为 25.5,此时复位杆与复位弹簧不干涉,满足了要求,单击【应用】按钮完成修改。

图 4－199　复位弹簧设计(5)

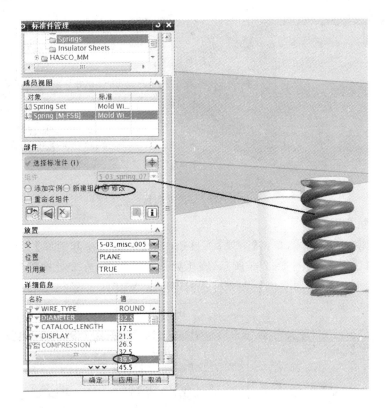

图 4 - 200　复位弹簧设计(6)

4.9　模具侧抽机构设计

如图 4 - 201 所示,在【装配导航器】中设置 core、core - cechou - 01 和 core - cechou - 02 为独立显示。

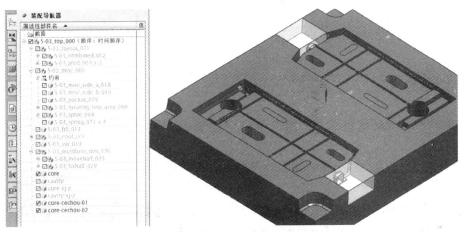

图 4 - 201　部件显示设置

1. 测量侧抽镶件的尺寸

切换至【分析】模式,应用【测量距离】命令测量 core - cechou - 01 的尺寸长为 33.792 2、高为 15.331 9,如图 4 - 202 所示。

图 4-202　尺寸测量

2. 选用侧抽机构

切换至【注塑模向导】模式，单击【主要】工具条中的【滑块和浮升销库】工具按钮，弹出【滑块和浮升销设计】对话框，如图 4-203 所示，在 1 处选择"Slide"；在 2 处选择"Push-Pull Slide"（滑块侧抽）；在 3 处选中【添加实例】；在 4 处选择"WCS_XY"方式；在 5 处按照图 4-204 只修改 angle 为 15、wide 为 35。

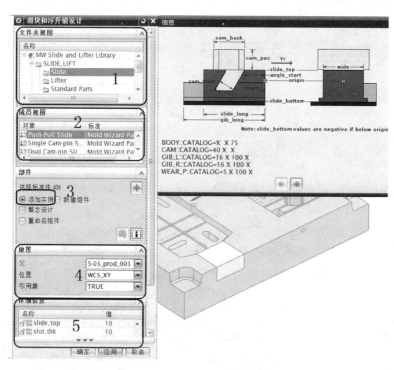

图 4-203　侧抽机构选用

3. 侧抽机构定位

对【滑块和浮升销设计】对话框设置完毕后，单击【应用】按钮，系统自动将【滑块和浮升销设计】对话框转换至修改模式（【部件】选项组中的【修改】单选按钮为选中状态），同时弹出滑块侧抽机构，如图 4-205 所示。

单击图 4-205 中的【重定位】工具按钮，弹出【移动组件】对话框，如图 4-206 所示，单击【移动组件】对话框中【指定方位】后面的【点】定位工具按钮，弹出【点】定位对话框，如图 4-207 所示，将【类型】选为"自动判断的点"，选择方框中侧抽镶块下端边的中点，单击【确定】按钮，则滑块侧抽机构的坐标系自动移至此边中点处,如图 4 - 208 所示,同时返回【移动组件】对话框。

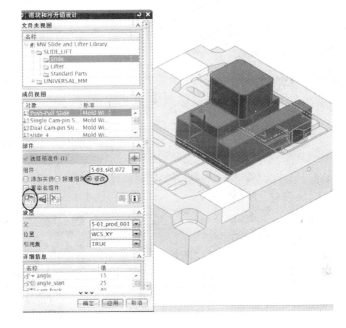

图 4 - 204　侧抽机构参数确定　　　　　　图 4 - 205　侧抽机构定位(1)

图 4 - 206　侧抽机构定位(2)

图 4 - 207　侧抽机构定位(3)

　　如图 4 - 208 所示,Y 轴没有指向侧抽镶件,因此还需要将 Y 轴指向侧抽镶件(Y 轴代表滑块的滑动方向)。如图 4 - 209 所示,单击坐标系中的原点,弹出即时对话框如图 4 - 210 所示,在【角度】文本框中输入－90,则滑块侧抽机构自动绕 ZC 轴顺时针旋转 90°,定位至边的中点,且 Y 轴指向侧抽镶件,如图 4 - 211 所示。单击坐标系上的 ZC 轴的箭头,如图 4 - 212 所示,在弹出的即时对话框中,【距离】文本框输入

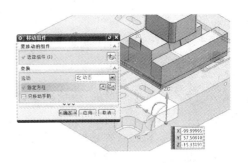

图 4 - 208　侧抽机构定位(4)

15.331 9/2,单击【移动组件】对话框中的【应用】按钮,完成将滑块侧抽机构定位到侧抽镶件侧面中心点的操作。

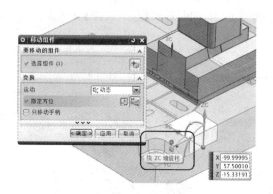

图 4-209　侧抽机构定位(5)

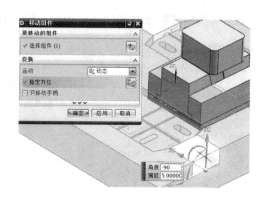

图 4-210　侧抽机构定位(6)

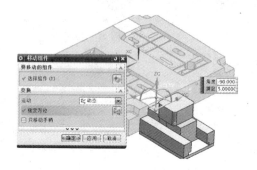

图 4-211　侧抽机构定位(7)

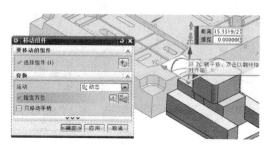

图 4-212　侧抽机构定位(8)

4. 其他三个拔块侧抽机构的选用及定位

同上操作,完成对面相同的拔块侧抽机构,如图 4-213 所示。

重复侧抽机构的尺寸定义,修改【滑块和浮升销设计】对话框中【详细信息】选项组中的 wide 为 15,重复其他定位步骤,完成另外两个拔块侧抽机构的定位,完成后的机构如图 4-214 所示。

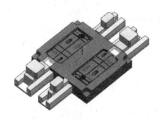

图 4-213　其他侧抽机构的选用及定位(1)　　图 4-214　其他侧抽机构的选用及定位(2)

5. 检查干涉

在图 4-215 所示圈选处,拔块侧抽机构与导套和螺钉产生干涉。

应用【模架库】命令,弹出【模架库】对话框,在【详细信息】选项组中修改模架尺寸项 index 为 4 050,单击【应用】按钮完成模架的修改,如图 4-216 所示。此时,拔块侧抽机构与导套不干涉了,但与螺钉距离较近,因此,可以继续修改拔块侧抽机构的尺寸,这里不再详述。

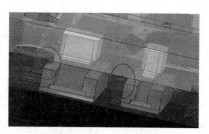

图 4-215　干涉检查

6. 连接方式与机构合理性

　　拔块侧抽机构与滑块镶件的连接方式及镶件的机构合理性等,这里不再进行分析及修改,最终完成的拔块侧抽机构如图 4-217 所示。

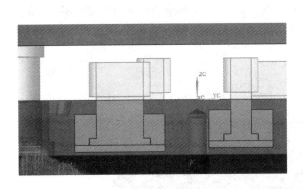

图 4-216　模架修改

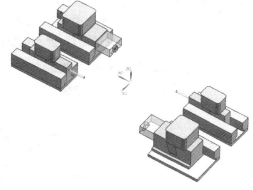

图 4-217　侧抽机构

4.10　冷却系统设计

4.10.1　冷却水道设计

1. 动模侧冷却水道设计

（1）部件显示设置

　　如图 4-218 所示,在【装配导航器】中进行设置只显示 core、core-xj-z、core-cechou-01、core-cechou-02 和 5-03_u_plate_028,同时将 5-03_u_plate_028 设置为全透明状态。

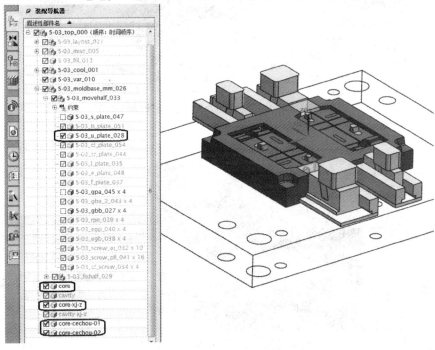

图 4-218　动模侧冷却水道部件显示设置

（2）生成 core 工件上的水道

切换至【注塑模向导】模式，单击【冷却工具】工具条中的【水路图样】工具按钮，弹出【水路图样】对话框，图 4－219 所示。单击图 4－219 中 1 处【绘制截面】工具按钮，弹出【创建草图】对话框，如图 4－220 所示。

如图 4－220 中 1、2、3、4 处所示，在距离分型面 XY 面－28 处创建平行于 XY 面的平面，单击【确定】按钮完成草图基准面的创建，进入草绘状态。按照图 4－221 绘制草图，两腔草图中心对称。

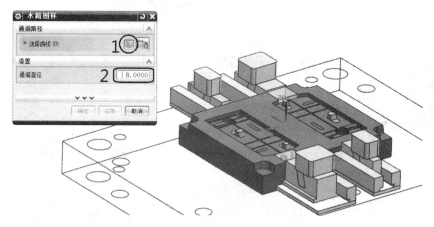

图 4－219　【水路图样】对话框

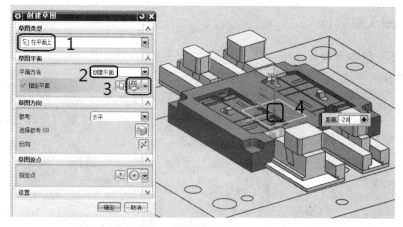

图 4－220　动模侧冷却水道设计（1）

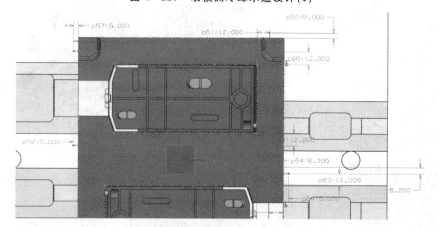

图 4－221　动模侧冷却水道设计（2）

单击【退出草图】工具按钮,返回【水路图样】对话框,在图 4-219 中 2 处输入【通道直径】为 8,单击【确定】按钮完成此次水道设计,如图 4-222 所示。

(3) 生成跨越 core 和 5-03_u_plate_028 两个工件上的水道

测量如图 4-223 所示的水道端面与腔侧壁的距离为 34.811 9,并将其作为创建水道的尺寸依据,即创建平行于水道端面的距离为 34.811 9-12= 22.811 9的平面。

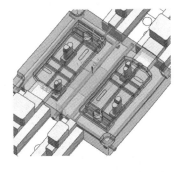

图 4-222 动模侧冷却水道设计(3)

单击【冷却工具】工具条中的【水路图样】工具按钮，重复上述步骤,创建绘图基准平面,如图 4-224 所示,创建基准平面的方式采用"按某一距离"方式。绘制的草图如图 4-225 所示。完成的水道如图 4-226 所示。

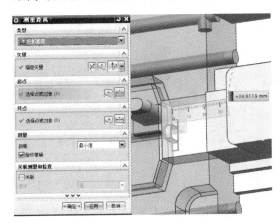

图 4-223 动模侧冷却水道设计(4)

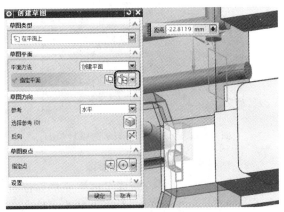

图 4-224 动模侧冷却水道设计(5)

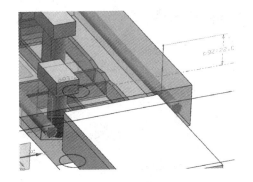

图 4-225 动模侧冷却水道设计(6)

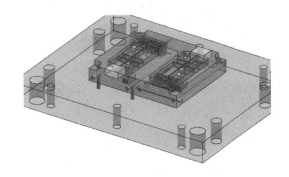

图 4-226 动模侧冷却水道设计(7)

按照上述步骤在另一侧创建水道,结果如图 4-227 所示。

(4) 生成跨越 5-03_u_plate_028 工件上的水道

单击【冷却工具】工具条中的【水路图样】工具按钮，重复上述步骤,创建绘图基准平面,如图 4-228 所示,创建基准平面的方式采用"按某一距离"方式。绘制的草图如图 4-229 所示。完成的水道如图 4-230 所示。

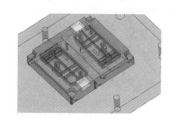

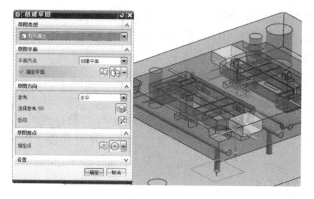

图 4-227　动模侧冷却水道设计(8)　　　图 4-228　动模侧冷却水道设计(9)

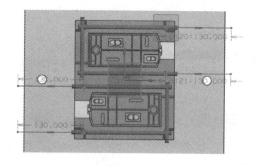

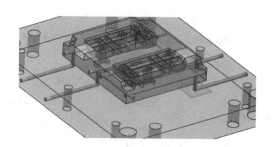

图 4-229　动模侧冷却水道设计(10)　　　图 4-230　动模侧冷却水道设计(11)

2. 动模侧冷却水道局部修改

如图 4-231 所示,框选水道需要局部修改的位置。

单击【冷却工具】工具条中的【延伸水路】工具按钮✎,弹出【延伸水路】对话框,如图 4-232 所示 1 处选择水路,在 2 处【距离】文本框中输入 6,单击【应用】按钮完成水路的延伸,如图 4-233 所示。按照上述步骤对其他水路进行修改延伸,如图 4-234 所示。

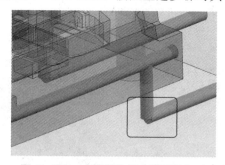

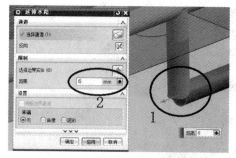

图 4-231　动模侧冷却水道设计(12)　　　图 4-232　动模侧冷却水道设计(13)

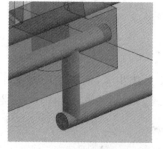

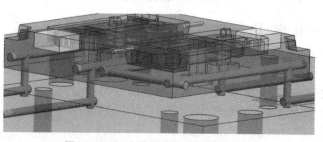

图 4-233　动模侧冷却水道设计(14)　　　图 4-234　动模侧冷却水道设计(15)

3. 定模侧冷却水道设计

（1）部件显示设置

如图 4-235 所示，在【装配导航器】中进行设置只显示 cavity、cavity-xj-z 和 5-03_r_plate_030，同时将 5-03_r_plate_030 设置为半透明状态。

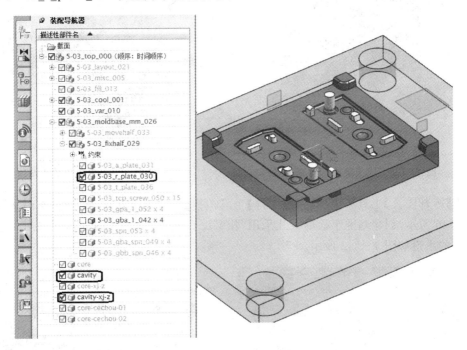

图 4-235　定模侧冷却水道部件显示设置

（2）生成 cavity 工件上的水道

切换至【注塑模向导】模式，单击【冷却工具】工具条中的【水路图样】工具按钮，按照与在 core 工件上创建水道的相同步骤创建草图基准平面，如图 4-236 所示，绘制的草图如图 4-237 所示。创建的水道如图 4-238 所示。

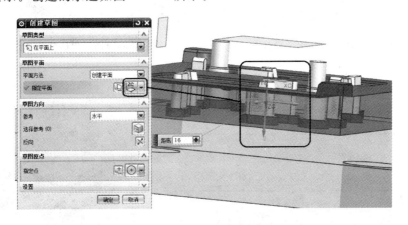

图 4-236　定模侧冷却水道设计(1)

（3）生成跨越 cavity 和 5-03_r_plate_030 两个工件上的水道

测量如图 4-239 所示的水道端面与腔侧壁的距离为 34.170 1，并将其作为创建水道的尺寸依据，即创建平行于水道端面距离为 34.170 1-12=22.170 1 的平面。

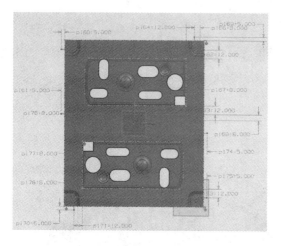

图 4-237　定模侧冷却水道设计(2)

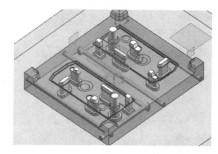

图 4-238　定模侧冷却水道设计(3)

单击【冷却工具】工具条中的【水路图样】工具按钮，重复上述步骤，创建绘图基准平面，如图 4-240 所示，创建基准平面的方式采用"按某一距离"方式。绘制的草图如图 4-241 所示。完成的水道如图 4-242 所示。

图 4-239　定模侧冷却水道设计(4)

图 4-240　定模侧冷却水道设计(5)

按照上述步骤制作另一侧水道，最终的水道如图 4-242 所示。

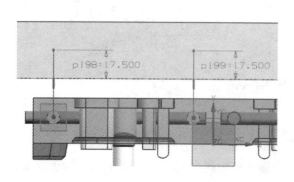

图 4-241　定模侧冷却水道设计(6)

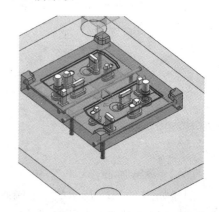

图 4-242　定模侧冷却水道设计(7)

(4) 生成 5-03_r_plate_030 工件上的水道

重复上述步骤,创建绘图基准平面,如图 4-243 所示,【草图平面】选项组中的【平面方法】选择"现有平面"方式,拾取水道下平面为草绘基准面。绘制的草图如图 4-244 所示。完成的水道如图 4-245 所示。

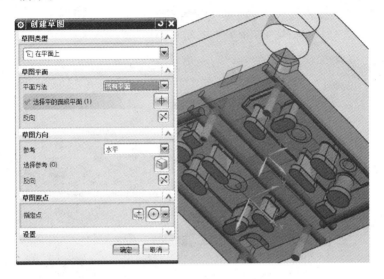

图 4-243　定模侧冷却水道设计(8)

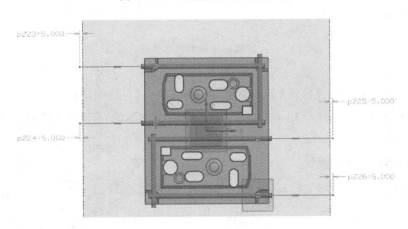

图 4-244　定模侧冷却水道设计(9)

4. 定模侧冷却水道局部修改

单击【冷却工具】工具条中的【延伸水路】工具按钮✎,对各水路进行延伸,完成后的水路如图 4-246 所示。

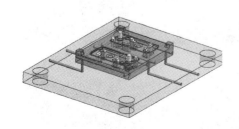

图 4-245　定模侧冷却水道设计(10)

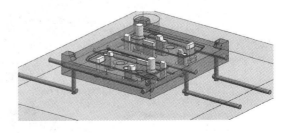

图 4-246　定模侧冷却水道设计(11)

4.10.2 冷却系统标准件选用

1. 定模侧冷却系统标准件选用

（1）部件显示设置

如图 4－247 所示，在【装配导航器】中进行设置只显示 cavity、cavity－xj－z、5－03_r_plate_030 和 5－03_a_plate_031，同时将部件都设置为半透明状态。

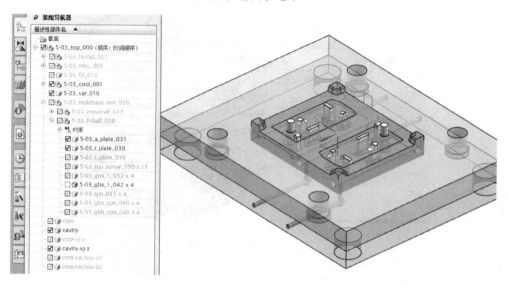

图 4－247　定模侧冷却系统部件显示设置

（2）水道腔体生成

单击【主要】工具条中的【腔体】工具按钮，弹出【腔体】对话框，如图 4－248 所示，【目标】选项组选择 cavity，【工具】选项组选择如图 4－248 所示的水道，单击【应用】按钮完成 cavity 水道腔体的生成。

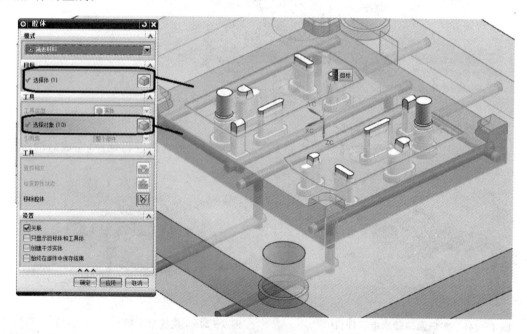

图 4－248　定模侧冷却系统水道腔体生成(1)

按照上述相同的步骤完成 5-03_a_plate_031 水道腔体的生成,如图 4-249 所示。

按照上述相同的步骤完成 5-03_r_plate_030 水道腔体的生成,如图 4-250 所示。

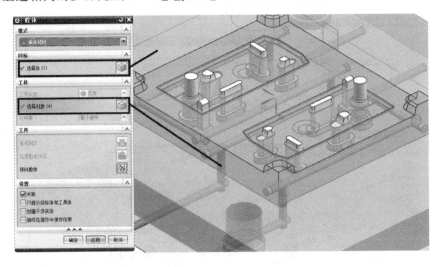

图 4-249　定模侧冷却系统水道腔体生成(2)

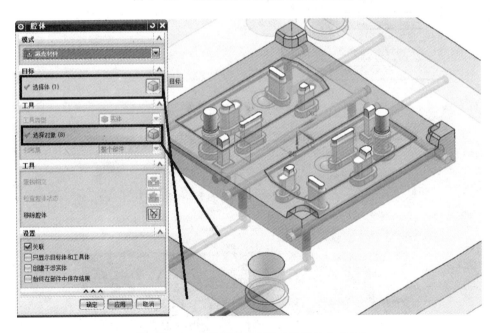

图 4-250　定模侧冷却系统水道腔体生成(3)

(3) 标准件选用

将 cavity 设为显示部件,并设置为独立显示。

1) 管塞定位

单击【冷却工具】工具条中的【冷却标准件库】工具按钮,弹出【冷却组件设计】对话框,如图 4-251 所示,【文件夹视图】选项组选择 COOLING;【成员视图】选项组选择 PIPE PLUG (管塞);【位置】下拉列表框默认选为 NULL;【详细信息】中的 SUPPLIER 选为 DMS,PIPE_THREAD 选为 M8。单击【应用】按钮,系统自动将【冷却组件设计】对话框变更为修改状态,如图 4-252 所示,单击对话框中【部件】选项组下面的【重定位】工具按钮,弹出【移动组件】对话框,如图 4-253 所示,单击【点】工具按钮,弹出【点】对话框,选择如图 4-254 所示的孔

213

中心,单击【确定】按钮返回【移动组件】对话框,如图 4-255 所示,单击【确定】按钮完成管塞的定位。

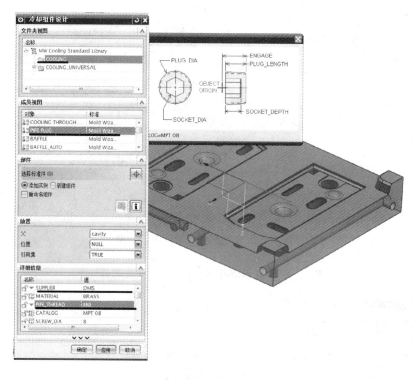

图 4-251　冷却标准件库

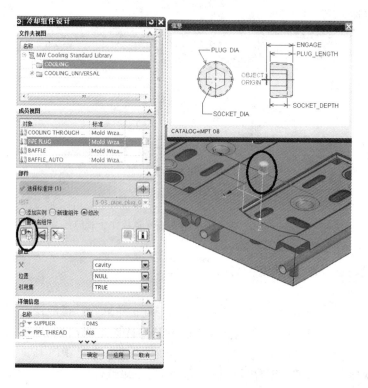

图 4-252　管塞定位(1)

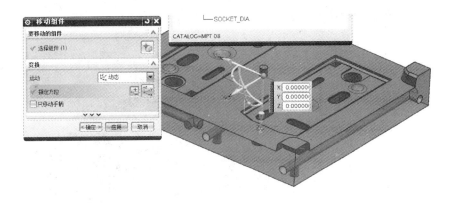

图 4 - 253　管塞定位(2)

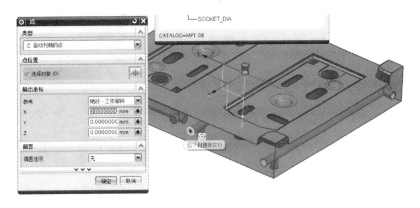

图 4 - 254　管塞定位(3)

重复上述步骤,定位其他的 5 个管塞,结果如图 4 - 256 所示。

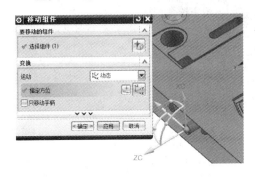

图 4 - 255　管塞定位(4)

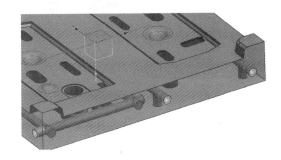

图 4 - 256　管塞定位(5)

2) O 型环定位

单击【冷却工具】工具条中的【冷却标准件库】工具按钮，弹出【冷却组件设计】对话框,如图 4 - 257 所示,【文件夹视图】选项组选择 COOLING;【成员视图】选项组选择 O-RING(O 型环);【位置】下拉列表框默认选为 NULL;【详细信息】选项组中的 FITTING_DIA 选为 8。单击【应用】按钮,系统自动将【冷却组件设计】对话框变更为修改状态,如图 4 - 258 所示,单击对话框中【部件】选项组下面的【重定位】工具按钮，弹出【移动组件】对话框,单击【点】工具按钮，弹出【点】对话框,选择孔中心,单击【确定】按钮返回【移动组件】对话框,如图 4 - 259 所示,单击【确定】按钮,完成 O 型环的定位。

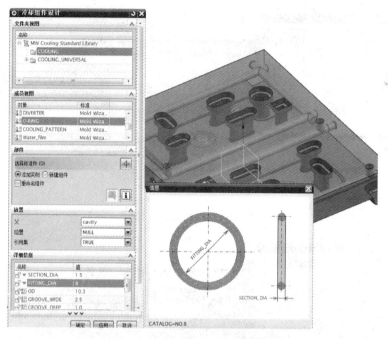

图 4 - 257 O 型环

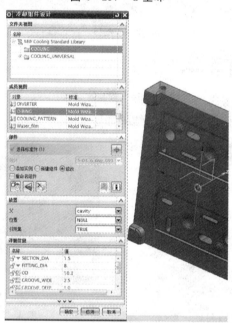

图 4 - 258 O 型环定位(1)

图 4 - 259 O 型环定位(2)

重复上述步骤,对其他三处的 O 型环定位,如图 4-260 所示。

将 5-03_r_plate_030 设为显示部件,并设置为独立显示。

重复上面的 O 型环定位的步骤,对 5-03_r_plate_03 的两处进行定位,如图 4-261 所示。

图 4-260　O 型环定位(3)

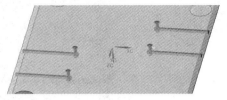

图 4-261　O 型环定位(4)

3) 连接插头定位

单击【冷却工具】工具条中的【冷却标准件库】工具按钮🖳,弹出【冷却组件设计】对话框,如图 4-262 所示,【文件夹视图】选项组选择 COOLING;【成员视图】选项组选择 CONNECTOR PLUG(连接插头);【位置】下拉列表框默认选为 NULL;【详细信息】中的 SUPPLIER 选为 HASCO,PIPE_THREAD 选为 M8。单击【应用】按钮,系统自动将【冷却组件设计】对话框变更为修改状态,单击对话框中【部件】选项组下面的【重定位】工具按钮🖳,弹出【移动组件】对话框,单击【点】工具按钮🖳,弹出【点】对话框,选择孔中心,单击【确定】按钮返回【移动组件】对话框,如图 4-263 所示,绕 Y 轴旋转 90°,单击【确定】按钮完成连接插头的定位,如图 4-264 所示。

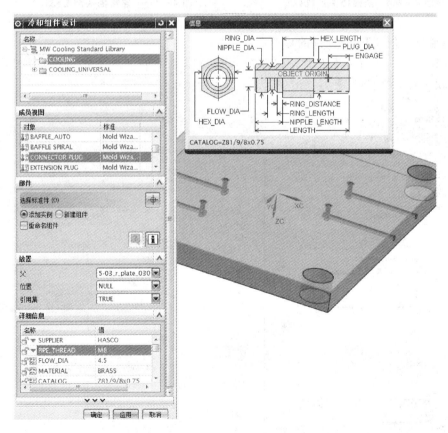

图 4-262　连接插头

重复上述步骤,对其他三处的连接插头进行定位,如图 4-265 所示。

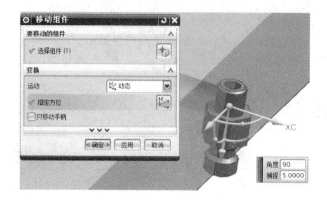

图 4-263　连接插头定位(1)

图 4-264　连接插头定位(2)

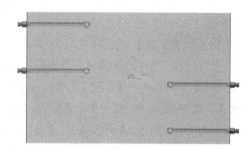

图 4-265　连接插头定位(3)

（4）【装配导航器】中标准件的移动

在如图 4-266 所示的【装配导航器】中，选择图中 1 处的冷却水道标准件，并拖拽至
5-03_cool_001组件下，如图 4-267 所示。

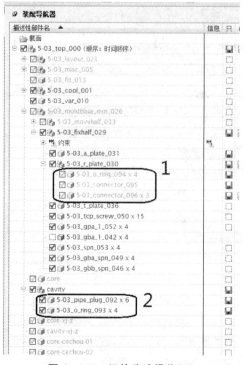

图 4-266　组件移动操作(1)

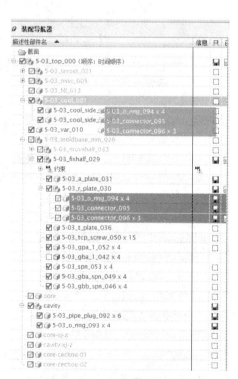

图 4-267　组件移动操作(2)

　　按照同样的操作步骤将图 4-266 中 2 处的水道标准件移至 5-03_cool_001 组件下,结果如图 4-268 所示。

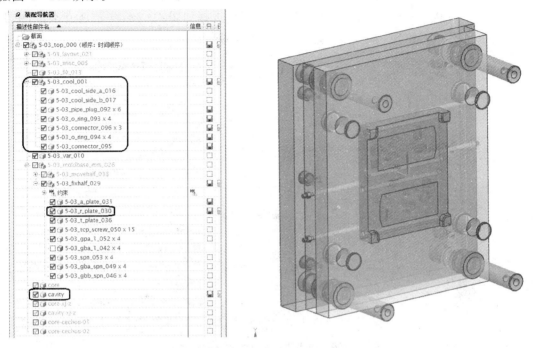

图 4-268　组件移动操作(3)

2. 动模侧冷却系统标准件选用

(1) 部件显示设置

　　如图 4-269 所示,在【装配导航器】中进行设置只显示 core 和 5-03_u_plate_028,同时将部件都设置为半透明状态。

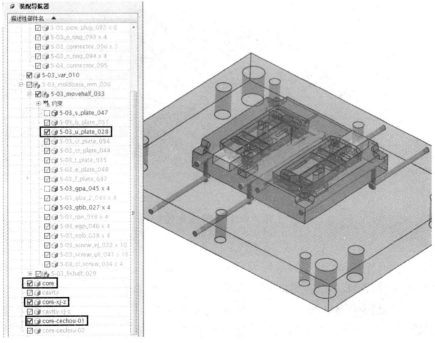

图 4-269　动模侧冷却系统部件显示设置

（2）水道腔体生成

单击【主要】工具条中的【腔体】工具按钮 🔧，弹出【腔体】对话框，如图 4-270 所示，【目标】选项组选择 core 和 5-03_u_plate_028，【工具】选项组选择如图 4-270 中的所有水道，单击【应用】按钮完成 core 和 5-03_u_plate_028 水道腔体的生成。

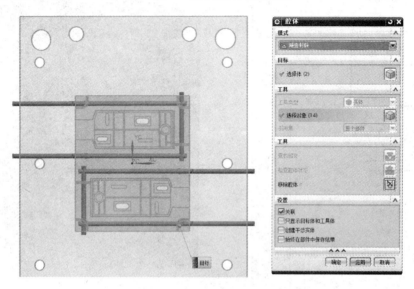

图 4-270　动模侧冷却系统水道腔体生成

（3）标准件添加

1）管塞定位

单击【冷却工具】工具条中的【冷却标准件库】工具按钮 ⬚，弹出【冷却组件设计】对话框，按照与 cavity 部件装配管塞一样的设置及操作过程，对 6 个位置的管塞进行定位，完成后如图 4-271 所示。

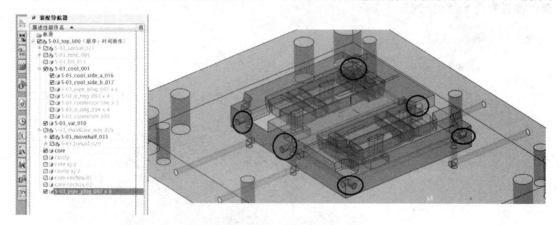

图 4-271　管塞定位

注意：

对比图 4-266 中的 2 处（装配导航器目录），管塞文件 5-03_pipe_plug_092×6 隶属于 cavity 组件的子文件，而图 4-271 中的管塞文件 5-03_pipe_plug_097×6 隶属于 5-03_top_000 组件的子文件，这是因为当在图 4-266 中定位装配管塞时，是在将 cavity 组件设为显示部件状态下进行的，而在图 4-271 中装配的管塞则是在 5-03_top_000 组件被设为显示部件状态下进行的。

2) O 型环和连接插头定位

O 型环和连接插头定位的装配均与定模侧的定位设置及操作相同,这里不再叙述,结果如图 4 - 272 所示。

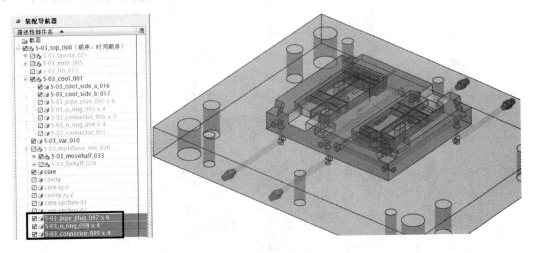

图 4 - 272　O 型环、连接插头定位

(4)【装配导航器】中标准件的移动

按照图 4 - 266 和图 4 - 267 所示的操作方法移动图 4 - 272 中框选的标准件,使其隶属于 5 - 03_cool_001 组件,最终的装配导航器目录如图 4 - 273 所示,移动后便于对冷却标准件进行统一管理。

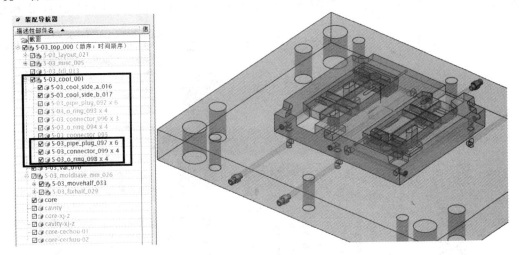

图 4 - 273　部件移动

4.11　模具后处理

4.11.1　模具腔体生成

模具标准件导入后,还需要进行开腔操作,以形成模板的最终结构。

首先设置视图显示方式为【局部着色】方式,单击【主要】工具条中的【腔体】工具按钮,弹出

【腔体】对话框,如图 4 - 274 所示,【目标】选项组选择定模座板 5 - 03_t_plate_036;【工具】选项组采用"整个部件"方式,选择定位圈和浇口衬套,单击【确定】按钮完成对定模座板的开腔操作。

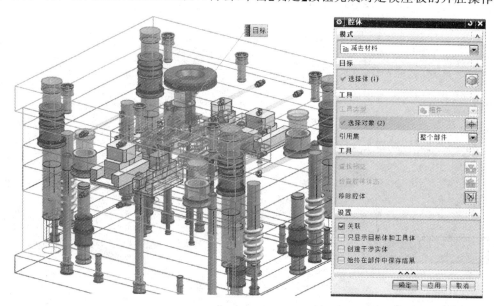

图 4 - 274 腔体生成(1)

如图 4 - 275 所示,只显示 5 - 03_r_plate_030 模板。同样应用【腔体】工具按钮 ,在如图 4 - 275 所示对话框中,【目标】选项组选择定模座板 5 - 03_r_plate_030;【工具】选项组采用"整个部件"方式,选择浇口衬套,单击【确定】按钮完成对 5 - 03_r_plate_030 模板的开腔操作。

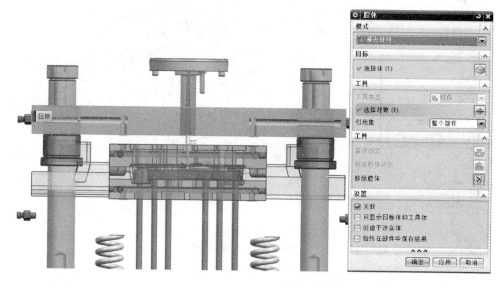

图 4 - 275 腔体生成(2)

如图 4 - 276 所示,只显示 5 - 03_a_plate_031 模板。同样应用【腔体】工具按钮 ,在如图 4 - 276 所示对话框中,【目标】选项组选择模板 5 - 03_a_plate_031;【工具】选项组采用"整个部件"方式,选择点浇口和 4 组侧抽机构,单击【应用】按钮。再重复上述过程,【工具】选项组采用"实体"方式,【目标】选项组选择 5 - 03_workpiece_ 009,单击【确定】按钮完成对 5 - 03_a_ plate_031 模板的开腔操作。

如图 4 - 277 所示，显示动模侧模板。同样应用【腔体】工具按钮 ，【目标】选项组选择定模座板 5 - 03_b_plate_051；【工具】选项组采用"整个部件"方式，选择 4 组侧抽机构，如图 4 - 276 所示，单击【应用】按钮。再重复上述过程，【工具】选项组采用"实体"方式，选择 5 - 03_workpiece_ 009，单击【确定】按钮完成对 5 - 03_b_plate_051 模板的开腔操作。将 5 - 03_b_plate_051 设为显示部件，如图 4 - 278 所示，框选需要修改的局部结构（侧抽机构），修改后的结构如图 4 - 279 所示。

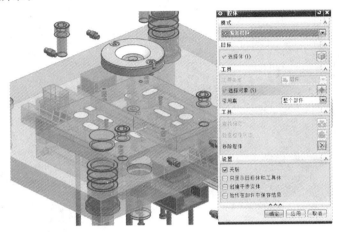

图 4 - 276　腔体生成(3)

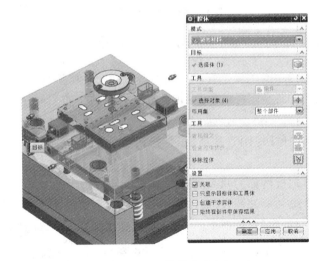

图 4 - 277　腔体生成(4)

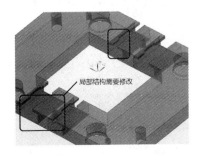

图 4 - 278　腔体生成(5)

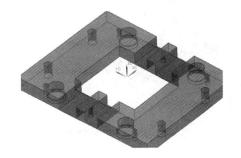

图 4 - 279　腔体生成(6)

如图 4-280 所示,显示动模侧模板。同样应用【腔体】工具按钮 ,【目标】选项组选择定模座板 5-03_u_plate_028、5-03_e_plate_048 和 5-03_f_plate_037,【工具】选项组采用"整个部件"方式,选择推杆组,如图 4-280 所示,单击【确定】按钮完成对三模板的开腔操作。

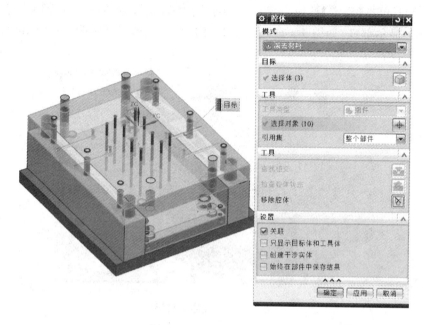

图 4-280　腔体生成(7)

4.11.2　模具视图管理器

模具的【视图管理器】功能主要是管理和使用诸如可见性和颜色等控件的模具装配组件的显示功能,其功能与模具的【装配导航器】在视图操作方面的功能类似,但是两者的分类方法和操作方式不同。

单击【主要】工具条中的【视图管理器】工具按钮 ,弹出【视图管理器浏览器】对话框,如图 4-281 所示。

视图管理器浏览器把模具分为几大类进行管理,比如划分为动模部分和定模部分,型芯/型腔/区域,以及冷却系统和镶件等,可通过这种分类方式对某个类别进行快速的视图操作。

右击【视图管理器浏览器】对话框中的一个组件,弹出如图 4-282 所示的快捷菜单。

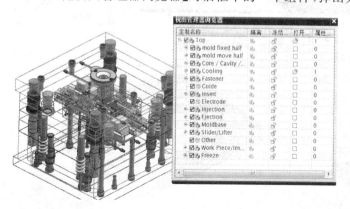

图 4-281　【视图管理器浏览器】对话框

图 4-282　【视图管理器浏览器】快捷菜单

当然也可以在【视图管理器浏览器】对话框中进行以上视图操作,操作前需要确定进行哪个操作(例如隔离、冻结等),然后双击需要进行此操作的组件即可。比如要显示定模侧,则在如图 4 - 283 所示的框选位置双击即可实现。

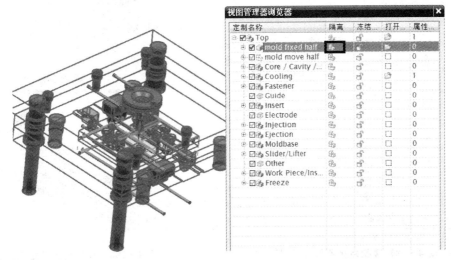

图 4 - 283　显示设置

4.11.3　删除文件

当从【装配导航器】中删掉了某个组件后,虽然在模具导航器目录中没有显示该组件,但是在模具装配文件夹中此文件却仍然存在,因为模具装配文件很大,同时部件多而复杂,不易管理,因此最好把这些文件从硬盘中删除。

单击【主要】工具条中的【未用部件管理】工具按钮 ,弹出【未用部件管理】对话框,如图 4 - 284 所示,从列表中选择要从硬盘中删除的部件名,单击【从项目目录中删除文件】工具按钮 ,弹出【确认】对话框,单击【是】按钮完成从硬盘上删除未用部件的操作。

图 4 - 284　【未用部件管理】对话框

4.12　电池盖模具斜顶机构设计

4.12.1　电池盖模具设计准备

1. 模具项目初始化

单击【初始化项目】工具按钮,弹出如图 4 - 285 所示的【初始化项目】对话框,在该对话框中可以对模具项目进行初始化。

2. 定义模具坐标系

将如图 4 - 286 所示坐标系移至工件体的中心,将如图 4 - 287 所示坐标系改变 Z 值移至工件底面。最终的模具坐标系如图 4 - 288 所示。

图 4-285 【初始化项目】对话框

图 4-286 模具坐标系定义(1)

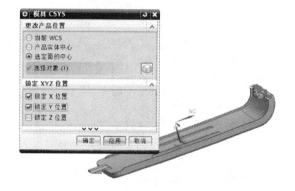

图 4-287 模具坐标系定义(2)

图 4-288 模具坐标系定义(3)

3. 创建工件

单击【主要】工具条中的【工件】工具按钮，打开如图 4-289 所示对话框进行工件设定。

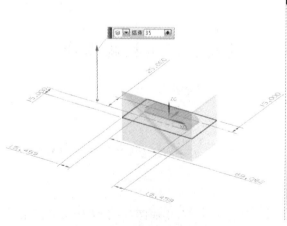

图 4-289 创建工件

4．模具布局设计

单击【主要】工具条中的【型腔布局】工具按钮◫，在如图 4 - 290 所示环境中进行平衡 4 腔布局的设定。

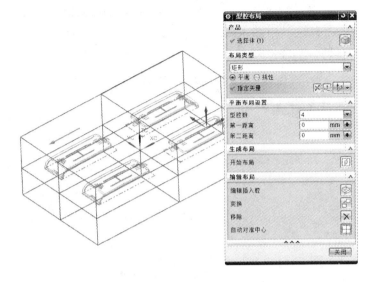

图 4 - 290　布局设计

4.12.2　电池盖模具分型

1．分析制件的面特性——面分析

单击【检查区域】工具按钮◻，面分析的结果如图 4 - 291 所示。

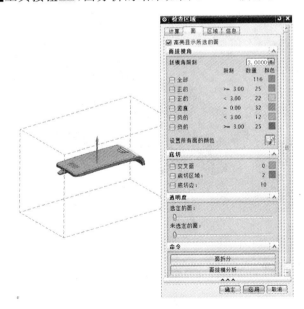

图 4 - 291　面分析

【面拆分】操作如图 4 - 292 所示，对两侧面进行拆分。

曲面区域划分操作如图 4 - 293 所示，对曲面区域进行划分。

2．抽取区域和分型线

单击【分型刀具】工具条中的【定义区域】工具按钮, 弹出【定义区域】对话框, 如图 4 - 294

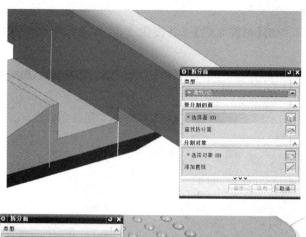

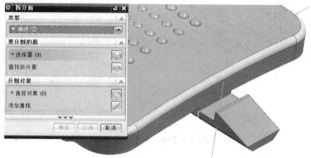

图 4-292　面拆分

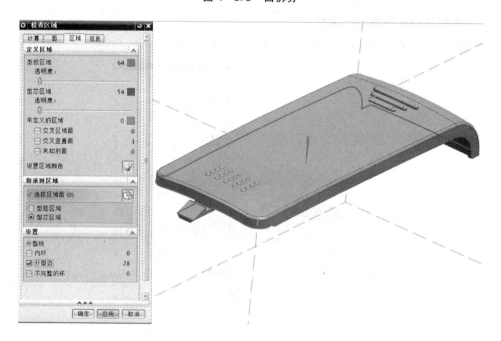

图 4-293　区域划分

所示,提取定义区域及分型线。

3. 创建分型面

如图 4-295 所示,手动应用【拉伸】和【修建片体】命令创建曲面。

单击【分型刀具】工具条中的【设计分型面】工具按钮 🖉,弹出【设计分型面】对话框,如图 4-296 所示,单击【编辑分型线】选项组下面的【选择分型线】工具按钮,选择分型线。

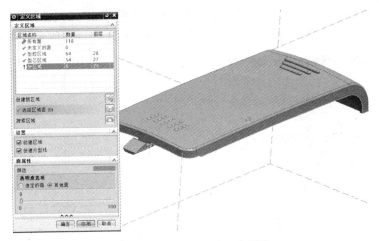

图 4 - 294　抽取区域和分型线

图 4 - 295　创建分型面(1)　　　　　　　　　　　图 4 - 296　创建分型面(2)

如图 4 - 297 所示,单击【选择分型或引导线】工具按钮,设定引导线。

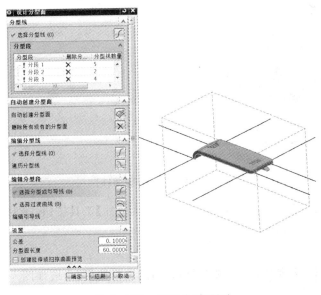

图 4 - 297　创建分型面(3)

如图 4 - 298 所示,除了第一段不生成分型面外,其他段均选择【扫掠】模式生成分型面。应用【曲面】模式下的【扫掠】命令,生成如图 4 - 299 和图 4 - 300 所示的曲面。

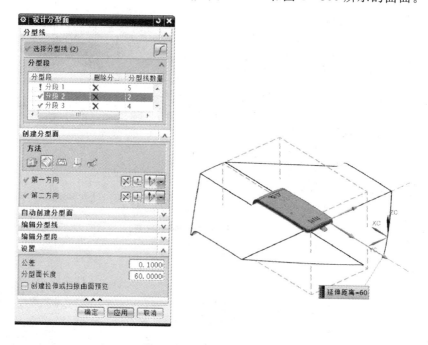

图 4 - 298　创建分型面(4)

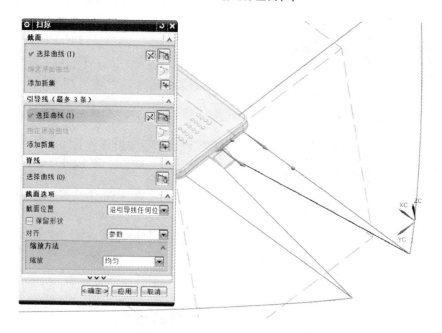

图 4 - 299　创建分型面(5)

单击【分型刀具】工具条中的【编辑分型面和曲面补片】工具按钮,拾取图 4 - 301 中所指的五片曲面补片,完成分型面的创建。

4. 定义型芯、型腔

单击【分型刀具】工具条中的【定义型腔和型芯】工具按钮,生成如图 4 - 302 所示的型芯和型腔。

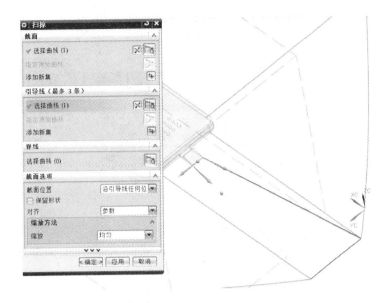

图 4-300　创建分型面(6)

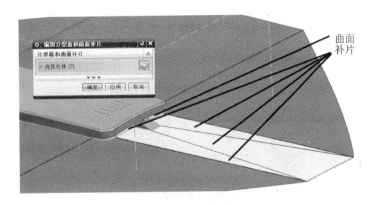

图 4-301　创建分型面(7)

图 4-302　定义型芯、型腔

4.12.3　模架调用

单击【主要】工具条中的【模架库】工具按钮，选择 LKM-SG 标准模架，如图 4-303 所示，依次选择 LKM_SG 和 A；index 选为 2 530(即模架尺寸为 250×300)，AP_h 选为 60，BP_h 选为 80，Mold_type 选为 300：I。单击【应用】按钮调入模架，再单击【旋转模架】工具按钮，将模架旋转 90°，如图 4-304 所示。

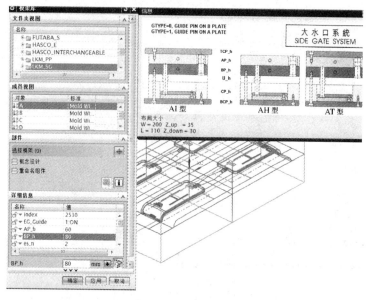

图 4-303　模架调用(1)

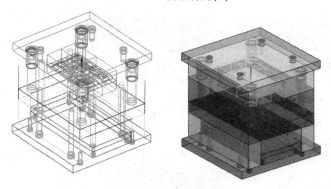

图 4-304　模架调用(2)

4.12.4　斜顶机构设计

1. 创建斜顶头部

将型芯件 7_core_006 设置为显示部件。

单击【注塑模工具】工具条中的【创建方块】工具按钮,弹出如图 4-305 所示对话框,将方块下方的面间隙设置为-1,将-XC 方向设置为 10,其他两个方向超出型芯件外即可。

应用【求交】命令生成斜顶头部,如图 4-306 所示。

2. 创建斜顶头部零件名称

创建斜顶头部零件名称,并将斜顶头进行链接,如图 4-307 所示。

3. 斜顶机构调入

激活模具整个部件,除了斜顶头部零件外,隐藏其他所有零部件,如图 4-308 所示。

单击【主要】工具条中的【滑块和浮升销库】工具按钮,弹出【滑块和浮升销设计】对话框,如图 4-309 所示,设置 riser_angle 为 5,wide 为 10。单击【应用】按钮调入斜顶机构,如图 4-310 所示。单击【重定位】工具按钮,如图 4-311 所示,首先旋转-90°,然后按照图 4-312 测量距离以设定水平移动距离,最后移动斜顶机构与斜顶头部和尾端对齐。

如图 4-313 所示,继续将斜顶机构向 YC 方向移动 8 mm。

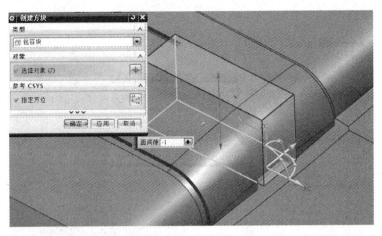

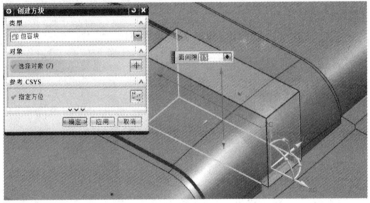

图 4 - 305　斜顶设计(1)

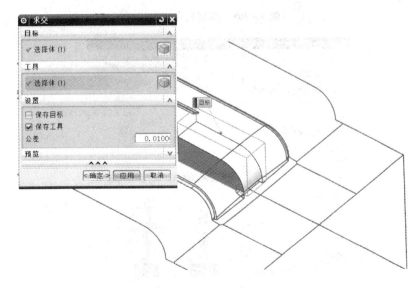

图 4 - 306　斜顶设计(2)

4. 斜顶机构编辑

测量斜顶头的尺寸,如图 4 - 314 所示。

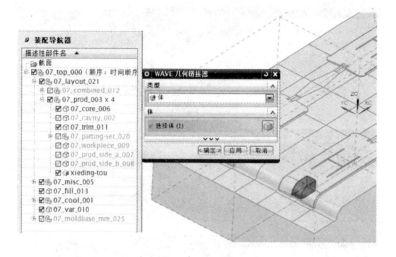

图 4-307　斜顶设计(3)

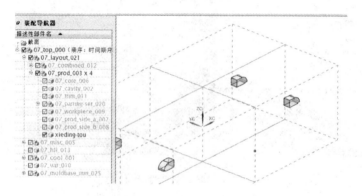

图 4-308　斜顶设计(4)

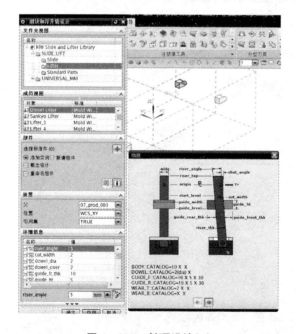

图 4-309　斜顶设计(5)

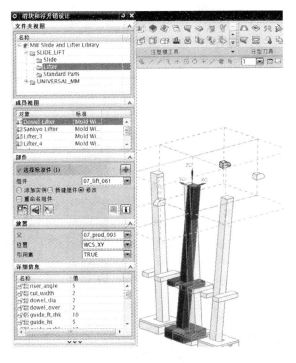

图 4 - 310　斜顶设计(6)

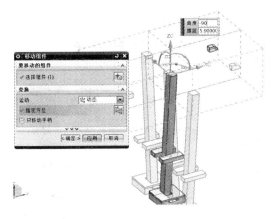

图 4 - 311　斜顶设计(7)

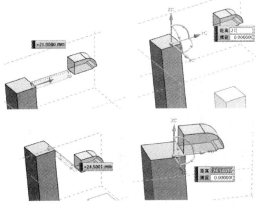

图 4 - 312　斜顶设计(8)

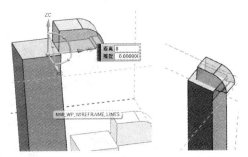

图 4 - 313　斜顶设计(9)

如图 4-315 所示,编辑斜顶机构的 wide 为 6,单击【应用】按钮,如图 4-316 所示。

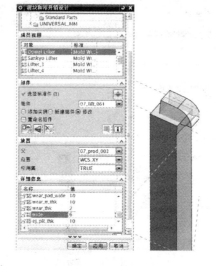

图 4-314 斜顶设计(10)　　　　图 4-315 斜顶设计(11)　　　　图 4-316 斜顶设计(12)

如图 4-317 所示,激活斜顶机构中的 07_bdy_062,应用装配中的【WAVE 几何链接器】将斜顶头部零件链接至斜顶机构中的 07_bdy_062 零件之上。

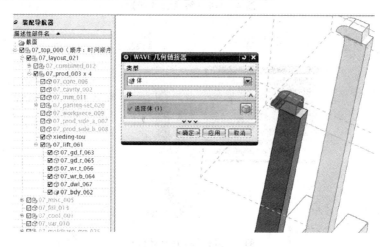

图 4-317 斜顶设计(13)

如图 4-318 所示,应用【替换面】命令替换斜顶头的零件面。

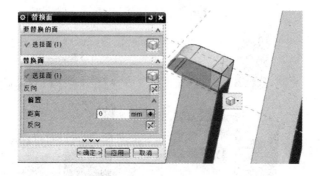

图 4-318 斜顶设计(14)

如图 4 - 319 所示,应用【求和】命令合并斜顶头零件与斜顶机构零件 07_bdy_062。最终完成的斜顶机构如图 4 - 320 所示。

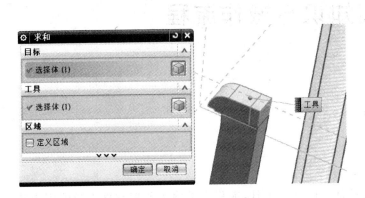

图 4 - 319　斜顶设计(15)

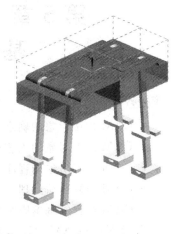

图 4 - 320　斜顶设计(16)

第 5 章　UG NX9.0 CAM 编程
基础知识与操作流程

本章重点内容:

* CAM 加工对象的确定
* CAM 加工对象的工艺确定
* CAM 加工对象的程序参数
* CAM 仿真与后处理
* CAM 编程的基本原则和操作流程

　　UG NX9.0 CAM 模块作为数控加工的辅助工具,编程人员除了掌握软件本身的应用技术外,还必须扎实地掌握数控加工知识,只有这样才可以编写出高质量、高效率的数控程序。一般数控加工的工作流程是:首先,分析图纸,主要是看图纸的基本要求,包括生产批量、材料和技术要求等;其次,对图纸进行具体分析,分析零件的加工元素和尺寸精度,确定加工对象;最后,主要分析加工工艺,包含毛坯、定位、装夹、加工顺序、进给路线、刀具和切削用量。应根据现有条件确定一套可行的加工工艺方案,再利用软件根据图纸进行建模,此时是根据加工需要进行建模,一般是按照加工顺序来建模,这样有利于程序的编制和刀路控制,在校验仿真后进行后处理生成 G 代码,最后进行首件试样。首件试样结束后还要进行质量检测和分析,最终都确定无误后即可进行单件或批量生产。一个零件完整的 CAM 加工过程就是在现有条件下高质、高效、低成本地完成产品加工的。

5.1　CAM 加工对象的确定

　　了解数控加工主要对象的目的是:在生成加工程序之前,分析零件适合于哪种设备进行加工,是普通设备、数控设备,还是特种设备等,如何安排加工顺序使成本比较低,效率比较高,还要根据实际情况来编写零件的加工程序。例如,有的工序使用很多设备都可以加工,但是效率、质量、成本和程序指令可能不同,这就需要提前做好准备。在确定了加工对象以后,将加工对象分成不同的加工区域,分别采用不同的加工工艺和加工方式进行加工,目的是提高加工效率和质量,同时降低成本。

　　要加工的对象在 UG CAM 中被称为"部件几何体",使用"部件几何体"来指定粗加工和精加工工序要加工的"加工区域"。当某些工序需要额外指定"几何体"时,在创建几何体和修改几何体时都可以指定该"几何体"。例如,可以在几何体父项中指定"部件几何体",然后为个别工序指定独特的"修剪边界",这样也可以达到对"几何体"的修改目的。根据工序类型和子类型,所选"几何体"可能是实体、面或边界。在指定"切削区域"之前,必须先指定"部件几何体",并且选择用来定义"切削区域"的"几何体"必须包含在"部件几何体"中。如果未指定"切削区域几何体",则 CAM 刀轨将切削刀具可触及的所有已定义的"部件几何体"。

　　"部件几何体"较难理解,实际上可以把它理解为产品的 CAD 模型,即所谓的"数模"。

5.1.1　车削工序类型

1. 适合车削的部件类型

数控车床具有加工精度高、能作直线和圆弧插补以及在加工过程中能够自动变速的特点,因此,其工艺范围较普通车床广。凡是能在普通车床上装夹的回转体零件都能在数控车床上加工。针对数控车床的特点,下列几种零件最适合数控车削加工:精度要求高的回转体零件,表面粗糙度要求高的回转体零件,表面形状复杂的回转体零件,带特殊螺纹的回转体零件。

2. 车削工序子类型

针对数控车削的部件类型,UG CAM 模块在车削加工基础模块中包含了以下加工子类型:内孔车削、外圆车削、端面车削、粗车、精车、切槽、车螺纹和打中心孔。车削加工子类型如图 5-1 所示。

图 5-1　车削加工子类型

5.1.2　铣削工序类型

1. 适合铣削的部件类型

针对铣削的工艺特点,铣削适宜加工形状复杂、加工内容多、精度要求较高,需用多种类型的普通机床和众多的工艺装备,且经多次装夹和调整才能完成加工的零件。主要的加工对象有下列几种:

① 既有平面又有孔系的零件。

② 箱体类零件。这类零件是指具有一个以上孔系,内部有一定型腔,在长、宽、高方向有一定比例的零件。箱体类零件一般都要进行多工位孔系及平面加工,对精度要求较高,特别是对形状精度和位置精度要求较严格,通常要经过铣、钻、扩、镗、铰、锪、攻螺纹等工步,需要刀具较多,工装套数多,需多次装夹找正,手工测量次数多;当加工的工位较少,且跨距不大时,可选择立式加工中心,从一端进行加工。

③ 盘、套、板类零件。这类零件带有键槽,端面上有平面、曲面和孔隙,径向也常分布一些径向孔,对于这些加工部位集中在单一端面上的盘、套、板类零件宜选择卧式加工中心。

④ 外形不规则的异形零件。这类零件是外形不规则的零件,大多要点、线、面多工位混合加工,如支架、基座、样板和靠模等。

2. 铣削工序子类型

针对铣削部件类型的复杂化和多样化,UG CAM 模块又将铣削模块分为四种类型:

① mill_planar"平面铣削",如图 5-2 所示;

② mill_contour"三轴铣削",如图 5-3 所示;

③ mill_multi-axis"多轴铣削",如图 5-4 所示;

④ drill"点位加工",如图 5-5 所示。

图 5-2　平面铣削子类型

图 5-3　三轴铣削子类型

图 5-4　多轴铣削子类型

图 5-5　点位加工子类型

（1）平面铣

用于平面轮廓或平面区域的粗、精加工，刀具平行于工件底面进行多层铣削。

（2）型腔铣

用于粗加工型腔轮廓或区域。它根据型腔的形状，将要切除的部位在深度方向上分成多个切削层，每个切削层可指定不同的切削深度。切削时刀轴与切削层平面垂直。

（3）固定轴曲面轮廓铣

它将空间的驱动几何投射到零件表面上，驱动刀具以固定轴形式加工曲面轮廓，主要用于曲面的半精加工与精加工。

（4）可变轴曲面轮廓铣

与固定轴铣相似，只是在加工过程中可变轴铣的刀轴可以摆动，可满足一些特殊部位的加工需要。

（5）顺序铣

用于连续加工一系列相接表面，并对面与面之间的交线进行清根加工。

（6）点位加工

可产生点钻、扩、镗、铰和攻螺纹等操作的刀具路径。

5.1.3　其他加工类型

1. mil_multi_blade"叶轮专用加工类型"

叶轮加工有专门的叶片、轮毂和清根选项，同时可进行叶轮的开粗、半精加工和精加工操作，如图 5-6 所示。

2. wire_edm"线切割加工类型"

线切割加工模块支持线框模型程序编制，提供多种走刀方式，可进行 2～4 轴线切割加工，如图 5 - 7 所示。

图 5 - 6　叶轮加工子类型　　　　　　　图 5 - 7　线切割加工子类型

3. 其他分组类型

其他分组类型包括：

① machining_knowledge "知识加工"。用来进行钻孔、锪孔、铰、埋头孔加工、沉头孔加工、镗孔、型腔铣、面铣和攻丝的操作。

② hole_making。用于钻操作,包括优化的程序组以及采用特征切削方法的几何体组。

③ die_sequences 和 mold_sequences。几何体按照冲模加工和模具加工的特定加工序列进行分组。

④ probing。使用该设置可创建探测和一般运动操作、实体工具和探测工具,可以进行探测工具的程序生成,比如在线测量。

5.2　CAM 加工对象的工艺确定

5.2.1　加工对象的确定

通过对工件的分析,可以确定这一工件的哪些部位需要在数控铣床上或数控加工中心上加工。数控铣的工艺适应性也具有一定的限制,它不适合加工尖角或细小的筋条等部位,这些部位应使用线切割或电加工来加工;而另外一些加工内容,则可能使用普通机床有更好的经济性,如孔的加工和回转体加工就可以使用钻床或车床来进行。数控加工和通用机床加工,在许多方面遵循的原则基本一致。但由于数控机床本身的自动化程度较高,控制方式不同,设备费用也高,因此使得数控加工工艺相应形成了以下几个特点:

① 工艺的内容十分具体。在通用机床上加工时的许多具体的工艺问题,在数控加工时就转变为编程人员必须事先设计和安排的内容。

② 工艺的设计非常严密。数控机床虽然自动化程度较高,但自适性差。在对图形进行数学处理、计算和编程时,都要力求准确无误,才能使数控加工顺利进行。在实际工作中,由于一个小数点或一个逗号的差错而酿成重大机床事故和质量事故的情况屡见不鲜。

③ 注重加工的适应性。就是要根据数控加工的特点,正确选择加工方法和加工内容。

由于数控加工的自动化程度高,质量稳定,可实现多坐标联动,便于工序集中,以及价格昂贵、操作技术要求高等特点均比较突出,因此,一旦加工方法和加工对象选择不当往往会造成较大损失。

根据对大量加工实例的分析,数控加工中失误的主要原因多为工艺方面考虑不周和计算与编程时粗心大意,因此在进行编程前做好工艺分析规划是十分必要的。

④ 工艺主要编排加工工序。每道工序主要考虑的内容包括:加工坐标系的确定,加工毛坯的确定,工件的装夹位置与安装方式的确定,加工区域的确定,刀具的选择及刀具参数的确定,加工工艺路线的确定,切削方式的确定,切削用量、切削参数和非切削参数的确定,以及程序的生成等。下面对重点内容进行介绍。

5.2.2 加工坐标系的确定

1. 坐标系

只有很好地了解各坐标系之间的关联,才能更好地编写和优化程序路径。机床坐标系(MCS)与工件坐标系(G54)之间的关系是:工件与机床是利用工件坐标系将两者联系在一起的,CAM 加工软件中的工作坐标系(WCS)和工件坐标系(G54)在工件上的位置和方向必须一一对应。

(1) 机床坐标系

机床坐标系是机床上固有的坐标系,是机床加工运动的基本坐标系,是考察刀具在机床上实际运动位置的基准坐标系。

机床坐标系通常采用右手直角笛卡尔坐标系,一般情况下主轴的方向为 Z 坐标,而工作台的两个运动方向分别为 X、Y 坐标。

机床坐标系的原点也称机床原点或零点,其位置在机床上是固定不变的。机床坐标系主要控制了机床的加工行程。

(2) 工件坐标系

为了方便起见,在数控编程时往往采用工件上的局部坐标系(称为工件坐标系),即以工件上的某一点(工件原点)为坐标系原点进行编程。数控编程采用的坐标系称为编程坐标系,数控代码为(G54~G59),数控程序中的加工刀位点坐标均以编程坐标系为参照进行计算。

工件坐标系把机床、工件、刀具和程序四者联系起来。通过对刀建立了机床与工件之间的位置关系,同时也建立了刀具与工件之间的位置关系,进而确定了软件编程时所使用的工作坐标系的位置和方向。以上关系不是一成不变的,如果经验足够丰富的话,也可以使用偏置、镜像、旋转、子坐标系和刀具补偿等其他方法来建立四者之间的位置和方向关系。

(3) 对 刀

对刀的目的就是在机床坐标系下找到工件坐标系(G54)。在加工时,工件安装在机床上,这时只要测量工件原点相对于机床原点的位置坐标(称为原点偏置),并将该坐标值输入到数控系统中,数控系统就会自动将原点偏置加入到刀位点坐标中,从而将刀位点在编程坐标系下的坐标值转化为机床坐标系下的坐标值,使刀具运动到正确位置。

测量原点偏置实际上就是数控机床操作中通常所说的"对刀"操作。简单地说,工件坐标系就是工件坐标系原点在机床坐标系下的坐标,机床坐标系决定了 CAM 编程时的可用行程,特别是 Z 向高度是编程经常需要考虑的内容。工件坐标系决定了加工 G 代码的输出数值的参考点,所以工件坐标系必须与 CAM 加工设置的加工坐标系完全重合。实际上可以理解为,在 UG CAM 中的工作坐标系(WCS)就是数控编程的工件坐标系(G54)。

2. 坐标系的确定原则

作为一个编程人员,在编写 CAM 程序时,不能随便选择加工坐标系,虽然软件中可以很方便地选择加工坐标系,但是编程人员要考虑所设置的坐标系能否在机床上高速、高效、高质量地对刀,因此,加工坐标系一般需要按照以下原则进行选择:

① 要使对刀过程方便、可靠。

② 要便于下一个工序的加工。

③ 要尽可能使程序简化，以便于手工编程时使用。

④ 要尽可能统一成一个坐标系，以保证坐标系的统一。

3. CAM 加工坐标系的确定

在 CAM 默认模块中，UG 提供了多种建立加工坐标系的方法，如图 5-8 所示，可以按照上面所说的原则和工件坐标系与加工坐标系的一一对应关系来创建加工坐标系。在 UG CAM 模块中，在创建坐标系、加工几何体和加工区域面时应遵循以下逻辑关系，如图 5-9 所示：

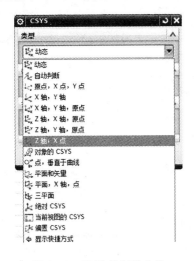

图 5-8　WCS 的创建方法　　　　　图 5-9　创建几何体的逻辑顺序

① 先创建工作坐标系（WCS），如图 5-9 所示，这样可以方便地创建任意工件和任何位置的坐标系。

② 在工作坐标系（WCS）下创建要加工的工件（WORKPIECE）。

③ 在要加工的工件（WORKPIECE）下创建铣削区域（MILL_AREA），如图 5-9 所示的逻辑关系。但有时可以不按照逻辑顺序进行创建，有时则必须按照逻辑顺序进行创建，在以后的章节中将详细讲解。

④ 根据加工的需要可以方便地选择坐标系、加工的工件或者加工的区域。如图 5-10 所示为在多工位下创建工作坐标系。

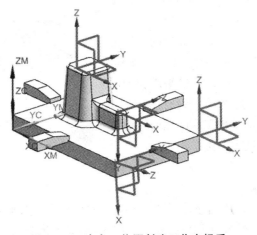

图 5-10　在多工位下创建工作坐标系

5.2.3　加工毛坯的确定

毛坯几何体是加工前尚未被切除的材料,在 UG CAM 中使用实体方式进行选取。使用"毛坯几何体"指定要从中切削的材料,如锻造或铸造。通过从最高的面向上延伸切削到毛坯几何体的边,可以快速轻松地移除部件几何体特定层上方的材料。在实际加工中要根据情况来测量或设计毛坯,以便于生成 G 代码程序。

1. 已有毛坯

一般来说,在加工工件时,毛坯已经存在,比如锻造、铸造或者半成品,此时要做的就是测量毛坯尺寸,然后根据所测量的毛坯尺寸来建立毛坯。但当有些曲面类毛坯不便于测量时,可以大概测量毛坯的长、宽、高等外形尺寸,此时有可能因为毛坯尺寸不够准确而使生成的程序有一定的空刀现象,这也是允许的;但是,一般外形规则的毛坯,其刀路都会清晰,便于查看和验证。根据工件的不同,UG CAM 在进行毛坯创建时提供了多种创建毛坯的方法,如图 5 - 11 所示。

图 5 - 11　毛坯几何体的创建方法

2. 根据图纸设计毛坯

如果自己下料准备毛坯,则要注意加工工艺的安排,有可能需要多余的毛坯,这是为了便于装夹或是保证加工工序留量等,切不可为了省料而把毛坯设计成最小。应根据需要设计毛坯,设计方法如图 5 - 11 所示。

3. 加工过程中的毛坯

在实际加工中,编程员会根据需要随时设计毛坯,如在加工某一道工序时,只需要设计加工部分的毛坯,如此设计毛坯对于分区域加工非常有益。

5.2.4　工件的装夹位置与安装方式的确定

为了充分发挥数控机床的高速度、高精度和高效率等特点,在数控加工中,还应有相应的数控夹具进行配合。数控车床夹具除了使用通用的三爪自定心卡盘、四爪卡盘和大批量生产中使用的自动控制的液压、电动及气动夹具外,还有多种相应的专用夹具;铣床有虎钳、压板、弯板、V 型块等以及专用夹具。有时需要提前设计夹具类型与位置,以生成合理的数控程序,因此要根据工艺来合理设计夹具,如图 5 - 12 所示的结构就是为了加工中间孔而采用的装夹方式,以便于钻孔、扩孔和铰孔等。

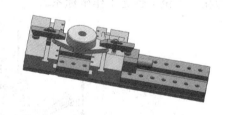

图 5 - 12　工件的装夹

1. 通用夹具

(1) 三爪自定心卡盘

三爪自定心卡盘是最常用的车床通用卡具,其三个卡爪是同步运动的,能自动定心(定心误差在 0.05 mm 以内),夹持范围大,一般不需找正,装夹速度较快。但夹紧力小,卡盘磨损后会降低定心精度。当用三爪自定心卡盘装夹精加工过的表面时,被夹住的工件表面应包一层铜皮,以免夹伤工件表面。

（2）软　爪

软爪是一种具有切削性能的夹爪。当成批加工某一工件时,为了提高三爪自定心卡盘的定心精度,可以采用软爪结构,即用黄铜或软钢焊在三个卡爪上,然后根据工件形状和直径把三个软爪的夹持部分直接在车床上车出来（定心误差只有 0.01～0.02 mm）,即软爪是在使用前配合被加工工件特别制造的,如加工成圆弧面、圆锥面或螺纹等形式,可获得理想的夹持精度。软爪也有机械式和液压式两种,软爪还常用于加工同轴度要求较高的工件。

（3）弹簧夹套

弹簧夹套定心精度高,装夹工件快捷方便,常用于精加工的外圆表面定位。弹簧夹套特别适用于尺寸精度较高、表面质量较好的冷拔圆棒料,若配以自动送料器,则可实现自动上料。弹簧夹套夹持工件的内孔是标准系列。

（4）四爪单动卡盘

四爪单动卡盘的四个对称分布卡爪是各自独立运动的,因此,可以调整工件夹持部位在主轴上的位置,使工件加工面的回转中心与车床主轴的回转中心重合;但四爪单动卡盘找正比较费时,只能用于单件小批量生产。四爪单动卡盘的夹紧力较大,适用于大型或形状不规则的工件。

（5）两顶尖拨盘

数控车床加工轴类工件时,坯料装卡在主轴顶尖和尾座顶尖之间,工件由主轴上的拨盘带动旋转。这类夹具在粗车时可以传递足够大的转矩,以适应主轴高速旋转切削。两顶尖装夹工件方便,不需找正,装夹精度高。该装夹方式适用于长度尺寸较大或加工工序较多的轴类工件的精加工。顶尖分为前顶尖和后顶尖。

（6）虎　钳

平口虎钳的钳口可以制成多种形式,更换不同形式的钳口,可以扩大机床对平口虎钳的使用范围。

（7）压　板

利用 T 形螺钉和压板通过机床工作台 T 型槽,可以把工件、夹具或其他机床附件固定在工作台上。

（8）弯　板

弯板（或称角铁）主要用来固定长度和宽度都较大,而且厚度较小的工件。

（9）V 形块

常见的 V 形块有夹角为 90°和 120°的两种类型。无论使用哪一种类型,在装夹轴类零件时均应使轴的定位表面与 V 形块的 V 形面相切,并根据轴的定位直径来选择 V 形块口宽的尺寸。

2. UG CAM 中夹具的确定

在 UG CAM 模块中,在编程时对夹具的处理一般被作为检查几何体、指定修剪边界或检查边界来处理,此时的夹具可以是实体、面、线框和点。

（1）检查几何体

检查几何体是定义在加工中刀具需要避开的区域或特征,即强制刀具不可穿透所选定的任何几何体或特征。指定检查几何体使用实体方式进行选取。

使用"检查几何体"来指定希望刀具避让的几何体,图 5 - 13 是选择压板为检查几何体,夹持部件的夹具就是检查几何体的一个例子。有效选择的选项有:（首选）片体或实体,小平面体、面、曲线。用软件来标识检查几何体与要移除材料体积重叠的区域。刀具在检查几何体周围切削或退刀,跨检查几何体移刀,然后进刀。"检查边界"因有一个相切刀具位置,所以可能需要额外的余量,以便于加工。如图 5－14 所示为加工效果展示。

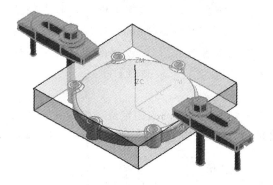

图 5－13　检查几何体设置

图 5－14　加工效果

（2）指定修剪边界

指定修剪边界是按照边界对完整的刀具路径进行裁剪。可以选择保留边界内部和外部刀具轨迹。

在每一个切削层上可使用指定修剪边界命令来限制切削区域,如图 5－15 所示。例如,可以定义修剪边界以使工序仅切削前一工序在夹具下面遗留的材料区域。NX 软件会自动进行计算,沿着刀轴矢量将边界投影到部件几何体上,以确认修剪边界覆盖指定部件几何体的区域,然后会放弃内部或外部的切削区域或修剪边界,如图 5－16 所示。有效选择的选项有:实体、面、曲线和边、点、永久边界。修剪边界始终都是关闭的,并且始终都位于打开刀具的位置上,因此可以定义多个修剪边界。要想定义刀具与修剪边界的距离,应在边界对话框中指定余量,或在余量选项卡中的切削参数对话框中指定余量。

图 5－15　【铣削边界】对话框

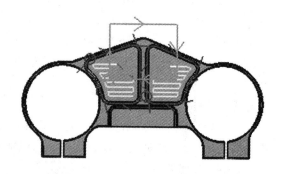

图 5－16　修剪边界加工效果

（3）检查边界

检查边界用于定义刀具的避让几何，也就是刀具不能到达的区域，以避免工件与刀具或刀柄相碰撞。检查边界用于定义在加工中刀具所避开的边界，即强制刀具不可穿透所选定的边界。

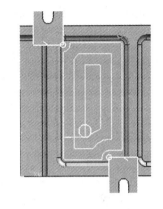

使用检查边界命令可定义刀具必须避让的区域，比如夹具或其他固定部件。可以应用检查余量值来检查边界，该值在切削参数对话框中的余量选项卡中提供。"检查边界"始终包含相切刀具位置。检查边界平面的法向必须平行于刀轴。平面铣工序定义夹具的检查边界，如图 5-17 所示。

图 5-17　检查边界

5.2.5　加工区域的确定

加工区域的确定实际上就是对加工对象进行分析，按其形状特征、功能特征及精度和粗糙度要求将加工对象分成数个加工区域。在 UG CAM 中，区域加工一般都分成平面、曲面、腔体、壁、孔、槽、刻字和螺纹等，这样有利于使用软件的各种加工方法，比如平面铣、型腔铣、固定轮廓铣、壁加工、流线加工和螺纹铣削等。对加工区域进行合理规划可以达到提高加工效率和加工质量的目的。

1. 加工区域的划分原则

划分原则包括：

① 当加工表面形状差异较大时，需要分区加工。例如，加工表面由水平平面和自由曲面组成。显然，对这两种类型的加工表面可采用不同的加工方式，以提高加工效率和质量，即对水平平面部分采用平底铣刀加工，刀轨的行间距可超过刀具的半径，以提高加工效率；而对曲面部分则应使用球头刀加工，刀轨的行间距远小于刀具半径，以保证表面光洁度。

② 当加工表面不同区域的尺寸差异较大时，需要分区加工。例如，对于较为宽阔的型腔可采用较大的刀具进行加工，以提高加工效率；而对于较小的型腔或转角区域，因大尺寸刀具不能进行彻底加工，所以应采用较小刀具进行加工，以确保加工的完备性。

③ 当加工表面要求的精度和表面粗糙度差异较大时，需要分区加工。例如，当对同一表面的配合部位要求精度较高时，需要以较小的步距进行加工；而对于其他精度和光洁度要求较低的表面，则可以以较大的步距进行加工，以提高效率。

④ 为了有效控制加工残余高度，应针对曲面的变化采用不同的刀轨形式和行间距进行分区加工。

2. UG CAM 区域的划分类型

CAM 软件都是根据加工对象的几何信息来进行刀轨计算的，这就是为什么 CAM 必须以 CAD 为前提的主要原因。CAD 的工作是在计算机中建立加工对象（产品）的几何模型，称为产品的三维（或二维）造型，其中包括了该产品的完整的几何信息（包括显示信息）。而交互式图形编程的第一步就是要在 CAM 软件中明确指定加工对象的几何造型。需要注意的是，加工对象（或编程对象）与加工工序密切相关，并不仅仅是指产品（成品）的几何造型。如粗加工工序的编程对象不仅包括产品的几何造型，还必须包括毛坯的几何造型。

另外，对于同一个加工对象，往往需要进行分区加工，因此需要进行区域的划分和设置，并针对各个区域分别进行数控编程计算。在 CAM 软件中所使用的几何造型一般有 4 种表达方式：

① 实体造型。包含了物体的三维几何信息，是最完整的表达方式，既可用于表达产品的

几何信息,也可用于表达毛坯的几何信息。

② 曲面造型。包含了物体表面的几何信息,主要用于表达产品,不适于作为毛坯的表达方式。

③ 边界轮廓。由封闭的平面曲线段组成,用于表达截面形状不变的柱状形体,一般用于表达毛坯的几何信息或具有多个水平平面的加工对象的几何信息。

④ 点。主要用于各种孔类的选择。

在 CAM 软件中,加工对象的几何造型有 2 个基本来源:

① 直接从 CAD 软件中调入。这是最常用的方式,产品的几何造型(曲面造型或实体造型)一般采用这种方式。

② 临时生成。一是指 CAM 软件在粗加工数控程序生成之后,自动生成半成品的几何造型,用于后续的数控编程;二是指编程人员临时构造用于表达毛坯的边界轮廓(平面封闭曲线)。

在调入或生成加工对象的几何造型之后,编程人员必须在 CAM 软件中以交互的方式选择加工对象的几何造型和加工区域进行数控编程计算。当然,这一过程应按照所制定的工艺规划进行,一般包括如下的几个操作环节:

① 指定产品的几何造型。用于各加工工序的编程计算。

② 指定毛坯的几何造型。用于粗加工编程计算时指定半成品的几何造型,以及用于中间加工工序(如半精加工)的计算。这一步骤往往是在完成粗加工计算之后,由 CAM 软件自动生成半成品的几何造型,或者是在产品造型的基础上设置一个加工表面偏置量(相当于上一道工序的余量)。

③ 指定加工区域。用于分区域进行局部加工的计算。区域的表达有 2 种方式,一是产品几何造型的局部;二是该区域的边界轮廓线。当然,还可以指定某一区域作为非加工区域或避让区域(相当于指定其他区域作为加工区域)。

在 UG CAM 中一般都是按照工件区域的特殊性进行加工,在 2D、3D、多轴和其他的加工环境中,基本是按照形状特征、功能特征和加工精度进行划分,由于软件中的划分种类较多,因此只做简单举例说明,如图 5-18~图 5-23 所示,后面章节将详细讲解各种类型的加工过程。

图 5-18　面加工

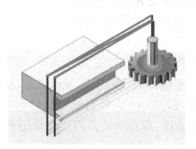

图 5-19　槽加工

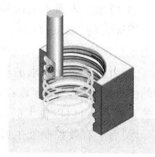

图 5-20　螺纹加工

图 5-21　刻字加工

图 5-22　可变轮廓加工

图 5-23　孔加工

5.2.6　刀具的选择及刀具参数的确定

在数控加工过程中,刀具的选择直接关系到加工精度的高低、加工表面质量的优劣和加工效率的高低。选用合适的刀具并使用合理的切削参数,可以使数控加工以最低的加工成本、最短的加工时间达到最佳的加工质量。

1. 数控加工刀具的选择原则

选择刀具应根据现有加工条件、机床的加工能力、工件材料的性能、加工工序、切削用量以及其他相关因素正确选用刀具及刀柄。刀具选择总的原则是适用、安全、经济:

① 适用就是要求所选择的刀具在现有条件下能够达到加工的目的,完成材料的去除,并达到预定的加工精度。

② 安全就是在有效去除材料的同时,不会产生刀具的碰撞或折断等。要保证刀具及刀柄不会与工件相碰撞或者挤擦,造成刀具或工件的损坏。

③ 经济就是能以最小的成本完成加工。

2. 数控加工刀具的种类

数控加工刀具的分类有多种方法:

① 根据刀具结构可分为:整体式、镶嵌式和特殊形式。当采用焊接或机夹式连接时,又可分为不转位和可转位两种。特殊形式有复合式刀具和减震式刀具等。

② 根据制造刀具所使用的材料可分为:高速钢刀具;硬质合金刀具;金刚石刀具;其他材料刀具,如立方氮化硼刀具和陶瓷刀具等。

③ 从切削工艺上可分为:车削刀具,包括外圆、内孔、螺纹和切割等多种刀具;钻削刀具,包括钻头、铰刀、丝锥等;镗削刀具;铣削刀具,等等。

④ 根据铣刀形状可分为:平底刀、球头刀、锥度刀、T 形刀、桶状刀和异形刀。

3. 刀具选择应用分类

选取刀具时,要使刀具的尺寸与被加工工件的表面尺寸相适应。刀具直径的选用主要取决于设备的规格和工件的加工尺寸,另外还需要考虑刀具所需功率应处于机床功率范围之内。

在生产中,对平面零件周边轮廓的加工常采用立铣刀;在加工凸台、凹槽时,常选用高速钢立铣刀;在加工毛坯表面或粗加工孔时,可选取镶硬质合金刀片的玉米铣刀;对于一些立体型面和变斜角轮廓外形的加工,常采用球头铣刀、环形铣刀、锥形铣刀和盘形铣刀。具体选择要求如下。

(1) 平　　面

平面铣削应选用不重磨硬质合金端铣刀或立铣刀,以及可转位面铣刀。

(2) 曲　　面

曲面应选择用立铣刀开粗,用球头铣刀或者牛鼻子刀精加工。

在加工空间曲面和变斜角轮廓外形时,应在满足加工精度要求的前提下,尽量加大走刀步长和行距,以提高编程和加工效率。而在两轴及两轴半加工中,为了提高效率,应尽量采用端铣刀,对于相同的加工参数,利用球头刀加工会留下较大的残留高度。因此,在保证不发生干涉和工件不被过切的前提下,无论是曲面的粗加工还是精加工,都应优先选择平头刀或 R 刀(带圆角的立铣刀)。不过,由于平头立铣刀和球头刀的加工效果明显不同,当曲面形状复杂时,为了避免干涉,建议使用球头刀,因为如果调整好加工参数,则也可以达到较好的加工效果。

(3) 凹槽、凸台

凹槽、凸台加工选择镶片铣刀或者立铣刀。

镶硬质合金刀片的端铣刀和立铣刀主要用于加工凸台、凹槽和箱口面。为了提高槽宽的加工精度和减少铣刀的种类,加工时采用直径比槽宽小的铣刀,先铣槽的中间部分,然后再利用刀具半径补偿(或称直径补偿)功能对槽的两边进行铣加工。

(4)高精度的侧壁、腔体轮廓

高精度的侧壁、腔体轮廓选择整体式刀具。

对于要求较高的细小部位的加工,使用整体式硬质合金刀可以取得较高的加工精度,但是注意刀具悬升不能太大,否则刀具不但让刀量大,易磨损,而且会有折断的危险。

铣削盘类零件的周边轮廓一般采用立铣刀。所用的立铣刀的刀具半径一定要小于零件内轮廓的最小曲率半径。一般取最小曲率半径的 $0.8 \sim 0.9$ 倍即可。零件的加工高度(Z 方向的吃刀深度)最好不要超过刀具的半径。若是铣毛坯面,则最好选用硬质合金波纹立铣刀,它在机床、刀具、工件系统允许的情况下,可以进行强力切削。

(5)孔 类

孔类选用点钻、钻、镗、铰、扩等孔类刀具。

钻孔时,要先用中心钻或球头刀打中心孔,用以引正钻头。先用较小的钻头钻孔至所需深度,再用较大的钻头进行钻孔,最后用所需的钻头进行加工,以保证孔的精度。在进行较深的孔加工时,特别要注意钻头的冷却和排屑问题,一般利用深孔钻削循环指令进行编程,可以工进一段后,钻头快速退出工件进行排屑和冷却,再工进,再进行冷却和排屑,直至孔深钻削完成。最后再根据需要完成后续内容的加工。

(6)其他加工元素

根据加工要求定制的专用刀具,其加工参数是根据加工经验总结出来的,因此在应用过程中要综合全面考虑加工方式。

4. 刀具参数

在刀具使用中,一般编程人员要考虑以下内容:

① 铣刀。刀具直径、刀具全长、刀刃长度、刀具齿数、刀具 R 角、刀具锥角度等。

② 车刀。刀杆长度、刀尖角度、刀片形状、刀片位置、刀尖半径、刃长等。

以上这些都关系到切削参数及程序的优化和安全等。在 UG CAM 中可以很方便地设置以上内容,如图 5-24 和图 5-25 所示。

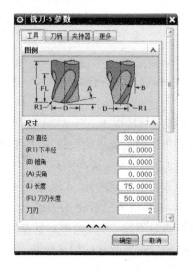

图 5-24 铣刀刀具参数

图 5-25 车刀刀具参数

5.2.7　加工工艺路线的确定

加工工艺路线的确定指从粗加工到精加工再到清根加工的流程及加工余量的分配。在进行数控加工工艺路线的设计时,首先要考虑加工顺序的安排。加工顺序的安排应根据零件的结构和毛坯状况,以及定位安装与夹紧的需要来考虑,重点是保证定位夹紧时工件的刚性和有利于保证加工精度。

1. 加工顺序安排的原则

加工顺序安排的原则包括:

① 上一道工序的加工不能影响下一道工序的定位与夹紧,而要综合考虑。

② 加工工序应由粗加工到精加工逐步进行,加工余量由大到小。

③ 先进行内腔加工工序,后进行外形加工工序。

④ 尽可能采用相同定位和夹紧方式或采用同一把刀加工的工序,以减少换刀次数与挪动压紧元件的次数。

⑤ 在同一次安装中进行的多道工序,应先安排对工件刚性破坏较小的工序。

⑥ 数控加工工艺路线的设计还要考虑数控加工工序与普通工序的衔接,解决这一问题的办法是建立下一道工序向上一道工序提出工艺要求的机制,如是否留加工余量,留多少,定位面与定位孔的精度要求及形位公差,对校形工序的技术要求,对毛坯热处理状态的要求等。

2. 车削加工工艺路线的拟订

拟定车削加工工艺路线的主要内容包括选择各加工表面的加工方法、划分加工阶段、划分工序以及安排工序的先后顺序等。设计者应根据从生产实践中总结出来的一些综合性工艺原则,结合本厂的实际生产条件,提出几种方案,通过对比分析,从中选择最佳方案。

（1）工序的划分

在批量生产中,常采用以下两种方法对工序进行划分。

1）按照装夹次数划分工序

按照装夹次数划分工序指以每一次装夹完成的那一部分工艺过程作为一道工序。此种划分工序的方法可将位置精度要求较高的表面安排在一次安装下完成加工,以免因多次安装所产生的安装误差影响位置精度。这种工序划分的方法适用于加工内容不多的零件。

2）按照粗、精加工划分工序

对于毛坯余量较大和加工精度要求较高的零件,应将粗车和精车分开,划分成两道或更多道工序。将粗车安排在精度较低、功率较大的数控车床上完成,将精车安排在精度较高的数控车床上完成。对于容易发生加工变形的零件,通常粗加工后需要进行矫形,这时粗加工和精加工作为两道工序,可以采用不同的刀具或不同的数控车床来加工。这种划分方法适用于零件加工后易变形或精度要求较高的零件。

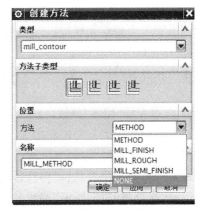

图 5-26　粗、半精、精加工方法

综上所述,在对数控加工划分工序时,一定要视零件的结构与工艺性、零件的批量、机床的功能、零件数控加工内容的多少、程序的大小、安装次数及本单位的生产组织状况来灵活掌握。在使用 CAM 软件生成零件程序时,也要按照工序来生成粗加工、半精加工、精加工和清角加工等程序,如图 5-26 所示。

（2）加工顺序的确定

在数控车床加工过程中，由于加工对象复杂多样，特别是轮廓曲线的形状及位置千变万化，加上材料、批量不同等多方面因素的影响，具体在确定加工顺序时应根据零件的结构和毛坯的状况，结合定位及夹紧的需要一起考虑，重点保证工件的刚度不被破坏，尽量减少变形。制订零件车削加工的顺序一般遵循下列原则。

1）先粗后精

对于粗、精加工在一道工序内进行的情况，先对各表面进行粗加工，待全部粗加工结束后再进行半精加工和精加工，逐步提高加工精度。

2）先近后远

这里所说的远与近，是按照加工部位相对于对刀点的距离大小而言的。在一般情况下，离对刀点近的部位先加工，离对刀点远的部位后加工，以便于缩短刀具的移动距离，减少空行程时间。对于车削加工，先近后远还有利于保持毛坯件或半成品件的刚性，改善其切削条件。

3）内外交叉

对于既有内表面，又有外表面需要加工的回转体零件，在安排加工顺序时，应先进行外、内表面的粗加工，后进行外、内表面的精加工。不可将零件上的一部分表面（外表面或内表面）加工完毕后，再加工其他表面（内表面或外表面）。

4）基面先行

用做精基准的表面应优先加工出来，因为定位基准的表面越精确，装夹误差就越小。例如，在加工轴类零件时，总是先加工中心孔，再以中心孔为精基准加工外圆表面和端面。

（3）进给路线的确定

确定进给路线的工作重点主要是确定粗加工及空行程的进给路线，因为精加工切削过程的进给路线基本上都是沿着零件轮廓的顺序进行的。

在保证加工质量的前提下，使加工程序具有最短的进给路线不仅可以节省整个加工过程的执行时间，还能减少一些不必要的刀具消耗及机床进给机构滑动部件的磨损等。实现最短的进给路线，除了依靠大量的实践经验外，还应善于分析，必要时可辅以一些简单的计算。

1）最短的空行程路线

确定最短的空行程路线时应注意以下几点。

a. 巧用起刀点

合理的起刀点可以大大缩短加工时间，车削复合循环需要多次回到起刀点位置进行车削，因此，合理的起刀点可以提高加工效率，也可以保证加工质量，例如在加工螺纹时，Z 向的起刀点应该大于一个螺纹导程。

b. 巧设换（转）刀点

车床具有多刀位，在换刀点的设置上要保证安全，同时也要合理，不能太远而浪费加工时间。

c. 合理安排"回零"路线

在手工编制较为复杂轮廓的加工程序时，为使其计算过程尽量简化，既不出错，又便于校核，编程者有时将每一刀加工完成后的刀具终点通过执行"回零"（即返回对刀点）指令，使其全都返回到对刀点位置，然后再执行后续程序。这样会增加进给路线的距离，从而降低生产效率。因此，在合理安排"回零"路线时，应使其前一刀终点与后一刀起点间的距离尽量缩短或者为零，这样即可满足进给路线为最短的要求。另外，在选择返回对刀点指令时，在不发生加工干涉现象的前提下，宜尽量采用 X、Z 坐标轴双向同时"回零"指令，该指令功能的"回零"路线是最短的。所以在自动编程时,特别要注意"回零"的次数。

2)粗加工(或半精加工)进给路线

常用的粗加工进给路线如图 5-27 所示。

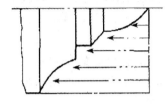 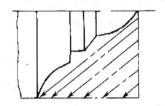 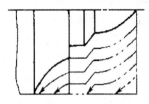

(a)利用数控系统具有的矩形
循环功能而安排的"矩形"
循环进给路线

(b)利用数控系统具有的三角形
循环功能而安排的"三角形"
循环进给路线

(c)利用数控系统具有的封闭式
复合循环功能控制车刀沿工件
轮廓等路线循环的进给路线

图 5-27　常用的粗加工循环进给路线

对于图 5-27 所示的三种切削进给路线,经过分析和判断后可知,矩形循环进给路线进给长度的总和最短。因此,在同等条件下,其切削所需的时间(不含空行程)最短,刀具的损耗最少。但粗车后的精车余量不够均匀,一般需安排半精车加工。

3)大余量毛坯的阶梯切削进给路线

图 5-28 所示为车削大余量工件的两种加工路线,图 5-28(a)是错误的阶梯切削路线,图 5-28(b)按照 1~5 的顺序进行切削,每次切削所留的余量相等,是正确的阶梯切削路线。因为在同样的背吃刀量条件下,按照图 5-28(a)的方式加工所剩的余量过多。

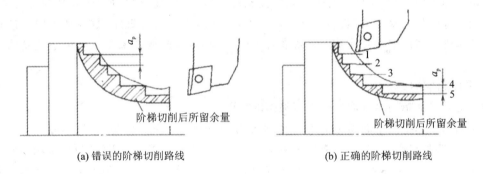

(a)错误的阶梯切削路线　　　　　　　(b)正确的阶梯切削路线

图 5-28　大余量毛坯的阶梯切削进给路线

4)双向切削进给路线

利用数控车床加工的特点,还可以放弃常用的阶梯车削法,而改用轴向和径向联动的双向进刀,如图 5-29 所示。

5)精加工进给路线

a.完工轮廓的连续切削进给路线

在安排一刀或多刀进行的精加工进给路线时,其零件的完工轮廓应由最后一刀连续加工而成,并且加工刀具的进、退刀位置要考虑妥当,尽量不要在连续的轮廓中安排切入和切出或者换刀及停顿,以免因切削力突然变化而破坏工艺系统的平衡状态,致使在光滑连接的轮廓上产生表面

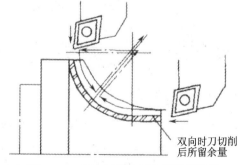

图 5-29　顺工件轮廓双向进给的路线

划伤、形状突变或滞留刀痕等缺陷。

　b. 各部位精度要求不一致的精加工进给路线

　　若各部位的精度相差不是很大,则以最严格的精度为准,连续走刀加工所有部位;若各部位的精度相差很大,则精度接近的表面安排在同一把刀的走刀路线内加工,并先加工精度较低的部位,最后再单独安排精度高的部位的走刀路线。

　c. 特殊的进给路线

　　在数控车削加工中,一般情况下,两坐标轴方向的进给路线都是沿着坐标的负方向进给的,但有时按照这种常规方式安排进给路线并不合理,甚至可能车坏工件。图 5-30 所示为用尖形车刀加工大圆弧内表面的两种不同的进给路线。

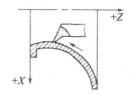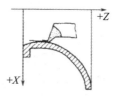

图 5-30　两种不同的进给方法

　　此外,在车削余量较大的毛坯和车削螺纹时,都有一些多次重复进给的动作,且每次进给的轨迹相差不大,这时进给路线的确定可采用系统固定循环功能。

　3. 数控铣床加工工艺路线的拟订

　（1）数控铣削加工方案的选择

　　在机械加工中,常会遇到各种平面及曲面轮廓的零件,例如凸轮、模具、叶片和螺旋桨等。由于这类零件的型面复杂,需要多坐标联动加工,因此多采用数控铣床、数控加工中心进行加工。这类零件的表面多由直线和圆弧或者各种曲线构成,因此通常采用三坐标数控铣床进行加工。

　　1）平面轮廓的加工方法

　　固定斜角平面指与水平面成一固定夹角的斜面。

　　对于如图 5-31 所示的固定斜角平面,平面轮廓铣削常用的加工方法是:当零件尺寸不大时,可采用斜垫板垫平后加工;如果机床主轴可以摆角,则可以摆成适当的定角,采用不同的刀具进行加工;当零件尺寸很大,斜面斜度又较小时,常采用行切法加工,但加工后会在加工面上留下残留面积,需采用钳修方法加以清除,在使用三坐标数控立铣床加工飞机整体壁板零件时常采用方法。当然,加工斜面的最佳方法是采用五坐标数控铣床,使主轴摆角后进行加工,这样可以不留下残留面积。

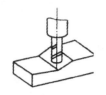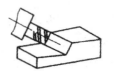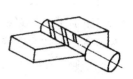

(a) 主轴垂直端刃加工　　(b) 主轴摆角后侧刃加工　　(c) 主轴摆角后端刃加工　　(d) 主轴水平侧刃加工

图 5-31　主轴摆角加工固定斜角平面

　　2）正圆台和斜筋表面的加工方法

　　对于正圆台和斜筋表面,一般可采用专用的角度成型铣刀加工,其效果比采用五坐标数控铣床摆角加工好。

3）变斜角面的加工方法

变斜角面常用的加工方法如下。

对于曲率变化较小的变斜角面,选用 X、Y、Z 和 A 轴四坐标联动的数控铣床,采用立铣刀（但当零件斜角过大、超过机床主轴摆角范围时,可用角度成型铣刀加以弥补）以插补方式摆角加工,如图 5-32（a）所示。在加工时,为了保证刀具与零件型面在全长上始终贴合,刀具绕 A 轴摆动 α 角度。

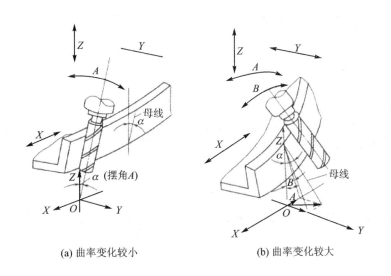

(a) 曲率变化较小   (b) 曲率变化较大

图 5-32 多坐标数控铣床加工零件变斜角面

对于曲率变化较大的变斜角面,选用四坐标联动加工难以满足加工要求,最好选用 X、Y、Z、A 和 B（或 C 转轴）的五坐标联动的数控铣床,以圆弧插补方式摆角加工,如图 5-32（b）所示。图中的夹角 A 和 B 分别是零件斜面母线与 Z 坐标轴的夹角 α 在 ZOY 平面上和 XOY 平面上的分夹角。

采用三坐标数控铣床两坐标联动,利用球头铣刀和鼓形铣刀,以直线或圆弧插补方式进行分层铣削加工,加工后的残留面积用钳修方法清除,如图 5-33 所示是用鼓形铣刀铣削变斜角面的情形。由于鼓形铣刀的鼓径可以做得比球头铣刀的球径大,所以加工后的残留面积高度小,加工效果比球头铣刀好。

4）曲面轮廓的加工方法

立体曲面的加工应根据曲面形状、刀具形状（球状、柱状、端齿）以及精度要求而采用不同的铣削方法,如二轴半、三轴、四轴、五轴等联动加工。对于曲率变化不大和精度要求不高的曲面的粗加工,常采用两轴半坐标的行切法加工,即 X、Y、Z 三轴中的任意两轴作联动插补,第三轴作单独的周期进给。如图 5-34 所示,将 X 向分成若干段,球头铣刀沿 YZ 面所截的曲线进行铣削,每一段加工完后进给 Δx,再加工另一相邻曲线,如此依次切削即可加工出整个曲面。在行切法中,要根据轮廓表面粗糙度的要求及刀头不干涉相邻表面的原则选取 Δx。球头铣刀的刀头半径应选得大一些,有利于散热,但刀头半径应小于内凹曲面的最小曲率半径。

（2）加工内容的选择

加工内容的选择是指在零件选定之后,选择零件上适合加工的表面。这种表面通常是:

① 尺寸精度要求较高的表面。

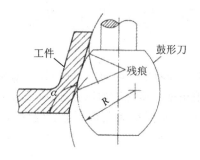

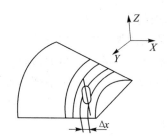

图 5-33　用鼓形铣刀分层铣削变斜角面　　图 5-34　采用两轴半坐标行切法加工曲面

② 相互位置精度要求较高的表面。

③ 不便于普通机床加工的复杂曲线、曲面。

④ 能够集中加工的表面。

（3）加工零件的工艺分析

零件工艺分析的任务是分析零件图的完整性、正确性和技术要求，分析零件的结构工艺性和定位基准等。其中，零件图的完整性、正确性和技术要求分析与数控铣削加工类似，这里不再赘述。从机械加工的角度考虑，在加工中心上加工的零件，其结构工艺性应满足以下几点要求：

① 零件的切削加工量要小，以便减少切削加工时间，降低零件的加工成本。

② 零件上光孔和螺纹的尺寸规格尽可能少，以减少加工时钻头、铰刀及丝锥等刀具的数量，防止刀库容量不够。

③ 零件的尺寸规格尽量标准化，以便采用标准刀具。

④ 零件的加工表面应具有加工的便利性和可能性。

⑤ 零件的结构应具有足够的刚性，以减少夹紧变形和切削变形情况的发生。

（4）定位基准的选择

定位基准的选择主要考虑以下几方面的内容：

① 尽量选择零件上的设计基准作为定位基准。

② 一次装夹就能完成全部关键精度部位的加工。为了避免精加工后的零件再经过多次非重要的尺寸加工，多次周转，造成零件变形、磕碰划伤，在考虑一次完成尽可能多的加工内容（如螺孔、自由孔、倒角、非重要表面等）的同时，一般将在加工中心上完成的工序安排在最后。

③ 当在加工中心上既加工基准又完成各工位的加工时，其定位基准的选择需考虑完成尽可能多的加工内容。为此，要考虑便于各个表面都能被加工的定位方式，如对于箱体，最好采用一面两销的定位方式，以便刀具对其他表面进行加工。

④ 当零件的定位基准与设计基准难以重合时，应认真分析装配图纸，以确定该零件设计基准的设计功能，通过尺寸链的计算，严格规定定位基准与设计基准间的公差范围，确保加工精度。对于带有自动测量功能的加工中心，可在工艺中安排坐标系测量检查工序，即在每个零件加工前由程序自动控制用测头检测设计基准，系统自动计算并修正坐标系，从而确保各加工部位与设计基准间的几何关系。

（5）加工顺序的安排

在加工中心上加工零件时一般都有多个工步，使用多把刀具，因此加工顺序的安排是否合理直接影响到加工精度、加工效率、刀具的数量和经济效益。在安排加工顺序时同样要遵循"基面先行，先粗后精，先主后次，先面后孔"的工艺原则。此外还应考虑：

① 减少换刀次数,节省辅助时间。一般情况下,在每换一把新的刀具后,应通过移动坐标和回转工作台等方式将由该刀具切削的所有表面全部加工完成。

② 每道工序尽量减少刀具的空行程移动量,并按照最短路线安排加工表面的加工顺序。在安排加工顺序时,可参照粗铣大平面→粗镗孔、半精镗孔→立铣刀加工→加工中心孔→钻孔→攻螺纹→平面和孔精加工(精铣、铰、镗等)的加工顺序。

5.2.8　切削方式的确定

针对相同的刀轨形式,还可以选择不同的走刀方式,通常的切削方式有平行切削、环绕切削、螺旋切削和放射切削等,如在等高加工的粗加工中,有平行切削、环绕切削和素材环切等选择,而在轮廓铣削中一般会有平行、环绕、放射、单向和往复等选择。合理地选择走刀方式,可以在付出同样加工时间的情况下,获得更好的表面加工质量和加工效率。

1. 刀轨分类

(1) 钻孔加工

直接以图形上的点图素定义加工点的位置,通常支持各种标准钻孔、镗孔及攻牙方式,并支持各式控制器之标准循环输出模式。钻孔加工特别适用于大量孔加工的程序编制。

(2) 切槽加工

切槽加工也称为口袋加工,它属于层铣粗加工的一种。其特点是移除封闭区域里的材料。其定义方式由外轮廓和岛屿组成。切槽加工在实际应用中主要用于一些形状简单的图形,以及特征由二维图形决定、侧面为直面或者倾斜度一致的工件,例如,模具的镶块槽等。使用这种方法可以以简单的二维轮廓线直接进行编程,快捷方便。对于 2D 的图素,只要定义加工侧面的角度,以球刀、平刀或圆鼻刀进行斜面加工的计算,即可生成带锥度切槽加工的程序。

(3) 外形加工

外形加工也称为轮廓加工,可生成沿轮廓线的两轴刀具轨迹,轮廓加工属于层铣精加工的一种,主要用于加工外形或开槽,图形特征由二维图形决定、侧面为直面或者倾斜度一致的工件,支持多层次及多圈次的进给。对于 2D 的图素,只要定义了加工侧面的角度即可生成带锥度外形轮廓加工的程序。

某些软件还提供特殊规格螺纹的加工及精密孔径的铣削,以及螺旋下插的铣削方式,如螺纹加工和螺旋扩孔加工。

2. 切削方式

铣削加工的刀轨形式较多,一般软件多提供 10 种以上的刀轨形式,而且在三轴加工中,包括了两轴或两轴半的全部刀轨形式。按其切削加工的特点来分,可将其分为等高铣削(层铣)、曲面铣削(面铣)、插式铣削、曲线加工(线铣)、清角加工和混合加工几类。多轴采用驱动的形式,以点、线、面作为驱动参考来加工各种类型的工件。

(1) 等高铣削

等高切削通常也称为层铣,它按等高线一层一层地加工,来移除加工区域的加工材料。在零件加工中,等高铣削主要用于需要刀具受力均匀,以及直壁或者斜度不大的侧壁的加工。

(2) 曲面铣削

曲面铣削简称为面铣,包括各种按曲面进行铣削的刀轨形式,通常有沿面加工、沿线投影和沿面投影等方式,不同的软件有不同的叫法,但基本的原理及定义方法类似。大多的曲面铣削是按照一定方式将刀具路径投影到曲面上生成的。

（3）插式铣削

插式铣削也称为钻铣加工或直捣式加工。当加工较深的工件时，可以使用两刃插铣以钻铣的方式快速粗加工，这是加工效率最高的去除残料的加工方法。钻铣完成后，可以同时选用以插刀的方式对轮廓进行精铣。

（4）曲线加工

曲线加工是生成切削三维曲线的刀具轨迹，也可以将曲线投影到曲面上进行沿投影线的加工。通常应用于生成型腔的沿口以及刻字等。由于其直接沿曲线进行插补，所以路径长度最短。

（5）清角加工

清角加工可自动侦测大刀具铣削后之残留余料区域，再以小刀具针对局部区域进行后续处理。此刀轨形式可以自动分析并侦测凹模的角落及凹谷部分，针对复杂的模型也能运算。自动清角刀具路径主要分为三种：第一，单刀清角；第二，单刀再加以左右补正之多刀清角；第三，参考前一把刀之多刀清角等。多刀清角的路径可指定由外而内，亦或由内而外铣削，以避免刀具一次吃料太深而产生不良的加工现象。具备两阶段的路径编修过滤动作，且涵盖上述投影功能的各种优势设定，为最实用的清角功能之一。

（6）混合加工

某些软件利用等高环绕加工及投影式加工这两种刀轨形式的互补特性，以指定的限制倾角，自动对 3D 模型划分出平缓或陡峭的区域，对较陡峭的表面进行等高降层环绕加工，对较平坦的表面进行投影式加工，以得到最适宜的加工方式。

3．刀轨形式

（1）📏往复式切削

往复式切削（Zig-Zag）产生一系列平行连续的线性往复式刀轨，因此切削效率高。

这种切削方法顺铣和逆铣并存。改变操作的顺铣和逆铣选项不影响其切削行为。但是如果启用操作中的清壁，会影响清壁刀轨的方向以维持清壁是纯粹的顺铣和逆铣。

（2）📏单向切削

单向切削（Zig）产生一系列单向的平行线性刀轨，因此回程是快速横越运动。Zig 基本能够维持单纯的顺铣或逆铣。

（3）📏跟随周边切削

跟随周边切削产生一系列同心封闭的环行刀轨，这些刀轨的形状是通过偏移切削区的外轮廓获得的。跟随周边的刀轨是连续切削的刀轨，且基本能够维持单纯的逆铣或顺铣，因此既有较高的切削效率，又能维持切削稳定和加工质量。

（4）📏跟随工件切削

跟随工件切削产生一系列由零件外轮廓和内部岛屿形状共同决定的刀轨。

（5）📏配置文件切削

配置文件切削产生单一或指定数量的绕切削区域轮廓的刀轨。主要是实现对侧面轮廓的精加工。

（6）📏单向轮廓切削

单向轮廓切削沿一个方向进行切削加工。沿线性刀路的前后边界添加轮廓加工移动。在刀路结束的地方刀具退刀，并在下一切削的轮廓加工移动开始的地方重新进刀，以保持顺铣或逆铣。

（7）螺旋切削

刀具路径从中心以螺旋方式向内或向外移动，螺旋切削不同于其他的走刀方式之处在于，其他走刀方式在每一条路径之间有不连续的横向进刀，造成刀具路径方向的突然改变；而螺旋切削的横向进刀则是平滑地向外部螺旋展开,没有路径方向上的突然改变。

(8) 径向线切削

径向线切削也称为放射加工,刀具由零件上任一点或指定的空间点,沿着向四周散发的路径加工零件。

(9) 其他刀轨形式

其他刀轨形式包括流线、刀轨、清根和文本等。

5.2.9 切削用量的确定

1. 车削用量的选择

数控车床加工中的切削用量包括:背吃刀量 a_p,如图 5-35 所示;主轴转速 n,如图 5-36 所示;切削速度 v_c(用于恒线速切削查表);进给速度 v_f 或者进给量 f。如图 5-37 所示,其确定原则与普通机械加工相似,具

图 5-35 背吃刀量设置

体数值应在数控机床使用说明书给定的允许范围内选取,或根据金属切削原理中规定的方法及原则,并结合实际加工经验来确定。

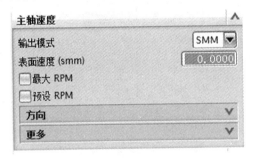

图 5-36 主轴转速设置

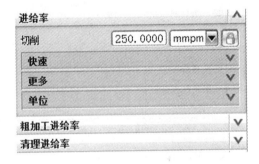

图 5-37 进给速度设置

(1) 确定背吃刀量 a_p(mm)

背吃刀量 a_p 主要根据机床、夹具、刀具和工件所组成的加工工艺系统的刚性来确定。在系统刚性允许的情况下,a_p 相当于加工余量,应以最少的进给次数切除这一加工余量,最好一次切净余量,以提高生产效率。为了保证加工精度和表面粗糙度,一般都留有一定的精加工余量,其大小可小于普通加工的精加工余量,一般半精车余量为 0.5 mm 左右,精车余量为 0.1~0.5 mm。

(2) 确定主轴转速 n(r/min)

1) 光车时的主轴转速

光车时的主轴转速应根据零件上被加工部位的直径,并按照零件和刀具的材料及加工性质等条件所允许的切削速度 v_c(m/min)来确定。切削速度确定之后,主轴转速可计算为

$$n = \frac{1\,000v}{\pi d} \tag{5-1}$$

式中:n——工件或刀具的转速,单位是 r/min;

v_c——切削速度,单位是 m/min(查表 5-1);

d——切削刃选定点处所对应的工件或刀具的回转直径,单位是 mm。

2) 车螺纹时的主轴转速

在切削螺纹时,车床的主轴转速将受到螺纹螺距(或导程)的大小、驱动电动机的升降频特

性及螺纹插补运算速度等多种因素的影响,故对于不同的数控系统,推荐选择不同的主轴转速范围。如大多数普通型车床数控系统推荐车螺纹时的主轴转速公式为

$$n \leqslant \frac{1\,200}{p} - k \qquad (5-2)$$

式中:n——主轴转速,单位为 r/min;

p——工件螺纹的螺距或导程,单位为 mm;

k——保险系数,一般取为 80。

表 5-1　硬质合金外圆车刀切削速度 v_c 的参考值

m/min

工件材料	热处理状态	$a_p=0.3\sim2$ mm	$a_p=2\sim6$ mm	$a_p=6\sim10$ mm
		$f=0.08\sim0.3$ mm/r	$f=0.08\sim0.3$ mm/r	$f=0.08\sim0.3$ mm/r
低碳钢	热扎	140~180	100~120	70~90
中碳铜	热扎	130~160	90~110	60~80
	调质	100~130	70~90	50~70
合金结构钢	热扎	100~130	70~90	50~70
	调质	80~110	50~70	40~60
工具钢	退火	90~120	60~80	50~70
灰铸铁	HBS<190	90~120	60~80	50~70
	HBS=190~225	80~110	50~70	40~60
铜及铜合金	—	200~250	120~180	90~120
铝及铝合金	—	300~600	200~400	150~200
铸铝合金	—	100~180	80~150	60~100

注:切削钢及灰铸铁时,刀具的耐用度约为 60 min。

(3)确定进给速度 v_f(mm/min)

进给速度的大小直接影响表面粗糙度的值和车削效率,因此进给速度的确定应在保证表面质量的前提下选择较高的进给速度。进给速度包括纵向进给速度和横向进给速度。一般根据零件的表面粗糙度、刀具及工件材料等因素,查阅切削用量手册来选取每转的进给量 f,然后再计算进给速度

$$v_f = fn \qquad (5-3)$$

式中:f——每转的进给量,单位为 mm/r。

公式(5-3)中每转的进给量 f 在粗车时一般选取为 0.3~0.8 mm/r,在精车时常取 0.1~0.3 mm/r,在切断时常取 0.05~0.2 mm/r。表 5-2 和表 5-3 分别为硬质合金刀粗车外圆、端面的进给量参考值和按表面粗糙度选择半精车、精车进给量的参考值,供参考选用。

表 5-2　硬质合金刀粗车外圆、端面的进给量 f

mm/r

工件材料	车刀刀杆尺寸 $B \times H/(mm \times mm)$	工件直径 d_w/mm	背吃刀量 a_p/mm				
			≤3	>3~5	>5~8	>8~12	>12
碳素结构钢	16×25	20	0.3~0.4	—			
		40	0.4~0.5	0.3~0.4			
		60	0.5~0.7	0.4~0.6	0.3~0.5	—	
		100	0.6~0.9	0.5~0.7	0.5~0.6	0.4~0.5	
		400	0.8~1.2	0.7~1.0	0.6~0.8	0.5~0.6	

工件材料	车刀刀杆尺寸 $B \times H/(mm \times mm)$	工件直径 d_w/mm	背吃刀量 a_p/mm				
			≤3	>3～5	>5～8	>8～12	>12
合金结构钢	25×25	20	0.3～0.4	—			
		40	0.4～0.5	0.3～0.4	—		
		60	0.5～0.7	0.5～0.7	0.4～0.6		
		100	0.8～1.0	0.7～0.9	0.5～0.7	0.4～0.7	—
		400	1.2～1.4	1.0～1.2	0.8～1.0	0.6～0.9	0.4～0.6
耐热钢	16×25	40	0.4～0.5				
		60	0.5～0.8	0.5～0.8	0.4～0.6		
		100	0.8～1.2	0.7～1.0	0.6～0.8	0.5～0.7	
		400	1.0～1.4	1.0～1.2	0.8～1.0	0.6～0.8	
铸铁铜合金	25×25	40	0.4～0.5	—			
		60	0.5～0.9	0.5～0.8	0.4～0.7		
		100	0.9～1.3	0.8～1.2	0.7～1.0	0.5～0.8	
		400	1.2～1.8	1.2～1.6	1.0～1.3	0.9～1.1	0.7～0.9

注：① 当加工断续表面及有冲击的工件时，表内的进给量应乘以系数 $k=0.75～0.85$。

　　② 当为无外皮加工时，表内的进给量应乘以系数 $k=1.1$。

　　③ 当加工耐热钢及其合金时，进给量应不大于 1 mm/r。

　　④ 当加工淬硬钢时，进给量应减小。当钢的硬度为 44～56HRC 时，进给量应乘以系数 $k=0.8$；当钢的硬度为 57～62HRC 时，进给量应乘以系数 $k=0.5$。

表 5 - 3　按表面粗糙度选择进给量 f 的参考值

mm/r

工件材料	表面粗糙度 $Ra/\mu m$	切削速度 $v_c/(m \cdot min^{-1})$	刀尖圆弧半径 r/mm		
			0.5	1.0	2.0
铸铁	>5～10	不限	0.25～0.40	0.40～0.50	0.50～0.60
青铜	>2.5～5		0.15～0.25	0.25～0.40	0.40～0.60
铝合金	>1.25～2.5		0.10～0.15	0.15～0.20	0.20～0.35
碳钢及合金钢	>5～10	<50	0.30～0.50	0.45～0.60	0.55～0.70
		>50	0.40～0.55	0.55～0.65	0.65～0.70
	>2.5～5	<50	0.18～0.25	0.25～0.30	0.30～0.40
		>50	0.25～0.30	0.30～0.35	0.30～0.50
	>1.25～2.5	<50	0.10～0.15	0.11～0.15	0.15～0.22
		50～100	0.11～0.16	0.16～0.25	0.25～0.35
		>100	0.16～0.20	0.20～0.25	0.25～0.35

2. 铣削用量的选择

铣削用量是铣削吃刀量、进给速度和切削速度的总称。所谓合理选择切削用量，是指所选切削用量能够充分利用刀具的切削性能，在保证加工质量的前提下，获得高生产率和低加工成本。

从高的生产率角度考虑，应该在保证刀具耐用度的前提下，使吃刀量、进给速度和切削速度三者的乘积（即材料的去除率）最大。在切削用量的三要素中，任意要素的增加都会使刀具的耐用度下降。但是三者所带来影响的大小是不同的，影响最大的是切削速度，其次是进给速度，最小的是吃刀量。为了使所选的切削用量使生产率提高且对刀的耐用度影响最小，选择切削用量的原则是：首先选择尽可能大的背吃刀量 a_p（端铣）或侧吃刀量 a_e（圆周铣），其次确定进给速度，最后根据刀具的耐用度确定切削速度。

（1）背吃刀量 a_p（端铣）或侧吃刀量 a_e（圆周铣）的设置

如图 5-38 所示，背吃刀量用切削深度设定，侧吃刀量用刀具平直百分比、残留高度和恒定设定。

铣削加工分为粗铣、半精铣和精铣。在机动力足够（经机床动力校核确定）和工艺系统刚度许可的条件下，应选取尽可能大的吃刀量（端铣的背吃刀量 a_p 或圆周铣的侧吃刀量 a_e）。一般情况下，在留出精铣和半精铣的余量 0.5～2 mm 后，其余的可作为粗铣的吃刀量，尽量一次切除。半精铣的吃刀量可选为 0.5～1.5 mm，精铣的吃刀量可选为 0.2～0.5 mm。

（2）进给速度 v_f 的设定

如图 5-39 所示，进给速度 v_f 与每齿进给量 f_z 有关，关系式是

$$v_f = f_z \cdot z \cdot n \qquad (5-4)$$

式中：n——主轴转速；

z——刀具齿数；

f_z——每齿进给量，查表 5-4。

粗加工时，每齿进给量 f_z 的选定主要取决于工件材料的力学性能、刀具材料和铣刀类型。工件材料的强度和刚度越高，所选取的 f_z 越小，反之则越大；对于同一类型的铣刀，采用硬质合金材料铣刀的每齿进给量 f_z 应大于高速钢铣刀；对于面铣刀、圆柱铣刀和立铣刀，由于它们的刀齿强度不同，因此每齿进给量 f_z 的选取按照面铣刀、圆柱铣刀和立铣刀的顺序依次递减。精加工时，每齿进给量 f_z 的选取要考虑工件表面粗糙度的要求，表面粗糙度值越小，每齿进给量 f_z 越小。表 5-4 为面铣刀的每齿进给量 f_z 的推荐值。进给速度 v_f 由式（5-4）计算。

图 5-38　背吃刀量与侧吃刀量

图 5-39　主轴转速与进给速度

表 5-4　面铣刀的每齿进给量 f_z 的推荐值

mm/z

工件材料	高速钢刀齿	硬质合金刀齿
钢材	0.02～0.06	0.10～0.25
铸铁	0.05～0.1	0.15～0.30

（3）切削速度 v_c 的选定

切削速度选定的原则是：切削速度值的大小应与刀具耐用度、吃刀量、每齿进给量及刀具齿数成反比，与铣刀直径成正比。此外，切削速度还与工件材料、刀具材料、铣刀材料和加工条件等因素有关，表 5 - 5 为切削速度的推荐值。

表 5 - 5　切削速度 v_c 的推荐范围值

mm/min

工件材料	抗弯强度/MPa	硬度/HB	刀具材料	
			硬质合金	高速钢
20 钢	420	≤156	150～190	20～45
45 钢	610	≤229	120～150	20～35
40c 调质	1 000	220～250	60～90	15～25
灰铸铁	150	163～229	70～100	14～22
H62	330	56	120～200	30～60
铝合金	20	≤60	400～600	112～300
不锈钢	55	≤170	50～100	16～25

5.3　CAM 加工对象的参数设置

5.3.1　切削参数

1. 切削参数确定

参数设置可视为对工艺分析和规划的具体实施，它构成了利用 CAD/CAM 软件进行 NC 编程的主要操作内容，直接影响着所生成的 NC 程序的质量。参数设置的内容较多，如图 5 - 40 所示，其中主要有：

① 切削方式设置。用于指定刀轨的类型及相关参数。

② 加工对象设置。指用户通过交互手段选择被加工的几何体或其中的加工分区、毛坯和避让区域等。

③ 刀具及机械参数设置。是针对每一道加工工序选择合适的加工刀具，并在 CAD/CAM 软件中设置相应的机械参数，包括切削进给和切削液控制等。

④ 加工程序参数设置。包括对进退刀位置及方式、切削用量、行间距、加工余量和安全高度等的设置。这是 CAM 软件参数设置中最主要的一部分内容。

程序参数主要是对程序进行优化和控制，在 UG CAM 中，其他参数设置主要包括策略、余量、拐角、连接、空间范围和安全等。不是所有的切削参数在每一个切削类型中都包含，根据切削类型的不同，切削参数也有所不同，但是切削参数设置的主要目的是控制程序的生成。以下针对铣削加

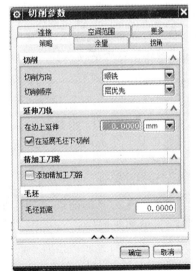

图 5 - 40　【切削参数】对话框

工进行举例。具体应用在后续章节中详细解释。

2. 切削参数确定的主要内容

（1）顺铣与逆铣

铣刀旋转产生的切线方向与工件的进给方向相同，称为顺铣；铣刀旋转产生的切线方向与工件的进给方向相反，称为逆铣。逆铣时，切削由薄变厚，刀齿从已加工表面切入，对铣刀的使用有利；但逆铣时，铣刀刀齿接触工件后不能马上切入金属层，而是在工件表面滑动一小段距离，在滑动过程中，由于强烈的摩擦，会产生大量热量，同时在待加工表面易形成硬化层，降低刀具的耐用度，影响工件表面的光洁度，给切削带来不利。逆铣时，刀齿由下往上（或由内往外）切削。顺铣时，刀齿刚开始与工件接触时的切削厚度最大，且从表面硬质层开始切入，刀齿受很大的冲击负荷，因此铣刀变钝较快，但刀齿切入过程中没有滑移现象。顺铣的功率消耗比逆铣时小，在同等切削条件下，顺铣的功率消耗比逆铣的低 5%～15%，同时顺铣也更有利于排屑。一般应尽量采用顺铣法加工，以提高被加工零件表面的光洁度（降低粗糙度），保证尺寸精度。但当在切削面上有硬质层、积渣以及工件表面凹凸不平较显著时，如加工锻造毛坯，应采用逆铣法。

（2）拐角控制

拐角控制是在切削过程中遇到拐角时的处理方式，包括圆角和尖角两种处理方式。拐角控制对机床及刀具有意义，对零件的加工结果没有影响。当以尖角方式处理时，刀具在从轮廓的一边移到另一边的过程中以直线的方式过渡，这适合于大于 90°的角。当以圆角方式处理时，刀具在从轮廓的一边移到另一边的过程中以圆弧方式过渡，这适合于小于或等于 90°的角，采用圆弧方式过渡可以避免机床在进给方向上的急剧变化。在处理有加工余量的角落时，某些系统软件会将补正后的轮廓线做成角落圆角，此外，还可以做成角落尖角或路径尖角：

① 角落圆角。处理成工件外部轮廓及刀具路径都是圆角。

② 角落尖角。处理成工件外部轮廓为尖角，刀具路径为圆角。

③ 路径尖角。处理成工件外部轮廓及刀具路径都是尖角。

（3）轮廓控制

在数控编程中，有很多时候需要通过轮廓来限制加工范围，而在某些刀轨中，轮廓是必不可少的因素，缺少轮廓将无法生成刀路轨迹。轮廓线需要设定其偏置补偿的方向。对于封闭的轮廓线，有 3 种参数选择，即刀具在轮廓上、轮廓内或轮廓外：

① 刀具在轮廓上（ON）。刀具中心线与轮廓线重合，即不考虑补偿。

② 刀具在轮廓内（IN）。刀具中心线不在轮廓上，而刀具的侧边在轮廓上，相差一个刀具半径。

③ 刀具在轮廓外（OUT）。刀具中心越过轮廓线，超过轮廓线一个刀具半径。

当轮廓是一个岛屿时，其轮廓内、外指的是外轮廓与岛屿之间的区域，而非一般概念上的"内"或"外"。

对于开放的轮廓线，也有 3 种参数选择，即刀具在轮廓上、轮廓左或轮廓右。轮廓的左边或右边是相对于刀具的前进方向而言的。

（4）区域加工顺序

当对有多个凸台或凹槽的零件做等高切削时，会形成不连续的加工区域，其加工顺序有以下 2 种选择：

① 层优先。层优先时生成的刀路轨迹是将这一层即同一高度内的所有内外形加工完以后，再加工下一层，也就是所有在某一层（相同的 Z 值）上的被加工面加工完以后，再下降到下一层。刀具会在不同加工区域之间跳来跳去。

② 区域优先。在加工凸台或凹槽时,先将某部分的形状加工完成,再跳到其他部分。也就是一个区域一个区域地进行加工,将某一连续的区域加工完成后,再加工另一个连续的区域。

层优先的特点是各个凸台或凹槽最后获得的加工尺寸一致,但是其表面光洁度不如区域优先加工,同时其不断提刀也会消耗一定的时间。在粗加工时,一般使用区域优先。在精加工时,当对各个凸台或凹槽尺寸的一致性要求较高时,应采用层优先。

（5）余　量

主要设置毛坯余量、部件余量、底面余量、侧壁余量、检查余量和修剪余量等。

（6）公　差

主要用来控制输出程序的质量,公差越小,程序量越大,有时不是越小越好,要根据实际情况适当修改。

5.3.2　非切削移动参数

1. 进刀、退刀设置

切削前的进刀方式有 2 种:一种是垂直方向进刀（常称为下刀）和退刀,另一种是水平方向进刀和退刀,如图 5-41 所示对话框。

（1）垂直方向进/退刀方式

当在普通铣床上加工一个封闭的型腔零件时,一般都会分成两道工序:先预钻一个孔,再用立铣刀切削。而在数控加工中,数控编程软件通常有 3 种垂直进刀的方式:一是直接垂直向下进刀方式,二是斜线轨迹进刀方式,三是螺旋式轨迹进刀方式。

直接垂直向下进刀方式只用于具有垂直吃刀能力的键槽铣刀,对于其他类型的刀具,在只能做很小的切削深度时才可使用。在非切削状态下,一般使用直接垂直向下进刀方式。

而斜线轨迹进刀方式及螺旋式轨迹进刀方式,都是靠铣刀的侧刃逐渐向下铣削而实现向下进刀的,所以这两种进刀方式都可用于端部切削能力较弱的端铣刀（如最常用的可转位硬质合金刀）向下进给。同

图 5-41 【非切削移动】对话框

时斜线或螺旋进刀方式可改善进刀时的切削状态,保持较高的速度和较低的切削负荷。

（2）水平方向进/退刀方式

为了改善铣刀开始接触工件和离开工件表面的状况,一般的数控系统都设置了刀具接近工件表面和离开工件表面时的特殊运行轨迹,以避免刀具直接与工件表面相碰撞和保护已加工表面。比较常用的方式是:

① 以与被加工表面相切的圆弧方式接触和退出工件表面;

② 按被加工表面法线方向接触和退出工件表面,此方式的相对轨迹较短,适用于对工件表面要求不高的情况,常在粗加工或半精加工中使用。

水平方向进/退刀方式分为"直线"（Line）与"圆弧"（Arc）2 种方式,分别需要设定进刀线长度和进刀圆弧半径。

在设置进刀方式时应注意以下 2 点:

① 尽量使用水平进刀,例如在做模具型芯粗加工时,可以指定在被加工工件以外的点下

刀,以水平切削进入加工区域,而下刀速度可以设得快一点。

② 在做粗加工时可以不考虑水平进刀,或者使用法向进刀,以节省一点路径。而在精加工时应优先考虑设置圆弧进刀,这样对工件表面质量有较好的保证。

2. 区域间、区域内的连接设置

（1）起止高度

起止高度指进/退刀的初始高度。在程序开始时,刀具先到达这一高度;在程序结束后,刀具也将退回到这一高度。起止高度大于或等于安全高度。安全高度也称为提刀高度,是为了避免刀具碰撞工件而设定的高度（Z 值）。在铣削过程中,当刀具需要转移位置时,将先退到这一高度再进行 G00 插补到下一进刀位置,此值在一般情况下应大于零件的最大高度（即高于零件的最高表面）。

（2）慢速下刀相对距离

该值通常为相对值,刀具以 G00 快速下刀到指定位置,然后以接近速度下刀到加工位置。如果不设定该值,刀具以 G00 的速度直接下刀到加工位置,若该位置又在工件内或工件上,且采用垂直下刀方式,则极不安全。即使是在空位置下刀,使用该值也可以使机床有一个缓冲的过程,确保下刀所到位置的准确性,但是该值也不宜取得太大,因为下刀的插入速度往往较慢,太长的下刀距离将影响加工效率。

（3）抬刀控制

在加工过程中,当刀具需要在两点间移动而不切削时,是否需要提刀到安全平面？这个问题需要视具体情况分别问答。

当设定为提刀时,刀具将先提高到安全平面,再在安全平面上移动;否则将直接在两点间移动而不提刀。直接移动可以节省抬刀时间,但是必须注意安全,在移动路径中不能有凸出的部位。特别应注意在编程中,当分区域选择加工表面并分区加工时,中间没有被选择的部分是否有高于刀具移动路线的部分。在粗加工时,对于较大面积的加工通常建议使用抬刀,以便在加工时可以暂停,对刀具进行检查。而在精加工时,常使用不抬刀以加快加工速度,特别是像角落部分的加工,抬刀将造成加工时间大幅延长。在孔加工循环中,使用 G98 将抬刀到安全高度进行转移,而使用 G99 将不抬刀到安全高度就直接移动。

3. 刀具半径补偿和长度补偿

数控机床在进行轮廓加工时,由于刀具具有一定的半径（如铣刀半径）,因此在加工时,刀具中心的运行轨迹必须偏离零件实际轮廓一个刀具半径值;否则加工出的零件尺寸与实际需要的尺寸将相差一个刀具半径值或一个刀具直径值。此外,在进行零件加工时,有时还需要考虑加工余量和刀具磨损等因素的影响。因此,刀具轨迹并不是零件的实际轮廓,在进行零件内轮廓加工时,刀具中心向零件内偏离一个刀具半径值;在进行零件外轮廓加工时,刀具中心向零件外偏离一个刀具半径值。若还要留加工余量,则偏离值还要加上此预留量。若还要考虑刀具磨损因素,则偏离值还要减去磨损量。在手工编程做侧向切削时,必须加上刀具半径补偿值,此值可以在机床上设定。在使用自动编程软件进行编程时,其刀位计算已经自动加进了补偿值,所以无须在程序中添加。

5.4 CAM 仿真与后置处理

5.4.1 刀具路径仿真

为了确保程序的安全性,必须对生成的刀轨进行检查校验,以检查刀具路径有无明显过切

或者加工不到位的情况,同时检查是否发生与工件及夹具的干涉。校验的方式有:

① 直接查看。通过对视角的转换、旋转、放大和平移直接查看生成的刀具路径。这种方式适于观察切削范围有无越界,以及有无明显异常的刀具轨迹。

② 手工检查。对刀具轨迹进行逐步观察。

③ 模拟实体切削,进行仿真加工。直接在计算机屏幕上观察加工结果,这个加工过程与实际机床的加工十分类似,UG CAM 自带的仿真也可以实现 2D 和 3D 的仿真,如图 5-42 所示。

对于检查中发现了问题的程序,应调整参数设置重新进行计算,之后再重新做检验。

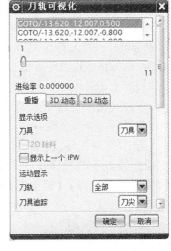

图 5-42　模拟仿真设置

5.4.2　后置处理

后置处理实际上是一个文本编辑处理过程,其作用是将计算出的轨迹(刀位运动轨迹)以规定的标准格式转化为 NC 代码并输出保存。

经过刀具轨迹计算产生的是刀位文件,而不是数控程序,因此,需要设法把刀位源文件转换为特定机床能够执行的数控程序,并输入到数控机床的数控系统中,才能进行零件的数控加工。把刀位源文件转换成特定机床能够执行的数控程序的过程称为后置处理。UG 的刀位文件为 CLSF 文件,后置处理是将其转换成 NC 文件,即数控机床可以识别的 G 代码文件,其处理结果是生成一个.ptp 文件,如图 5-43 所示。

UG 提供了 2 种后置处理器:图形后置处理器(GPM)和 UG 后置处理器(UG/POST)。

1. CLSF 管理器

在使用图形后置处理器进行后置处理时,必须先生成刀位源文件(CLSF 文件)。

CLSF 的全称为 Cutter Location Source File,意为刀具位置来源文件,其主要功能是选取、编修及检视由操作选项产生的 CLS 文件,最后可进行后置处理产生 NC 文件。程序可同时操作整个 CLSF 或只处理 CLSF 中的单一刀具路径。刀具路径中包含刀具移动、机械坐标系统位置、刀具参数、显示设定及其他刀具路径资料。

CLSF 管理器操作与刀轨操作最大的不同之处在于,CLSF 管理器操作的对象是整个 CLSF,而刀轨操作则仅针对个别的刀轨。

2. 图形后置处理器

UG 使用图形后置处理器 GPM(Graphics Postprocessor Module)来进行后置处理。图形后置处理器是一个执行文件,其功能主要是将由零件文件产生的刀具路径文件,以机械资料文件产生器 MDFG(Machine Data File Generator)所产生的机械资料文件 MDFA 为设定参数,转换

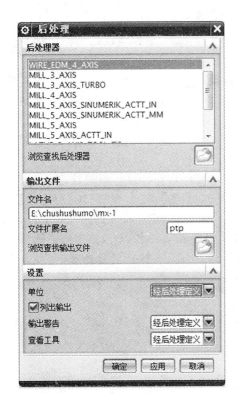

图 5-43　【后处理】对话框

成 NC 机械可读取的 NC 文件。

3. UG 后置处理器

UG 后置处理器即 UG/POST,是 UG 软件自身提供的一个后置处理程序。

Post Builder 是为特定机床和数控系统定制后置处理器的一个工具。

4. 用 UG/POST 进行后置处理

在用 Post Builder 建立特定机床事件管理器文件和定义文件后,可用 UG/POST 进行后置处理,将刀具路径文件生成适合指定机床的 NC 程序。用 UG/POST 进行后置处理,既可在 UG 加工环境中进行,也可在操作系统环境中进行。

(1) 在 UG 加工环境中进行后置处理

在操作导航器的程序视图中,选择已生成刀具路径的操作和程序名称,再在主菜单中选择【工具】|【操作导航器】|【输出】|【UG/后处理操作】菜单项,或者在工具条中单击后置处理工具按钮(UG/Post Process)即可对刀具路径进行后置处理。系统打开【后处理】对话框,如图 5-43 所示,各选项的说明如下。

1) 后处理器

该列表框显示模版所包含的机床定义文件,用户可根据加工需要,选择合适的机床定义文件。因为不同厂商生产的数控机床的控制参数不同,所以对话框中那些包含特定机床参数的机床定义文件只能由用户自己定义。

2) 输出文件

该选项组指定后置处理输出程序的文件名称和路径。可在其下方的文本框中直接输入路径和文件名,也可单击【浏览】工具按钮,通过浏览目录来指定输出文件的名称和路径。

3) 单　　位

该下拉列表框设置输出单位,可选择公制或英制单位。

4) 列出输出

选中该复选框,在完成后置处理后,将在屏幕上显示所生成的程序文件。

完成各项设定后,单击【确定】按钮,系统进行后置处理运算,最终生成指定路径和文件名的程序文件。

提示:将后置处理生成的文件命名为一个易记、直观的文件名,以便于向机床传输文件时输入文件名。可按照一定的约定或规范进行命名,如 B32R6C1.ptp 指的是使用 $\phi 32$ 的端部半径为 $R6$ 的牛鼻刀进行粗加工的程序。

注意:PTP 文件是一个文本文件,可以使用 Windows 的记事本或写字板打开进行编辑。

(2) 在操作系统环境中进行后置处理

在操作系统环境中,可对包含刀具路径的 UG 零件文件(.prt)进行后置处理。选择【开始】|【程序】|【Unigraphics NX9.0】|【Post Tools】|【UGPOST】菜单项,弹出 UG【后处理】对话框。先在对话框中依次设置 UG 后处理器的路径和文件名、机床定义文件的路径和文件名、需要进行后置处理的零件路径和文件名、程序列表的输出路径和文件名,以及错误信息输出文件的目录和文件名等,然后再在对话框中输入 Execute ugpost 命令,执行后置处理,则可生成扩展名为.ptp 的后置处理输出文件(即数控程序)。

5.5　CAM 编程的基本原则和操作流程

5.5.1　CAM 编程的基本原则

CAM 编程的基本原则是:

① 正确第一。最大限度地避免过切和撞刀,相对于实际加工,数控加工编程始终都是在电脑里进行模拟,因此在实际加工中可能会产生许多意想不到的情况;而数控加工几乎是最后一道关键工序,所以要求数控编程技术人员必须认真、仔细,确保编制的程序安全、正确,否则加工出来的就是废品。

② 高效至上。效益是企业的生命,企业的效益就是靠提高加工效率来实现的,数控加工的高效追求永无止境。

③ 清晰明白。加工的思路要清晰,与操作人员的交代要清楚,如每把刀的顺序、加工坐标系和装夹方式等都要清晰明白地讲清楚,填写车间文件(数控加工工艺单)时也要表达清楚,不允许模棱两可。

④ 参数合理。加工参数的设定是一个经验要求较高的工作,它涉及多方面的知识和经验,需要平时点滴的积累,要了解工件的加工质量要求,在达到加工要求的前提下,设定合理的参数,适当提高加工速度,要了解刀具的知识和被加工材料方面的知识,以设定合理的刀具参数和加工余量参数,包括转速、进给速度、切削进给量和工件余量。

5.5.2　CAM 编程的操作流程

CAM 编程的操作流程是:

① 导入要加工的工件模型;

② 分析工件模型,确定并创建 WCS(工作坐标系);

③ 设置各项参数,生成粗加工、半精加工、精加工、清角加工和孔加工等刀具路径;

④ 模拟仿真检查过切和欠切等不足之处;

⑤ 确定所有程序准确无误后,进行后置处理生成加工程序;

⑥ 填写数控加工工艺单,应包含工件的装夹方式、装夹位置、毛坯料的方位和大小、对刀位置、换刀位置、机床偏置、程序名称、使用刀具、刀具避空长度和加工深度等;

⑦ 加工完毕后进行首件检查,包括检查表面质量和尺寸精度等;

⑧ 如果产品合格便可以生产,如果有问题则可以修改方案至加工成成品。

第6章 轴类典型零件 UG NX9.0 CAM 加工编程

本章重点内容:
* 轴类典型零件加工工艺分析
* 轴类典型零件加工工艺规划
* 轴类典型零件的加工过程
* 轴类典型零件的 CAM 加工策略

CAM 的软件编程都是在加工工艺基础上进行的,没有工艺的编程是没有意义的。从本章开始将分类进行讲解,以帮助掌握典型零件的加工工艺和 CAM 加工策略。下面就以减速器中的传动轴为例,介绍一般台阶轴的加工工艺和 CAM 策略。

6.1　零件加工信息分析

6.1.1　零件图

零件图如图 6-1 所示。

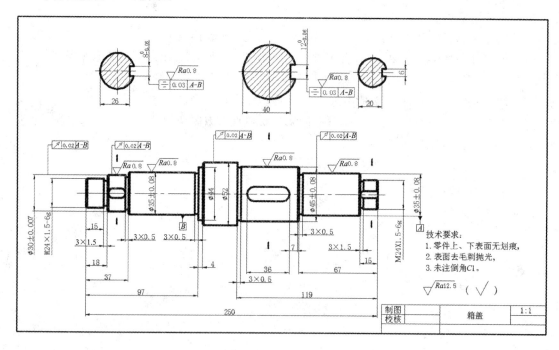

图 6-1　加工任务图

6.1.2　零件分析

此零件是减速器中的传动轴,属于台阶轴类零件,由圆柱面、轴肩、螺纹、螺尾退刀槽、砂轮越程槽和键槽等典型要素组成。

6.1.3　精度分析

在图 6-1 中,轴的两端径向跳动为 0.02 mm,轴向尺寸为自由公差,此值查表即可;键槽对称度为 0.03 mm,键槽尺寸精度为 0.05 mm。加工轴的两端外表面和键槽将成为加工的难点和重点要保证的尺寸,高精度外圆表面四处、槽两个和标准螺纹两处,在工艺方法和工艺制订时将最终以磨削来达到最高精度要求。

6.2　零件加工工艺分析

对于 7 级精度、表面粗糙度 $Ra=0.8\sim0.4$ μm 的一般传动轴,其典型工艺路线是:正火→车端面钻中心孔→粗车各表面→精车各表面→铣花键、键槽→热处理→修研中心孔→粗磨外圆→精磨外圆→检验。

6.2.1　毛坯的选择

该传动轴的材料为 45 钢,因其属于一般传动轴,故选 45 钢可满足要求。本例传动轴属于中小传动轴,并且各外圆直径尺寸相差不大,故选择 ϕ60 的热轧圆钢作为毛坯。

6.2.2　定位夹紧

合理地选择定位基准,对于保证零件的尺寸和位置精度起着决定性的作用。由于该传动轴的几个主要配合表面(Q、P、N、M)及轴肩(H、G)对基准轴线 $A—B$ 均有径向圆跳动和端面圆跳动的要求,且又是实心轴,所以应以两端中心孔为基准,采用双顶尖装夹方法,来保证零件的技术要求。

6.2.3　加工顺序与进给路线

1. 各表面加工方法的选择

传动轴大都是回转表面,因此主要采用车削和外圆磨削成形。由于该传动轴主要表面 M、N、P、Q 的公差等级(IT6)较高,表面粗糙度 Ra 值($Ra=0.8$ μm)较小,故车削后还需磨削。外圆表面的加工方案可为:粗车→半精车→磨削。

2. 加工顺序的确定

对于精度要求较高的零件,其粗、精加工应分开,以保证零件的质量。可将该传动轴的加工划分为三个阶段:粗车(粗车外圆、钻中心孔等),半精车(半精车各处外圆、台阶和修研中心孔及次要表面等),粗、精磨(粗、精磨各处外圆)。各阶段的划分一般以热处理为界。

综合上述分析,传动轴的工艺路线为:下料→车两端面,钻中心孔→粗车各外圆→调质→修研中心孔→半精车各外圆,车槽,倒角→车螺纹→划键槽加工线→铣键槽→修研中心孔→磨削→检验。

在拟定传动轴的工艺过程时,在考虑主要表面加工的同时,还要考虑次要表面的加工。在半精加工 ϕ52、ϕ44 及 M24 外圆时,应车到图样规定的尺寸,同时加工出各退刀槽、倒角和螺纹;三个键槽应在半精车后及磨削之前铣削加工出来,这样可保证铣键槽时有较精确的定位基准,同时又可避免在精磨后铣键槽时破坏已精加工的外圆表面。

6.2.4　刀具的选择

刀具的选择如表 6-1 所列。

表 6-1　刀具的选择

产品名称或代号				零件名称				零件图号	
工步号	刀具号	刀具型号	刀柄型号	刀　具					备　注
				直径 D/mm	长度 H/mm	刀尖半径 R/mm	刀尖方位		
1	T01	90°硬质合金右偏刀(粗车)	25×25			0.8	3		
2	T02	ϕ2A 型中心钻	JT50—XM32—105	2	30				
3	T03	3 mm 硬质合金切断刀	25×25						
4	T04	60°螺纹车刀	25×25				3		
5	T05	90°硬质合金右偏刀(精车)	25×25			0.1	3		
6	T06	D8 键槽铣刀	BT40	8	40	0			
7	T07	D4 键槽铣刀	BT40	4	30	0			
8	T08	45°端面车刀	25×25			0.8	3		
编制		审核		批准				共　　页	第　　页

6.2.5　切削用量的选择

切削用量的选择如表 6-2 所列。

表 6-2　切削用量

序　号	加工内容	刀具号	主轴转速/(r·min^{-1})	进给量/(mm·r^{-1})	背吃刀量/mm
1	粗车左右两端所有外圆面	T01	500	100	1
2	车中心孔(手动)	T02			
3	切槽(断屑)	T03	500	20	
4	车削螺纹	T04	450		
5	精加工外圆表面	T05	800	120	0.2
6	粗加工键槽	T06	800	100	6
7	精加工键槽	T07	1 200	120	2
8	车削端面	T08	500	60	

6.2.6　加工工艺方案

　　定位精基准面的中心孔应在粗加工之前加工,在调质之后和磨削之前需各安排一次修研中心孔的工序。在调质之后修研中心孔是为了消除中心孔的热处理变形和氧化皮,在磨削之前修研中心孔是为了提高定位精基准面的精度和减小锥面的表面粗糙度值。在拟定传动轴的工艺过程时,在考虑主要表面加工的同时,还要考虑次要表面的加工。在半精加工 ϕ52、ϕ44 及 M24 外圆时,应车到图样规定的尺寸,同时加工出各退刀槽、倒角和螺纹;三个键槽应在半精车后以及磨削之前铣削加工出来,这样既可以保证铣键槽时有较精确的定位基准,又可避免在精磨后铣键槽时破坏已精加工的外圆表面。由于篇幅有限，表 6-3 为简略工艺卡。

表 6-3　数控加工工艺卡片（简略工艺卡）

机械加工工艺卡片		产品型号		零件图号		共 1 页
		产品名称		零件名称		第 1 页
材料	毛坯种类	毛坯外形尺寸	毛坯件数	加工数量		程序号
45#	棒料		1			
工序号	工序名称	工序内容			加工设备	
1	下料	$\phi60\times265$			锯床	
2	粗车削	三爪自定心卡盘夹持工件毛坯外圆；车端面见平即可 *；钻中心孔；用尾座顶尖顶住中心孔；粗车 $\phi46$ 的外圆至 $\phi48$，长 118 mm *；粗车 $\phi35$ 的外圆至 $\phi37$，长 66 mm *。 粗车 M24 的外圆至 $\phi26$，长 14 mm *；调头，三爪自定心卡盘夹持 $\phi48$ 处（$\phi44$ 外圆）*。 车另一端面，保证总长 250 mm；钻中心孔；用尾座顶尖顶住中心孔；粗车 $\phi52$ 的外圆至 $\phi54$；粗车 $\phi35$ 的外圆至 $\phi37$，长 93 mm *；粗车 $\phi30$ 的外圆至 $\phi32$，长 36 mm *；粗车 M24 的外圆至 $\phi26$，长 16 mm *；检验			CKA6150	
3	热处理	调质处理 220～240HBS				
4	钳工加工	修研两端中心孔				
5	半精车	双顶尖装夹。 半精车 $\phi46$ 的外圆至 $\phi46.5$，长 120 mm *；半精车 $\phi35$ 的外圆至 $\phi35.5$，长 68 mm *；半精车 M24 的外圆至 $\phi24$，长 16 mm *；半精车 2～3 mm×0.5 mm 环槽；半精车 3 mm×1.5 mm 环槽；倒外角 1 mm×45°，3 处 *。 调头，双顶尖装夹；半精车 $\phi35$ 的外圆至 $\phi35.5$，长 95 mm *；半精车 $\phi30$ 的外圆至 $\phi35.5$，长 38 mm *；半精车 M24 的外圆至 $\phi24$，长 18 mm *；半精车 $\phi44$ 至尺寸，长 4 mm *；车 2～3 mm×0.5 mm 环槽；半精车 3 mm×1.5 mm 环槽；倒外角 1×45°，4 处 *；检验			CKA6150	
6	车螺纹	双顶尖装夹；M24×1.5 mm-6g 至尺寸；调头，双顶尖夹；车 M24 mm×1.5 mm-6g 至尺寸 *；检验			CKA6150	
7	钳工加工	划两个键槽与一个止动垫圈槽加工线				
8	铣削	用 V 形虎钳装夹，按线找正 *；铣键槽 12 mm×36 mm，保证尺寸 41～41.25 mm *；铣键槽 8 mm×16 mm，保证尺寸 26～26.25 mm *；铣止动垫圈槽 6 mm×16 mm，保证 20.5 mm 至尺寸 *；检验			XH716 加工中心	
9	钳工加工	修研两端中心孔				
10	磨削	磨外圆 M 至尺寸；磨轴肩面 I；磨外圆 Q 至尺寸；磨轴肩面 H；调头，双顶尖装夹；磨外圆 P 至尺寸；磨轴肩面 G；磨外圆 N 至尺寸；磨轴肩面 F；检验			万能磨床	

注：* 为 CAM 加工自动编程工序内容。

6.2.7 CAM 策略选择

1. CAM 模型

CAM 模型如图 6-2 所示。

2. CAM 策略

如图 6-3 所示,根据工艺选择以下 CAM 工序内容:

① UG 车削端面;

② UG 车削外圆粗加工;

③ UG 车削外圆精加工;

④ UG 退刀槽加工策略;

⑤ UG 螺纹车削循环;

⑥ UG 型腔铣加工。

图 6-2 轴的模型

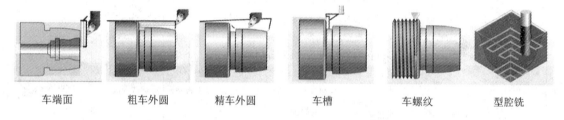

| 车端面 | 粗车外圆 | 精车外圆 | 车槽 | 车螺纹 | 型腔铣 |

图 6-3 CAM 策略选择

6.3 CAM 加工实施过程

6.3.1 端面车削

1. 创建加工坐标系

UG NX9.0 加工模块中的 MCS 即为机床坐标系,一般 MCS 在移动时不方便,它默认在绝对坐标系上,所以要以 WCS 驱动 MCS 来达到移动机床坐标的目的,所计算的刀轨与 WCS 无关,而都是以 MCS 来计算的。"NX 加工"提供两个重要且有效的坐标系,即工作坐标系(WCS)和机床坐标系(MCS),它们可在部件编程会话过程中起到辅助作用。必须清楚,每个坐标系均有其特定的用途,只要使用得当,它们在任意车床编程情况下都会显得很灵活、方便。具体区分如表 6-4 所列。

表 6-4 坐标系的区分

名　　称	含　　义
MCS	车削中的机床坐标系(MCS)。当前,主轴中心线和程序零点由 MCS 方位决定。MCS 也指示刀轨中刀位置的输出坐标。在编程会话过程中,定义 MCS 可以完成对主轴中心线、编程零点和主轴上车床工作平面的确定
WCS	工作坐标系,或者叫做绝对坐标系的相对坐标系。很多时候在工作中需要变换坐标系,比如在圆周上取点,或者在某个区域内打孔,此时,工作的操作面可能相对于绝对坐标系有旋转和平移,这样就可以引入工作坐标系以便于在坐标数值上控制建模,从而便于操作,也减少了变换矩阵的系统开销

双击打开 UG NX9.0 软件,单击【打开】工具按钮,打开模型命名为"9-1"的数模,选择
【启动】|【加工】菜单项,如图 6-4 所示,单击【确定】按钮,出现如图 6-5 所示对话框。在
【CAM 会话配置】和【要创建的 CAM 设置】("CAM 会话配置"和"要创建的 CAM 设置"的具
体解释请查附表 1 和附表 2)选项组中进行选择进入加工环境。单击【创建几何体】工具按钮,
弹出如图 6-6 所示对话框,在【几何体子类型】选项组中选择坐标系,可以根据需要来修改几
何体的名称,此时修改为"9-1-01",如图 6-6 所示。创建工作坐标系如图 6-7 所示,主要
是指定车床的工作平面,也就是工件坐标系的位置和方向,单击【确定】按钮完成坐标系的
创建。

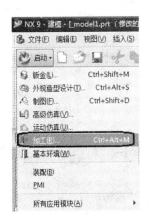

图 6-4　进入加工环境　　　图 6-5　加工环境配置　　　图 6-6　创建几何体

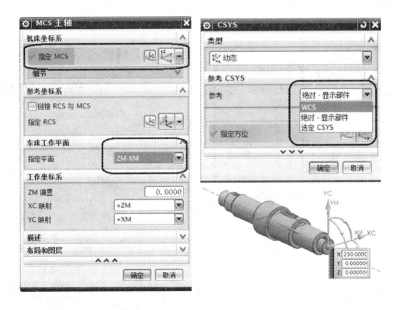

图 6-7　WCS 创建对话框

2. 创建车加工横截面

单击【工具】|【车加工横截面】工具按钮,弹出如图 6-8 所示对话框,选择加工模型,单击
鼠标中键,然后选择截面 9-1-01,单击【确定】按钮出现如图 6-9 所示"虚线三角形"的效果,
从而完成截面的创建。

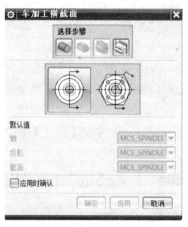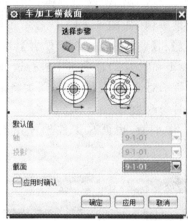

图 6-8　车加工横截面对话框

3. 创建毛坯

单击【几何视图】工具按钮(可以在【工序导航器】右键快捷菜单中选择,也可以单击【工具】|【导航器】|【几何视图】工具按钮),如图 6-10 所示,双击"9-1-01"坐标系下的【WORKPIECE_1】弹出如图 6-11 所示对话框,【指定部件】选为部件

图 6-9　车削的截面效果

模型;双击图 6-10 中【WORKPIECE_1】下的【TURNING_WORKPIECE_1】弹出如图 6-12 所示左侧对话框,单击【指定部件边界】工具按钮,选择部件边界,弹出如图 6-12 所示右侧对话框,单击【确定】按钮完成部件边界的创建。

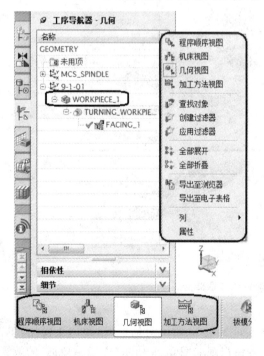

图 6-10　几何视图

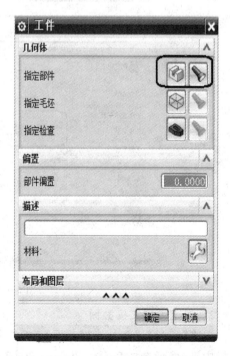

图 6-11　几何体创建

单击图 6-12 左侧对话框中的【指定毛坯边界】工具按钮,选择毛坯边界,弹出如图 6-13

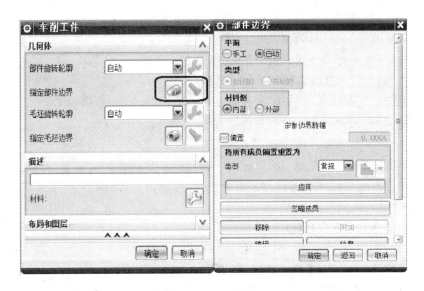

图 6 - 12 毛坯的创建

所示对话框,单击【安装位置】选项组中的【选择】按钮,选中零件最左边的点,或者直接输入 —250,单击【确定】按钮。在【长度】和【直径】文本框中分别输入 265 和 60,单击【确定】按钮, 再次单击【确定】按钮完成毛坯边界的创建。

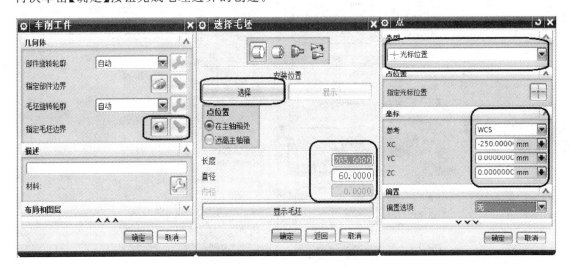

图 6 - 13 毛坯的边界创建

4. 创建刀具

根据刀具卡和工艺内容,依次创建所有需要的刀具,单击【创建刀具】工具按钮,弹出【创建 刀具】对话框,如图 6 - 14 所示,选择【刀具子类型】,包括端面车刀、右偏粗车刀、右偏精车刀、 外圆切槽刀和外圆螺纹刀。此时要注意刀具参数应与实际刀具一致,以避免增大误差。这里 以几把刀为例进行创建过程的演示,并修改其主要应用参数,对于没有修改的参数可以采用默 认值;其他刀具的创建过程类似,但刀具参数有所不同,将在后面简单讨论。

(1) 创建外圆车刀(粗车刀具)

在如图 6 - 14 所示的对话框中,修改刀具【名称】为"90",单击【右偏粗车刀具】工具按钮, 弹出【车刀标准】对话框,如图 6 - 15 所示,在【车刀标准】对话框中有全面的刀具参数设置选 项,包括【工具】、【夹持器】、【跟踪】和【更多】选项卡。在【工具】选项卡中,【ISO 刀片形状】选为

"A(平行四边形 85)"，【刀片位置】选为"顶侧"；单击【夹持器】标签，选中【使用车刀夹持器】复选框；在【跟踪】选项卡中，主要设置刀具的【半径 ID】、【点编号】和【补偿寄存器】等；在【更多】选项卡中，可以设置【MCS 主轴组】等。

注意：在实际车削该轴时，将车床设为前置刀架。在创建刀具时，通过调整"刀具视图"为右视图、"旋转角度"为270°来设置模拟刀具为前置。在设置刀具半径时，建议设置为0，这样最后生成的 NC 程序中的坐标点才符合尺寸要求，否则 UG 将会自动在程序中进行刀尖半径补偿，并以刀具的跟踪点来确定刀轨的输出位置。

（2）创建外圆车刀（精车刀具）

在图 6－16 的左侧对话框中，修改刀具【名称】为"90－1"，单击【右偏精车刀具】工具按钮，弹出图 6－16 中右侧对话框，修改【刀尖半径】为 0.2，其余参数采取默认值即可。单击【确定】按钮完成精车刀具的创建。

图 6－14 创建刀具类型

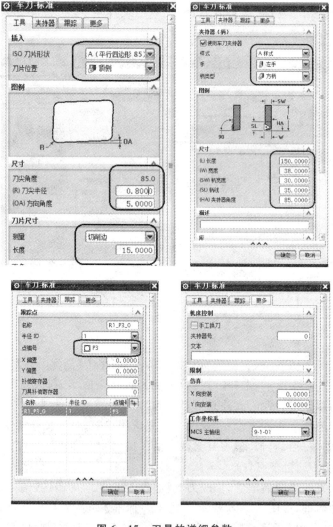

图 6－15 刀具的详细参数

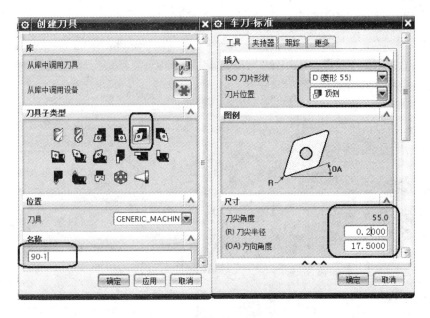

图 6-16　精车刀具的创建

（3）创建外圆槽刀

在图 6-17 的左侧对话框中，修改刀具【名称】为"3mm"，单击【外圆切槽刀】工具按钮，弹出图 6-17 中右侧的两个对话框，修改【半径】为 0，【刀片宽度】为 3，其余尺寸参数采取默认值，单击【跟踪】标签，选择【点编号】为"P8"，其他参数采取默认值即可。单击【确定】按钮完成槽刀的创建。

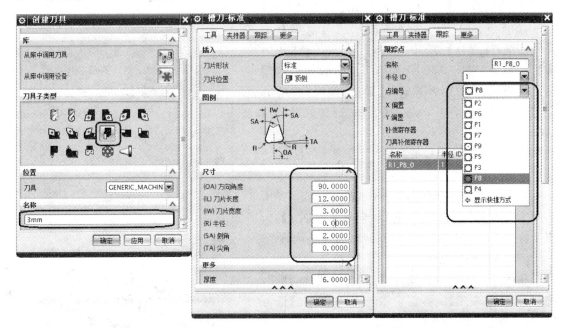

图 6-17　外圆槽刀的创建

（4）创建外螺纹刀

在图 6-18 的左侧对话框中，修改刀具【名称】为"lw60"，单击【外圆螺纹刀】工具按钮，弹出图 6-18 中右侧的两个对话框，因为螺纹是标准定尺寸，所以当有确定的参数时可以进行修改,此处采取默认值,单击【跟踪】标签,选择【点编号】为"P9",其他参数采取默认值即可。单击【确定】按钮完成螺纹刀的创建。

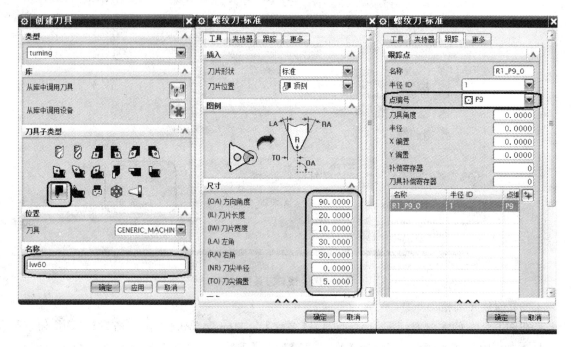

图 6-18　螺纹刀的创建

5. 创建工序

单击【创建工序】工具按钮,弹出【创建工序】对话框,如图 6-19 所示,单击端面【工序子类型】,选择外圆车刀【刀具】为"90 车刀-标准",选择【几何体】为"TURNING_WORKPIECE_1",选择【方法】为"LATHE_ROUGH",单击【确定】按钮(车削的全部工序解释见附表 3)进入【面加工】参数设置对话框,如图 6-20 所示。

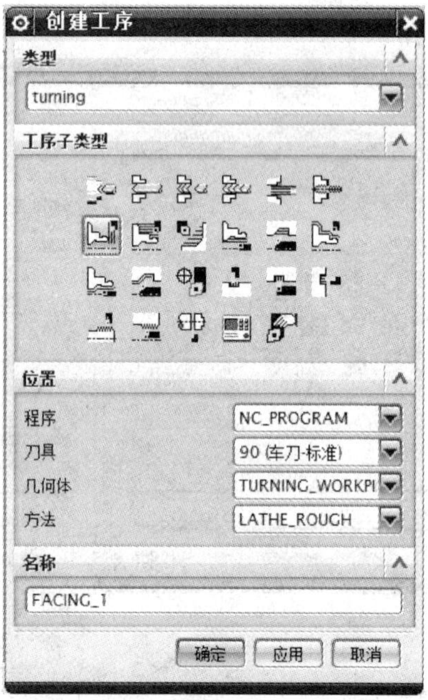

创建工序的步骤如下。

(1)指定切削区域

在图 6-20 中,单击【切削区域】工具按钮,弹出如图 6-21 所示对话框,选择【轴向修剪平面 1】,指定工件坐标系原点为修剪点,其余选项为默认值。

(2)指定切削方法

在图 6-20 中,切削策略选为"单向线性切削",在【与 XC 的夹角】文本框中输入 270,【方向】选为"前进",其余选项为默认值。

(3)指定切削深度

在图 6-20 中,根据工艺修改各参数,在【步距】选项组中,设置【切削深度】为"恒定",【深度】为 0.8 mm。其余选项为默认值。

图 6-19　创建工序

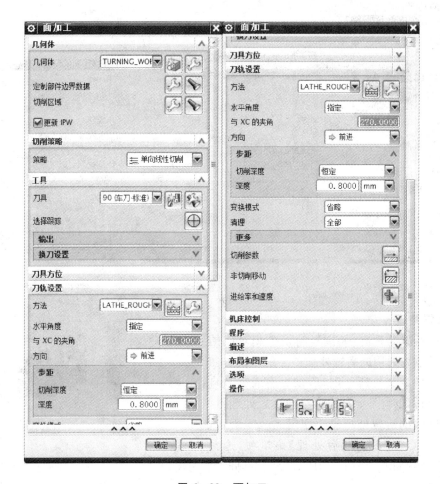

图 6 - 20　面加工

（4）指定加工余量

在图 6 - 20 中,单击【切削参数】工具按钮 ，弹出如图 6 - 22 所示对话框,设置【余量】选项卡中的【面】和【径向】都为 0.5,其余选项保持默认值,单击【确定】按钮。

（5）指定主轴转速

在图 6 - 20 中单击【进给率和速度】工具按钮,弹出如图 6 - 23 所示对话框,设置【主轴速度】选项组中的【输出模式】为 RPM,【主轴速度】设为 500。【方向】设为"顺时针"。【进给率】选项组中的【切削】设为 0.7 mmpr。【更多】选项组中的各参数依次设为 1 500、1 000、800、1 200、1 300、1 500、50、80,单位均为 mmpr。其余选项保持默认值,单击【确定】按钮。

（6）完成端面的创建

在图 6 - 20 中,单击【生成】工具按钮 打开【操作】页面,完成端面 FACING_1 操作的创建。

（7）生成刀具轨迹仿真

在图 6 - 20 中,单击工具按钮 ,弹出模拟界面,切换到【3D 动态】,【动画速度】调整为"2",单击 按钮,最终的仿真图如图 6 - 24 所示。

图 6-21 切削区域　　　　图 6-22 切削余量　　　　图 6-23 进给参数

6. 后置处理

在进行后置处理时,要选择与设备相对应的后置处理器或者通用的后置处理器。由于设备和系统的不同指令会有所差别,所以要生成适合自己的 NC 代码,也就是要制作自己的后置处理器,在此选择默认的后置处理器。如图 6-25 所示,右击"FACING_1",选择【后处理】菜单项,选择

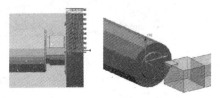

图 6-24 刀具轨迹

"LATHE_2_AXIS_TOOL_TIP"、"公制/部件",填写输出文件的【文件名】,单击【确定】按钮。

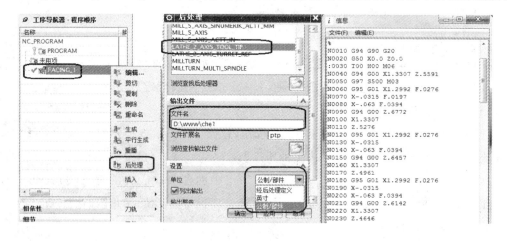

图 6-25 后处理的结果

6.3.2 外圆粗车

单击【创建工序】工具按钮,弹出【创建工序】对话框,如图 6-26 左图所示,单击外圆粗车【工序子类型】,选择外圆车刀【刀具】为"90-1(车刀-标准)",选择【几何体】为"TURNING_WORKPIECE_1",选择【方法】为"LATHE_ROUGH",命名程序【名称】为"c1",单击【确定】按钮(车削的全部工序解释见附表3)进入【外径粗车】参数设置对话框,如图 6-26 右图所示。

创建工序的步骤如下。

1. 指定切削区域

在图 6-26 右图中单击【切削区域】工具按钮,弹出如图 6-27 所示对话框,在【区域选择】选项组中选择"指定"、"指定点"或"自动判断点",然后选取大概的位置,即图 6-28 所示的点位置,单击【确定】按钮。

图 6-26　创建粗车工序　　　　　　　　　　　图 6-27　指定切削区域

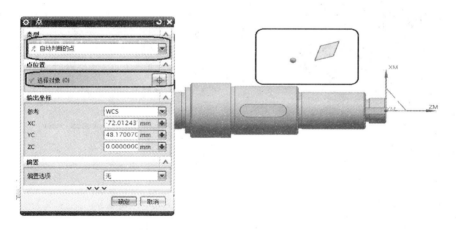

图 6-28　区域选择

单击【确定】按钮弹出如图 6-29 所示对话框,设置加工区域的起始点位置。在【轴向修剪平面 1】选项组中选择"指定点",指定点(0,0,5)为刀具起始点位置;在【轴向修剪平面 2】选项组中选择"指定点",指定点(0,0,-160)为切削终点位置,完成如图 6-29 所示的创建,单击【确定】按钮。

2. 指定切削方法

如图 6-30 所示,切削策略选为"单向线性切削",在【与 XC 的夹角】文本框中输入 180,【方向】选为"前进",其余选项为默认值。

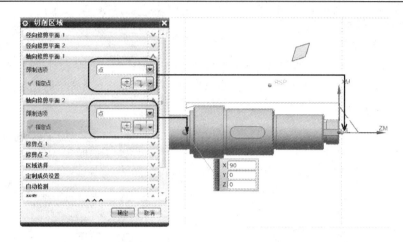

图 6 - 29　指定加工区域的起始位置

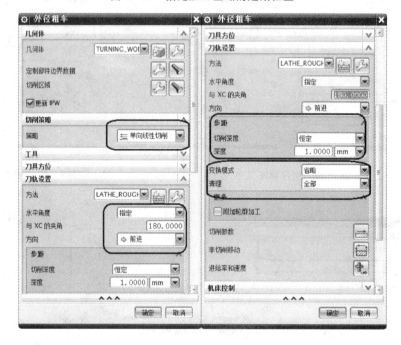

图 6 - 30　切削参数设置

3. 指定切削深度

如图 6 - 30 所示,根据工艺修改各参数,在【步距】选项组中设置【切削深度】为"恒定",【深度】为 1 mm。修改【变换模式】为"省略",【清理】为"全部",其余选项为默认值。

4. 指定加工余量

在图 6 - 30 中单击【切削参数】工具按钮,弹出如图 6 - 31 所示对话框。设置【余量】选项卡中的【面】和【径向】都为 0.5,其余选项保持默认值,单击【确定】按钮。

5. 指定主轴转速

在图 6 - 30 中单击【进给率和速度】工具按钮,弹出如图 6 - 31 所示对话框,设置【主轴速度】选项组中的【输出模式】为 SMM,【表面速度】设为 500。【方向】设为"顺时针"。【进给率】选项组中的【切削】设为 0.4 mmpr。【更多】选项组中的各参数依次设为 1 500、1 000、800、1 200、1 300、1 500、50、80,单位均为 mmpr。其余选项保持默认值,单击【确定】按钮。

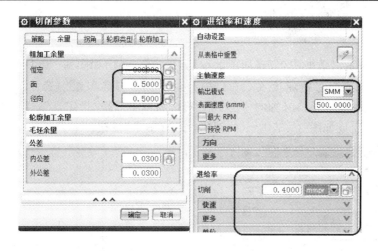

图 6 - 31　余量与转速设置

6. 完成外圆粗车的创建

单击图 6 - 26 右图中的【生成】工具按钮 打开【操作】页面,完成"c1"操作的创建。

7. 生成刀具轨迹仿真

单击图 6 - 26 右图中工具按钮 ,弹出模拟
界面,切换到【3D 动态】,【动画速度】调整为"2",
单击 工具按钮,最终的仿真图如图 6 - 32 所示。

图 6 - 32　粗加工效果

6.3.3　外圆精车

单击【创建工序】工具按钮,弹出【创建工序】对话框,如图 6 - 33 所示,单击外圆精车【工序
子类型】,选择外圆车刀【刀具】为"90 - 1(车刀 - 标准)",【几何体】为"TURNING_WORK-
PIECE_1",【方法】为"LATHE_FINISH",命名程序【名称】为"j1",单击【确定】按钮(车削的全
部工序解释见附表 3)进入【外径精车】参数设置对话框,如图 6 - 34 所示。

图 6 - 33　创建精车工序

图 6 - 34　指定切削区域

创建工序的步骤如下。

1. 指定切削区域

在图 6-34 所示对话框中单击【切削区域】工具按钮,弹出如图 6-35 所示对话框,在该对话框中设置加工区域的起始点位置。在【轴向修剪平面 1】选项组中选择"指定点",指定点 (0,0,5)为刀具起始点位置;在【轴向修剪平面 2】选项组中选择"指定点",指定点(0,0,-160) 为切削终点位置,完成如图 6-35 所示的创建,单击【确定】按钮。

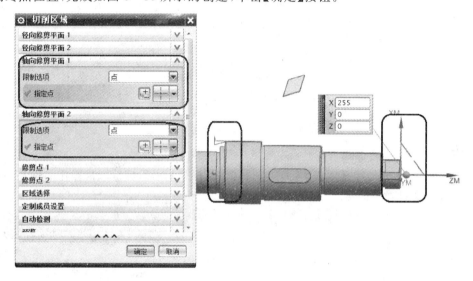

图 6-35　指定加工区域的起始位置

2. 指定切削方法

如图 6-36 所示,切削策略选为"全部精加工",在【与 XC 的夹角】文本框中输入 180,【方向】选为"前进",其余选项为默认值。

3. 指定切削深度

如图 6-37 所示,根据工艺修改各参数,在【步距】选项组中设置【刀路数】为"2",【精加工刀路】为"保持切削方向"。选中【省略变换区】,其余选项为默认值。

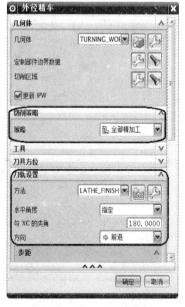

图 6-36　方法设置

图 6-37　步距设置

4．指定加工余量

在图 6 - 37 中单击【切削参数】工具按钮，在弹出的【切削参数】对话框中设置【余量】选项卡中的【面】和【径向】都为 0.0。其余选项保持默认值，单击【确定】按钮。

5．指定主轴转速

在图 6 - 37 中单击【进给率和速度】工具按钮，在弹出的对话框中设置【主轴速度】选项组中的【输出模式】为 RPM，【主轴速度】为 800。【方向】设为"顺时针"；【进给率】选项组中的【切削】设为 60 mmpm。【更多】选项组中的各参数依次设为 1 500、1 000、800、1 200、1 300、1 500、50、80，单位均为 mmpm。其余选项保持默认值，单击【确定】按钮。

6．完成外圆精车的创建

单击图 6 - 34 中的【生成】工具按钮，打开【操作】页面，完成"j1"操作的创建。

7．生成刀具轨迹仿真

单击图 6 - 34 中的工具按钮，弹出模拟界面，切换到【3D 动态】，【动画速度】调整为"2"，单击 ▶ 按钮，最终的仿真图如图 6 - 38 所示。

图 6 - 38　精加工效果

6.3.4　外槽车削

单击【创建工序】工具按钮，弹出【创建工序】对话框，如图 6 - 39 所示。单击外圆精车【工序子类型】，选择外圆槽刀【刀具】为"3MM（槽刀 - 标准）"，选择【几何体】为"TURNING_WORKPIECE_1"，选择【方法】为"LATHE_FINISH"，命名程序【名称】为"cc1"，单击【确定】按钮（车削的全部工序解释见附表 3）进入【外径开槽】参数设置对话框，如图 6 - 40 所示。

图 6 - 39　创建外槽工序

图 6 - 40　指定切削区域

创建工序的步骤如下。

1．指定切削区域

单击图 6 - 40 中的【切削区域】工具按钮，弹出如图 6 - 41 所示对话框，设置加工区域的起始点位置。在【轴向修剪平面 1】选项组中选择"指定点"，指定点(0,0,237)为刀具起始点位

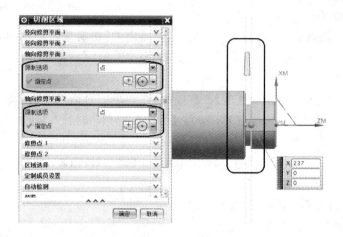

图 6-41　指定加工区域的起始位置

置,在【轴向修剪平面 2】选项组中选择"指定点",指定点(0,0,234)为切削终点位置,完成如图 6-41 所示的创建,单击【确定】按钮。

2. 切削方法

如图 6-42 所示,切削策略选为"单向插削",在【与 XC 的夹角】文本框中输入 180,【方向】选为"前进",其余选项为默认值。

3. 切削深度

如图 6-43 所示,根据工艺修改各参数,在【步距】选项组中设置【步距】为"变量平均值",【最大值】为刀具的 75%,其余选项为默认值。

图 6-42　方法设置

图 6-43　步距设置

4. 指定加工余量

单击图 6-43 中的【切削参数】工具按钮,设置【余量】选项卡中的【面】和【径向】都为0.0。其余选项保持默认值,单击【确定】按钮。

5. 指定主轴转速

单击图 6-43 中的【进给率和速度】工具按钮,设置【主轴速度】选项组中的【输出模式】为RPM,【主轴速度】为 400。【方向】设为"顺时针",【进给率】选项组中的【切削】设为 20 mmpm。【更多】选项组中的各参数依次设为 1 500、1 000、800、1 200、1 300、1 500、50、80,单位均为mmpm。其余选项保持默认值,单击【确定】按钮。

6. 完成外槽的创建

单击图 6-40 中的【生成】工具按钮打开【操作】页面,完成"cc1"操作的创建。

重复上面 6 个步骤生成后面两个槽"cc2"和"cc3"的程序。

7. 生成刀具轨迹仿真

选中"cc1"、"cc2"和"cc3",单击图 6-40 中的工具按钮，弹出模拟界面，切换到【3D 动态】,【动画速度】调整为"2",单击▶按钮，最终的仿真图如图 6-44 所示。

图 6-44　槽加工效果图

6.3.5　外螺纹车削

单击【创建工序】工具按钮，弹出【创建工序】对话框，如图 6-45 所示，单击外螺纹车削【工序子类型】,选择外圆螺纹车刀【刀具】为"LW60(螺纹刀-标准)",选择【几何体】为"TURNING_WORKPIECE_1",选择【方法】为"LATHE_FINISH",命名程序【名称】为"lw",单击【确定】按钮(车削的全部工序解释见附表3),进入【外径螺纹加工】参数设置对话框，如图 6-46 所示。

图 6-45　创建外螺纹工序

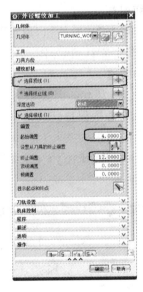

图 6-46　指定螺纹形状

创建工序的步骤如下。

1. 指定螺纹形状

在图 6-46 中设置加工区域的起始点位置，单击【选择顶线】工具按钮，则选择螺纹的上表面线作为顶线，单击【选择根线】工具按钮，则选择螺纹的底线，在【偏置】选项组中输入【起始偏置】为 4、【终止偏置】为 12。

2. 刀轨设置

如图 6-47 所示，根据工艺修改各参数,【切削深度】选择"剩余百分比",【剩余百分比】文本框中输入 30,【最大距离】文本框中输入 3,【螺纹头数】选为 1,其余选项为默认值。

3. 指定螺距

单击【切削参数】工具按钮，在图 6 - 48 中设置【螺距】选项卡中的【螺距选项】和【螺距变化】，在【距离】文本框中输入 3，其余选项保持默认值，如图 6 - 48 所示，单击【确定】按钮。

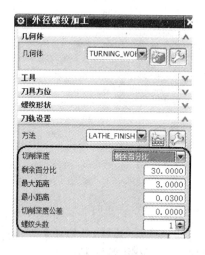

图 6 - 47　刀轨设置

图 6 - 48　切削参数

4. 指定非切削参数

单击【非切削参数】工具按钮，设置【进刀】、【退刀】和【安全距离】等选项卡中的参数，也可以不修改参数而保持默认值，如图 6 - 49 所示，单击【确定】按钮。

5. 指定主轴转速

设置【主轴速度】为 400，因为车削是按照螺距和导成进行车削的，所以进给是自动匹配而不需要设置的，其余选项保持默认值，单击【确定】按钮。

6. 完成螺纹的创建

单击图 6 - 46 中的【生成】工具按钮，打开【操作】页面，完成"lw"操作的创建。最终的仿真图如图 6 - 50 所示。

图 6 - 49　非切削参数

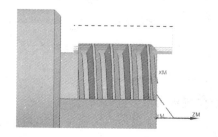

图 6 - 50　螺纹效果

6.3.6　键槽铣削

1. 创建坐标系

单击【创建几何体】工具按钮，进入如图 6 - 51 所示界面，【类型】选择"mill_contour"，【几何体子类型】选择"坐标系",【名称】命名为"d8-1",单击【确定】按钮进入如图 6-52 所示对话框,【类型】选择"动态",选择工件车削坐标系右端面中心点为坐标系原点,将坐标轴转至如图 6-52 所示位置,符合铣削坐标系原则,单击【确定】按钮完成坐标系的创建。

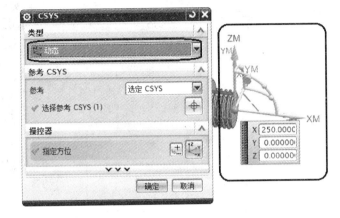

图 6-51　创建坐标系　　　　　　　　图 6-52　坐标系位置

2. 创建刀具

单击【创建刀具】工具按钮,进入如图 6-53 所示对话框,选择【类型】为"mill_contour"(有关铣削类型的解释参见附表 4),【刀具子类型】选为"立铣刀",【名称】命名为"d8",单击【确定】按钮进入如图 6-54 所示对话框,输入刀具的【直径】为 8,其余参数保持默认值,单击【确定】按钮完成刀具的创建。

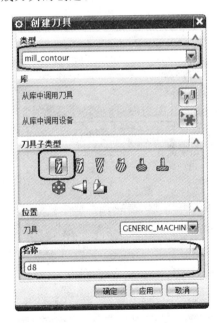

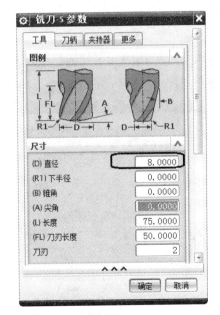

图 6-53　创建刀具类型　　　　　　　图 6-54　修改刀具参数

3. 创建工序

单击【创建工序】工具按钮,弹出【创建工序】对话框,如图 6-55 所示(有关铣削类型的解释参见附表 4),选择【工序子类型】为"型腔铣",选择【刀具】为"D8(铣刀-5 参数)",选择【几何体】为"D8-1",选择【方法】为"METHOD",命名【名称】为"jc1",单击【确定】按钮进入如

图 6-56 所示对话框。

图 6-55 铣削工序对话框

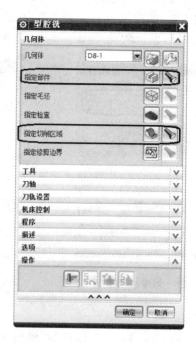

图 6-56 型腔铣对话框

创建工序的步骤如下。

(1) 指定部件

单击【指定部件】工具按钮,指定台阶轴"数模"为"部件几何体",如图 6-57 所示。

(2) 指定切削区域

单击图 6-56 中的【指定切削区域】工具按钮,弹出如图 6-58 所示对话框,选择键槽侧壁和键槽底面为加工区域。

图 6-57 部件几何体

图 6-58 切削区域

(3) 指定切削方法

如图 6-59 所示,【切削模式】选择"跟随周边"。常见的切削模式简介如表 6-5 所列。

表 6-5　常用切削模式简介

切削模式	简　介
往复式	Zig-Zag 产生一系列平行、连续的线性往复刀轨,因此切削效率高。这种切削方法的顺铣与逆铣并存。改变操作的顺铣和逆铣选项不影响其切削行为。但是如果启用操作中的清壁功能,则会影响清壁刀轨的方向以维持清壁是纯粹的顺铣和逆铣
单向	Zig 产生一系列单向的平行线性刀轨,因此回程是快速横越运动。Zig 基本能够维持单纯的顺铣或逆铣
跟随周边	产生一系列同心封闭的环行刀轨,这些刀轨的形状是通过偏移切削区域的外轮廓获得的。跟随周边的刀轨是连续切削的刀轨,且基本能够维持单纯的逆铣或顺铣,因此既有较高的切削效率,也能维持切削稳定和高质量
跟随部件	产生一系列由零件外轮廓和内部岛屿形状共同决定的刀轨
配置文件	产生单一或指定数量的绕切削区域轮廓的刀轨。主要是实现对侧面轮廓的精加工
摆线	摆线切削模式采用回环来控制嵌入的刀具。当需要限制过大的步距以防止刀具在完全嵌入切口时折断,且需要避免过量的切削材料时,使用此功能。在进刀过程中的岛和部件之间,以及形成锐角的内拐角和窄区域中,几乎总会产生内嵌区域,摆线切削可以消除这些区域
轮廓加工	轮廓加工切削模式(仅限平面铣)是一种铣削外轮廓的切削方法,它允许刀具准确地沿着指定的边界运动,从而不需要再应用"轮廓铣"中使用的自动边界修剪功能
单向轮廓	单向轮廓创建的单向切削模式将跟随两个连续的单向刀路间切削区域的轮廓,它将严格保持"顺铣"或"逆铣"。程序根据沿切削区域边缘的第一个单向刀路来定义"顺铣"或"逆铣"刀轨

（4）指定切削深度

如图 6-60 所示,根据工艺修改各参数,【步距】选为"刀具平直百分比",【平面直径百分比】文本框中输入 50,【公共每刀切削深度】选为"恒定",【最大距离】设为 0.5,其余选项为默认值。

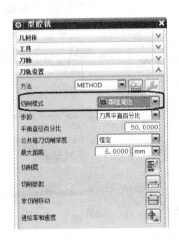

图 6-59　切削模式

图 6-60　切削深度

步距指切削刀路之间的距离。用户可直接通过输入一个常数值或刀具直径的百分比来指定该距离,也可间接地通过输入残余高度,并使用程序计算切削刀路间的距离来指定该距离。

在"步距"下拉列表框中包含 4 个子选项:恒定、残余高度、刀具平直百分比和变量平均值。

"恒定"是在连续的切削刀路间指定固定的距离。若选择"恒定"步距,则可在下方的文本框中输入允许的范围值,并选择值的单位或定义。如果刀路之间的指定距离没有均匀分割为区域,则程序会减小刀路之间的距离,以便保持恒定步距。

"残余高度"选项指定两个刀路间剩余材料的高度,从而在连续切削刀路间确定固定的距离。程序将计算所需要的步距,从而使刀路间的残余高度为指定的高度。

由于边界形状不同,因此所计算出的每次切削的步距也不同。为了保护刀具在移除材料的负载时不至于过重,最大步距被限制在刀具直径长度的 2/3 以内。

"刀具平直百分比"选项是以指定刀具的有效直径的百分比,在连续切削刀路之间建立的固定距离。

"变量平均值"选项可以为往复、单向和单向轮廓创建步距,该步距能够被调整以保证刀具始终与平行于单向和回转切削的边界相切。

对于往复和单向的轮廓切削模式,"变量平均值"选项允许建立一个范围值,程序将使用该值来确定步距的大小之和。程序将计算出最小步距值,这些步距可将平行于单向和回转刀路的壁面间的距离均匀分割,同时程序调整步距以保证刀具始终沿着壁面进行切削而不会剩下多余的材料。

若最大和最小步距都指定相同的值,则程序将严格地生成一个固定的步距值,这可能导致刀具在沿平行于单向和回转切削的壁面进行切削时留下未切削的材料。

"公共每刀切削深度"指定切削层的最大深度。它分为"恒定"和"残余高度"两项,其中"恒定"对应的是最大距离,实际深度将尽可能接近每刀深度值,并且不会超过它,而"残余高度"的参数设置值是最大残余高度。

"最大距离"值将影响自动生成或单个模式中所有切削范围的每刀最大深度。对于用户定义模式,如果所有范围都具有相同的初始值,那么"公共每刀切削深度"将应用在所有这些范围中。如果它们的初始值不完全相同,则程序将询问用户是否将新值应用到所有范围。

(5) 指定加工余量

如图 6-61 所示,【切削参数】对话框中的主要选项内容如下,其余选项保持默认值:

> 【余量】|【使底面余量和侧面余量一致】 选中此复选框使底面和侧壁余量一致。若不选此复选框,则下方将显示"部件底面余量"选项,此时可输入与侧面余量不同的值。

> 【余量】|【部件侧面余量】 指定壁上的剩余材料是在每个切削层上沿着垂直于刀轴的方向(水平)测量的。

> 【拐角】|【调整进给率】 提供控制拐角中进给率的选项,包括"无"和"在所有的圆弧上"。"无"表示不提供进给率的调整;"在所有的圆弧上"表示将显示

图 6-61 指定加工余量

"最小补偿因子"和"最大补偿因子"文本框。"最小补偿因子"提供缩小进给率的最小减速因子。"最大补偿因子"提供缩小进给率的最大减速因子。

> 【拐角】|【减速距离】 提供刀轨中使用的进给率的减速距离,包括"无"、"当前刀具"和"上一个刀具"3 个选项。

> ➤【空间范围】|【修剪方式】　使处理器在没有明确定义"毛坯几何体"的情况下识别出型芯部件的"毛坯几何体",包括"无"和"轮廓线"选项。"无"(容错加工打开)表示使用面、片体或曲面区域的外部边在每个切削层中生成刀轨,方法是沿着边缘来定位刀具,并将刀具向外偏置,偏置值为刀具的半径;并定义"部件几何体"的面、片体或曲面区域与"部件几何体"的其他边缘不相邻。"轮廓线"(容错加工关闭)表示使用部件几何体的轮廓来生成刀轨(与"无"不同,其中可包含"体"几何体),方法是沿着部件几何体的轮廓来定位刀具,并将刀具向外偏置,偏置值为刀具的半径。可以将轮廓线当做部件沿刀轴投影所得的"阴影"。

> ➤【空间范围】|【处理中的工件】　是指 IPW。NX 软件使用 IPW 的多个定义来处理先前操作剩余的材料。

> ➤【空间范围】|【小于最小值时抑制刀轨】　控制操作在仅移除少量材料时是否输出刀轨。

> ➤【空间范围】|【小封闭区域】　允许用户指定如何处理腔体或孔之类的小特征。其中的选项"切削"表示切削特征,"忽略"表示横切特征。

(6) 指定切削进给

如图 6-62 所示,设置【主轴速度】选项组中的输出模式为 RPM,【主轴速度】为 1 200。【方向】设为"顺时针";【进给率】选项组中的【切削】设为 400 mmpm,单击【确定】按钮。

图 6-62　切削进给

(7) 完成键槽的创建

单击【生成】工具按钮，,打开【操作】页面,完成"jc1"操作的创建。

(8) 生成刀具轨迹仿真

单击工具按钮，,弹出模拟界面,切换到【3D 动态】,【动画速度】调整为"2",单击 按钮完成槽的加工,最终的仿真图如图 6-63 和图 6-64 所示。

图 6-63　刀具轨迹图

图 6-64　仿真效果图

6.3.7　工序复制加工

本章基本都包含了轴类零件所能应用到的 CAM 工序,后面按照工艺是车削和铣削轴类零件的另外一端,操作过程相似,在此不再复述。

第7章 叉架类典型零件 UG NX9.0 CAM 加工编程

本章重点内容：
* 叉架类典型零件加工工艺分析
* 叉架类典型零件加工工艺规划
* 叉架类典型零件的加工过程
* 叉架类典型零件的 CAM 加工策略

CAM 软件编程都是在加工工艺基础上进行的，没有工艺的编程是没有意义的。本章将对简单叉架类零件进行讲解，以帮助掌握其基本零件的加工工艺和 CAM 加工策略。叉架类零件中的拨叉是机器中经常遇到的典型零件之一。

7.1 零件加工信息分析

7.1.1 拨叉的加工信息

零件图和加工要求如图 7-1 所示。

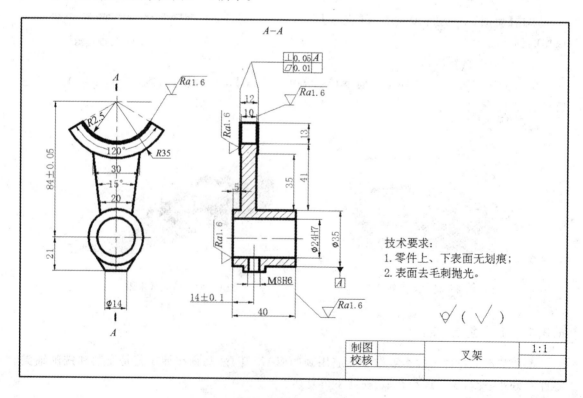

图 7-1 加工任务图

7.1.2 零件分析

拨叉零件是拖拉机变速箱换挡机构中的一个主要零件。拨叉头用 $\phi 24$ 孔套安装在变速叉轴上,并用螺钉经 M8H6 螺纹孔与变速叉轴联结,拨叉脚夹在双联变换齿轮的槽中。当需要变速时,操纵变速杆,变速操纵机构则通过拨叉头部的操纵槽带动拨叉与变速叉轴一起在变速箱中滑移,拨叉脚拨动双联变换齿轮在花键轴上滑动以改换档位,从而改变拖拉机的行驶速度。

7.1.3 精度分析

在图 7-1 中,对拨叉头孔尺寸的要求很高,最高为 $\phi 24_0^{+0.021}$,对拨叉角两端面的高度尺寸 $12_{-0.08}^0$ 的要求也很高,其余尺寸可以查表求得,对垂直度的要求也是本零件的一个重要精度,必须保证,这样,在工艺方法和工艺制定时将最终以磨削来达到最高精度要求。

7.2 零件加工工艺分析

由零件图 7-1 可知,其材料为 45 钢。该材料具有足够的强度、刚度和韧性,适用于承受弯曲应力和冲击载荷作用的工作条件。

该拨叉的形状特殊、结构简单,属于典型的叉架类零件。为了实现换挡和变速的功能,其叉轴孔与变速叉轴有配合要求,因此加工精度要求较高。叉脚两端面在工作中需承受冲击载荷,为了增强其耐磨性,该表面要求进行高频淬火处理,硬度为 48～58HRC;为了保证拨叉在换挡时叉脚受力均匀,要求叉脚两端面对叉轴孔 $\phi 24_0^{+0.021}$ 的垂直度为 0.05 mm,其自身的平面度为 0.08 mm。为了保证拨叉在叉轴上有准确的位置,使改换档位准确,拨叉采用紧固螺钉定位。螺纹孔的尺寸为 M8H6。

拨叉头两端面和叉脚两端面均要求切削加工,并在轴向上均高于拨叉头两端面和叉脚两端面的相邻表面,这样既减小了加工面积,又提高了换挡时叉脚端面的接触刚度;$\phi 24_0^{+0.021}$ 孔和 M8H6 孔的端面均为平面,这样可以防止加工过程中钻头钻偏,以保证孔的加工精度。另外,该零件除了主要工作表面(拨叉脚两端面、变速叉轴孔 $\phi 24_0^{+0.021}$)外,其余表面的加工精度均较低,不需要使用高精度机床加工,通过铣削、钻和攻丝的粗加工即可达到加工要求;而主要工作表面虽然加工精度相对较高,但也可在正常生产条件下,采用较经济的方法保质保量地加工出来。由此可见,该零件的工艺性较好。

该零件的主要工作表面为拨叉脚两端面和叉轴孔 $\phi 24_0^{+0.021}$(H7),因此在设计工艺规程时应重点予以保证。

7.2.1 毛坯的选择

由于该拨叉在工作过程中需要承受冲击载荷,为了增强拨叉的强度和冲击韧度,获得纤维组织,毛坯选用锻件、45 钢。该拨叉的轮廓尺寸不大,毛坯为模锻,非工作表面不加工。工作表面的毛坯余量为 3 mm。

7.2.2 定位夹紧

1. 基准的选择

叉轴孔 $\phi 24_0^{+0.021}$ 的轴线是拨叉脚两端面的设计基准,拨叉头左端面是拨叉轴向尺寸的设计基准。选用叉轴孔 $\phi 24_0^{+0.021}$ 的轴线和拨叉头左端面作为精基准来定位加工拨叉脚两端面,实现了设计基准与工艺基准的重合,保证了被加工表面的垂直度要求。

2.粗基准的选择

选择变速叉轴孔 $\phi24$ 的外圆面和拨叉头右端面作为粗基准。采用 $\phi24$ 的外圆面来定位加工内孔可保证孔的壁厚均匀;采用拨叉头右端面作为粗基准加工左端面,可以为后续工序准备好精基准。

7.2.3 加工顺序与进给路线

1.表面加工方法的确定

根据零件图上各加工表面的尺寸精度和表面粗糙度要求,拨叉角两端面的加工采用粗铣→半精铣→磨削;拨叉头孔的加工采用钻→扩→粗铰→精铰;除螺纹外,其他部位的加工采用粗铣→半精铣;螺纹的加工采用机攻实现。在数控设备上完成工序的集中加工。加工顺序表如表 7-1 所列。

表 7-1 加工顺序表

序 号	加工表面	尺寸及偏差/mm	尺寸精度等级	表面粗糙度/μm	加工方案
1	拨叉角两端面	$12^0_{-0.08}$	IT10	$Ra3.2$	粗铣→半精铣→磨削
2	拨叉头孔	$\phi24^{+0.021}_0$	IT7	$Ra1.6$	钻→扩→粗铰→精铰
3	螺纹孔	M8H6	IT6	$Ra3.2$	钻→丝锥攻内螺纹
4	拨叉头左端面	$40^0_{-0.1}$	IT10	$Ra6.3$	粗铣→半精铣
5	拨叉头右端面	$40^0_{-0.1}$	IT10	$Ra3.2$	粗铣→半精铣
6	拨叉角内表面	$R25$	IT12	$Ra6.3$	粗铣
7	凸台	12	IT13	$Ra12.5$	粗铣

2.加工顺序的确定

遵循"先基准后其他"的原则,首先加工精基准——拨叉头左端面和叉轴孔 $\phi24^{+0.021}_0$;遵循"先粗后精"的原则,先安排粗加工工序,后安排精加工工序;遵循"先主后次"的原则,先加工主要表面——拨叉头左端面、叉轴孔 $\phi24^{+0.021}_0$ 和拨叉脚两端面,后加工次要表面——螺纹孔;遵循"先面后孔"的原则,先加工拨叉头端面,再加工叉轴孔 $\phi24^{+0.021}_0$;先铣凸台,再加工螺纹孔 M8。

热处理工序是:模锻成型后切边,进行调质,调质硬度为 $241\sim285$HBS,并进行酸洗和喷丸处理。叉脚两端面在精加工之前进行局部高频淬火,以提高其耐磨性和在工作中承受冲击载荷的能力。在后面的加工工艺表(表 7-4,内容见后)中,在工序 12 和工序 14 之间增加了热处理工序,即拨叉脚两端面局部淬火。

辅助工序是:在粗加工拨叉脚两端面和热处理后,安排校直工序;在半精加工后,安排去毛刺和中间检验工序;在精加工后,安排去毛刺、清洗和终检工序。

7.2.4 刀具的选择

刀具的选择如表 7-2 所列。

表 7-2 刀具表

产品名称			零件名				零件图号	
工步号	刀具号	刀具型号	刀柄型号	刀 具				备 注
				直径 D/mm	长度 H/mm	刀尖半径 R/mm	刀尖方位	
1	T01	$\phi60$ 面铣刀	BT40	60		0.8		
2	T02	$\phi2A$ 型中心孔	BT40	2				
3	T03	$\phi10$ 立铣刀	BT40	10		0.1		
4	T04	$\phi4$ 立铣刀	BT40	4				

产品名称					零件名		零件图号		
工步号	刀具号	刀具型号	刀柄型号	刀具					备 注
				直径 D/mm	长度 H/mm	刀尖半径 R/mm	刀尖方位		
5	T05	$\phi6.8$ 钻头	BT40	6.5					
6	T06	$\phi23$ 钻头	BT40	21					
7	T07	$\phi24$ 铰刀	BT40	24					
8	T08	M8 丝锥	BT40	Φ8					
编制		审核		批准			共 页		第 页

7.2.5　切削用量的选择

切削用量的选择如表 7 - 3 所列。

表 7 - 3　切削用量选择表

序　号	加工内容	刀具号	主轴转速/(r·min^{-1})	进给量/(mm·r^{-1})	背吃刀量/mm
1	粗铣拨叉头上、下毛坯面,精铣基准面	T01	200	60	0.5
2	加工 $\phi24$ 定位孔	T02	1 000	30	
3	粗、半精铣凸台及叉爪口内表面	T03	1 500	300	0.5
4	精加工凸台及叉爪口内表面	T04	2 000	120	0.2
5	钻 M8 螺纹底孔	T05	800	40	
6	扩孔钻 $\phi24$ 底孔	T06	240	60	
7	粗、精铰加工 $\phi24$ 孔	T07	80	10	0.1
8	攻丝 M8 孔	T08	100	150	

7.2.6　加工工艺方案

定位基准有粗基准和精基准之分,通常先确定精基准,然后再确定粗基准。综上所述,该拨叉加工的安排顺序为:基准加工——主要表面的粗加工及一些余量大的表面的粗加工→主要表面的半精加工和次要表面的加工→热处理→主要表面的精加工。数控加工工艺如表 7 - 4 所列。

表 7 - 4　数控加工工艺卡片(简略卡)

机械加工工艺卡片		产品型号		零件图号		共 1 页
		产品名称		零件名称		第 1 页
材　料	毛坯种类	毛坯外形尺寸		毛坯件数	加工数量	程序号
45#	方料			1		
工序号	工序名称	工序内容			加工设备	
1	粗铣拨叉头两端面 *	粗铣拨叉头两端面 $Ra12.5\mu m$,控制尺寸 $42_{-0.1}^{0}$				
2	半精铣拨叉头左端面 *	半精铣拨叉头左端面 $Ra6.3\mu m$,控制尺寸 $41_{-0.1}^{0}$				
3	钻、扩、粗绞、精绞 $\phi24$ *	钻、扩、粗绞、精绞 $\phi24_{0}^{+0.021}$、$Ra1.6\mu m$				
4	粗铣拨叉脚两端面 *	粗铣拨叉脚两端面 $Ra12.5\mu m$,控制尺寸 $14_{-0.1}^{0}$			XK714	
5	校正拨叉脚					
6	铣叉爪口内表面 *	铣叉爪口内侧面 $Ra6.3\mu m$,控制尺寸 $R25$				
7	半精铣拨叉脚两端面 *	半精铣拨叉脚两端面 $Ra6.3\mu m$,控制尺寸 12.5 ± 0.1				
8	半精铣拨叉头右端面 *	半精铣拨叉脚两端面 $Ra3.2\mu m$,控制尺寸 $40_{-0.1}^{0}$				

续表 7-4

机械加工工艺卡片		产品型号		零件图号		共 1 页
		产品名称		零件名称		第 1 页
材　料	毛坯种类	毛坯外形尺寸	毛坯件数	加工数量	程序号	
45#	方料		1			
工序号	工序名称	工序内容		加工设备		
9	粗铣凸台 *	粗铣拨凸台,控制尺寸 21 mm				
10	钻、攻丝 M8 螺纹孔 *	钻、攻螺纹,控制尺寸 M8H6				
11	去毛刺					
12	中间检验					
13	热处理					
14	校正拨叉脚			磨床		
15	磨削拨叉脚两端面	精铣拨叉脚两端面 $Ra3.2\ \mu m$、控制尺寸 $12^{0}_{-0.08}$				
16	清洗					

注:* 为 CAM 加工自动编程工序内容。

7.2.7　CAM 策略的选择

1. CAM 模型

拨叉的 CAM 模型如图 7-2 所示。

2. CAM 策略

如图 7-3 所示,根据工艺选择以下 CAM 工序内容:

① UG 型腔铣加工;

② UG 铣孔加工;

③ UG 铣螺纹加工;

④ UG 侧壁加工;

⑤ UG 定位孔加工;

⑥ UG 钻孔加工;

⑦ UG 铰孔加工;

⑧ UG 攻丝加工。

图 7-2　CAM 模型

型腔铣　　铣孔　　铣螺纹　　侧壁加工　　定位孔加工　　钻孔　　铰孔　　攻丝

图 7-3　CAM 策略选择

7.3　CAM 加工实施过程

7.3.1　平面铣削

1. 创建加工坐标系

双击打开 UG NX9.0 软件,单击【打开】工具按钮,打开命名为"10-1"的数模,选择【开

始】|【加工】菜单项,如图7-4所示,出现如图7-5所示对话框。选择【CAM 会话配置】和【要创建的 CAM 设置】"CAM 会话配置"和"要创建的 CAM 设置"的具体解释查附表1和附表2)进入加工环境,单击【创建几何体】工具按钮,在【几何体子类型】中选择坐标系,可以根据需要修改几何体名称,此时修改为"10-1-01",如图7-6所示。创建坐标系如图7-7所示,选择圆中心为坐标系原点,单击【确定】按钮完成坐标系的创建。

图7-4 进入加工环境

图7-5 配置加工环境

图7-6 创建几何体

图7-7 MCS 创建对话框

2. 创建毛坯

在【创建几何体】对话框中,单击【几何体子类型】选项组中的【WORKPIECE】工具按钮,【名称】默认为"WORKPIECE_1",如图7-8所示,单击【确定】按钮进入工件对话框;单击【指定部件】工具按钮,选择拨叉为部件;单击【指定毛坯】工具按钮,进入毛坯设置对话框,如图7-9所示,选择【类型】为"部件的偏置",【偏置】设为3,单击【确定】按钮完成几何体的创建。

3. 创建刀具

(1) 创建铣刀

单击【创建刀具】工具按钮,弹出如图7-10所示对话框,修改刀具【名称】为"D60"。在刀具参数对话框中,修改面铣刀刀具直径为60 mm,单击【确定】按钮完成面铣刀的创建。用同样的方法创建直径为 10 mm 和 4 mm 的立铣刀具，单击机床视图可以看到所创建的所有刀具，如图 7-11 所示。

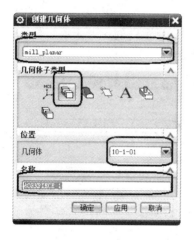

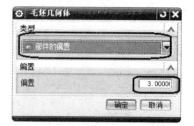

图 7-8　创建几何体　　　　　　　　图 7-9　毛坯几何体

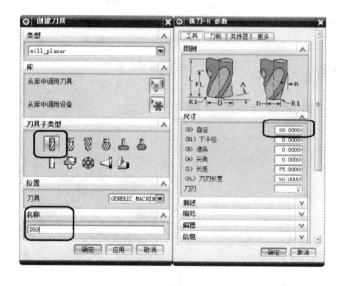

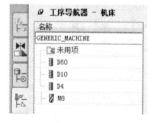

图 7-10　创建铣刀　　　　　　　　图 7-11　机床视图

（2）创建丝锥

单击【创建刀具】工具按钮，弹出如图 7-12 所示对话框，修改刀具【名称】为"M8"。在刀具参数对话框中修改以下刀具参数：刀具【直径】为 8 mm，【颈部直径】为 7 mm，刀具【长度】为 100 mm，【刀刃长度】为 50 mm，【刀刃】为 4，【螺距】为 1.25 mm，【成形类型】为公制，单击【确定】按钮完成丝锥的创建，如图 7-11 所示。

（3）创建钻头

单击【创建刀具】工具按钮，【刀具子类型】选择中心钻，修改刀具【名称】为"D2ZUAN"，单击【确定】按钮弹出刀具参数对话框，修改刀具【直径】为 2 mm，其他参数保持默认值，单击【确定】按钮完成中心钻的创建，如图 7-13 所示。同样的过程可创建不同直径的钻头，分别为：直径为 6.5 mm 的底孔钻钻头，命名为"D6.5ZUAN"；直径 21 mm 的钻头，命名为"D21ZUAN"；直径为 24 mm 的铰刀，命名为"D24JIAODAO"，效果如图 7-14 所示。

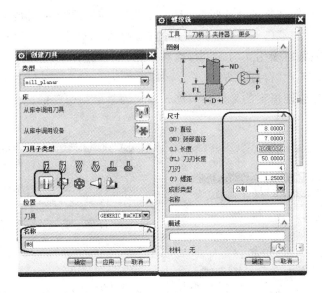

图 7 - 12　丝锥的创建

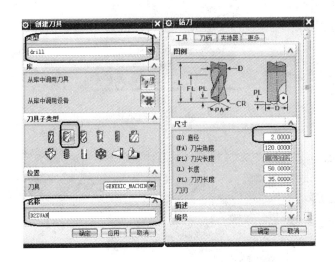

图 7 - 13　中心钻的创建

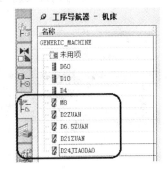

图 7 - 14　钻头的创建

4. 创建工序

单击【创建工序】工具按钮，弹出【创建工序】对话框，如图 7 - 15 所示，在【工序子类型】选项组中单击【面铣】工具按钮，选择【刀具】为"D60（铣刀 - 5 参数）"，选择【几何体】为"WORK-PIECE_1"，选择【方法】为"MILL_ROUGH"，程序【名称】为"FACE_1"，单击【确定】按钮进入面铣加工参数设置对话框，如图 7 - 16 所示。

创建工序的步骤如下。

（1）指定面边界

单击【指定面边界】工具按钮，弹出如图 7 - 17 所示对话框，选择上表面为边界面，其余选项为默认值。有以下三种方法指定面边界：第一种，线，在"创建永久边界"时，可利用所创建的"边界"作为修剪边界或其他任意边界。在使用时只允许定义其修剪内部或外部，当作为其他边界使用时，定义其材料侧即可。第二种，面，当选择模式为面时，系统将自动采用所选面的边缘线作为边界，这时，只须定义其修剪侧或材料侧即可。但要注意：当使用面时，并没有定义要投影的选项,要想利用面选择的边界投影,只有在选完面后先"确定"退出,再编辑把所选边界投影到某一平面,还要注意忽略孔、岛和倒角的使用(所选择的面可以用其他任意面)。第三种,点,其选择方法只针对于用切削线进行修剪的情况,在应用时要注意! 进刀线和退刀线永远不会超越"部件边界"和"检查边界"。

应使用检查边界连同指定的部件几何体来定义刀具必须避免的区域。检查边界的指定方法与边界相同。

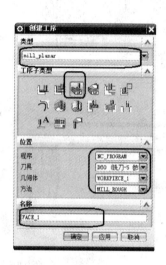

图 7-15 创建工序

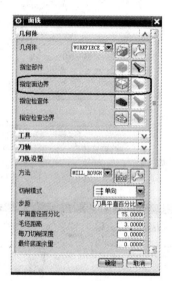

图 7-16 面铣对话框

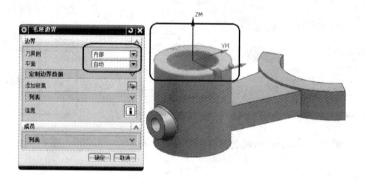

图 7-17 毛坯边界选择

(2) 刀轨设置

切削【方法】为"MILL_ROUGH";【切削模式】为"往复";【步距】设置为"刀具平直百分比",【平面直径百分比】为 50%;【毛坯距离】为 3 mm;【每刀切削深度】为 0.5 mm,【最终底面余量】为 0,如图 7-18 所示。

(3) 指定切削参数

设置【切削方向】为"顺铣",【切削角】为"指定",指定【与 XC 的夹角】为 180°,其余参数保持默认值。如图 7-19 所示。

(4) 指定非切削移动参数

如图 7-20 所示,设置【进刀】|【封闭区域】的【进刀类型】为"与开放区域相同",【开放区域】的【进刀类型】为"线性",其【长度】为 60 mm,退刀设置为抬刀,其余选项保持默认值,单击【确定】按钮。

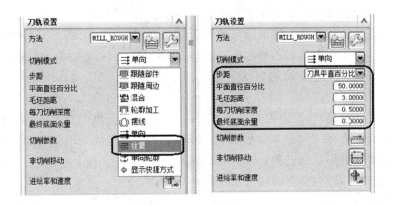

图 7-18　刀轨设置

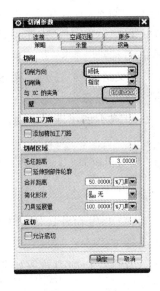

图 7-19　切削参数

图 7-20　非切削参数

【非切削移动】对话框用于指定在切削移动之前、之后以及之间对刀具进行定位的移动,包括刀具补偿。非切削移动控制如何将多个刀轨段连接为一个操作中相连的完整刀轨。非切削移动在切削运动之前、之后和之间定位刀具。

非切削移动可以简单到单个的进刀和退刀,或者复杂到一系列定制的进刀、退刀和移刀(离开、移刀、逼近)运动,这些运动的设计目的是协调刀路之间的多个部件曲面、检查曲面和提升操作。【非切削移动】对话框中有 6 个选项卡:进刀、退刀、起点/钻点、转移/快速、避让和更多。下面对主要的选项卡进行介绍。

1)【进刀】选项卡

【进刀】选项卡主要设置加工区域为封闭区域或开放区域的进刀参数。封闭区域是指刀具到达当前切削层(深度加工)之前必须切入部件材料的区域。开放区域是指刀具可以凌空进入当前切削层(深度加工)的区域。各选项的含义如下:

> "进刀类型"(封闭区域)　指刀具的切入方式。封闭区域的进刀类型包括"与开放区域相同"、"螺旋"、"沿形状斜进刀"、"插销"和"无"。选择"与开放区域相同"方式只设置在开放区域的进刀参数,封闭区域的进刀将与其相同。"螺旋"方式将创建与第一个切削运动相切的、无碰撞的螺旋状进刀移动。"沿形状斜进刀"方式创建一个倾斜进刀移

动,该进刀会沿着第一个切削运动的形状移动。"插销"方式直接从指定高度进刀到部件内部,但高度值必须大于要加工的面上剩余材料的量。"无"方式将不输出任何进刀移动,这消除了在刀轨起点的相应逼近移动,并消除了在刀轨终点的离开移动。

➤ "直径"(螺旋) 螺旋线的默认直径是刀具直径的 90%,允许螺旋线与刀有 10% 的重叠。

➤ "倾斜角度"(螺旋) 控制刀具切入材料内的斜度,该角度是在与部件表面垂直的平面中测量的,其值必须大于 0°且小于 90°。

➤ "倾斜角度"(沿形状斜进刀) 控制刀具切入材料内的斜度,该角度是在与部件表面垂直的平面中测量的,其值必须大于 0°且小于 90°。

➤ "进刀类型"(开放区域) 开放区域的进刀类型有如下 9 种。"与封闭区域相同"方式是使用与"封闭区域"相同的设置;"线性"方式会在与第一个切削运动相同方向的指定距离处创建进刀移动。"线性-相对于切削"方式创建与刀轨相切(如果可行)的线性进刀移动,除了旋转角度始终相对于切削方向外,该方式与"线性"方式相同。"圆弧"方式创建一个与切削移动起点相切(如果可能)的圆弧进刀移动。"点"方式将为线性进刀指定起点。"线性-沿矢量"方式使用矢量构造器来定义进刀的方向。"角度-角度-平面"方式将指定起始平面,旋转角度和倾斜角度定义进刀的方向。"矢量平面"方式指定起始平面,使用矢量构造器定义进刀的方向。"无"方式不创建进刀移动。

2)【退刀】选项卡

【退刀】选项卡控制退刀的参数设置。【退刀】选项卡中的退刀设置与【进刀】选项卡中的进刀设置相同,这里不再赘述。

3)【起点/钻点】选项卡

【起点/钻点】选项卡用于设置切削的多个起点和预钻点,这些点在默认情况下是对齐的。【起点/钻点】选项卡的选项含义如下:

➤ "重叠距离" 指定切削结束点与起点的重合深度。刀轨在切削刀轨原始起点的两侧同等地重叠(A 为重叠距离)。

➤ "有效距离" 选择"指定"以输入一个最大值,让程序忽略该距离以外的点;选择"无",程序将使用任何点。

➤ "预钻点" 代表预先钻好的孔,刀具将在没有任何特殊进刀的情况下下降到该孔,并开始加工。

4)【转移/快速】选项卡

【转移/快速】选项卡的作用是指定如何从一个切削刀路移动到另一个切削刀路。【转移/快速】选项卡各选项的含义如下:

➤ "安全设置" 此选项用于设置安全平面。其中包含 4 种类型:"使用继承的"类型指使用 MCS 中指定的安全平面;"无"类型指不使用安全平面;"自动"类型指将安全距离值添加到消除部件几何体的平面中。"平面"类型使用平面构造器来为该操作定义安全平面。

➤ "安全距离" 指定要与前一个平面、毛坯平面或最小的安全 Z 值相加以便安全地清除障碍的距离。

➤ "传递类型"(区域之间) 指定要将刀具移动到的位置。传递类型有 5 种:"间隙"类型指返回到用安全距离选项指定的安全几何体。"前一平面"类型指返回可以安全传递的前一深度加工(切削层)。"直接"类型指在两个位置之间进行直接连接。"最小安全值"类型首先应用直接运动(如果它是无过切的),否则最小的安全值将使用先前的深度加工安全平面。"平面"类型指定切削层中最高的平面。

5)【避让】选项卡

【避让】选项卡用于设置刀具的避让,如出发点、起点、返回点和回零点。【避让】选项卡中有 4 个选项组,各选项组中各选项的含义是相同的。因此,仅介绍其中一个选项组的选项:

> "点" 包括"无"和"指定"2 个选项。

> "无" 指不指定出发点。

> "指定" 可通过点构造器或选择预定义点来定义出发点。

(5) 指定主轴转速

如图 7-21 所示,设置【主轴速度】选项组中的输出模式为 RPM,【主轴速度】为 196。【方向】设为"顺时针";【进给率】选项组中的【切削】设为 300 mmpm。【更多】选项组中的各参数依次设为 1 500、1 000、800、1 200、1 300、1 500、100、300,单位均为 mmpm。其余选项保持默认值,单击【确定】按钮。

【进给率和速度】对话框用于指定主轴速度和进给率。单击【进给率和速度】工具按钮,弹出【进给率和速度】对话框,该对话框包括 3 个功能选项组:自动设置、主轴速度和进给率。

图 7-21 主轴进给参数

1)【自动设置】选项组

控制工件的表面速度和每齿进给量。单击【设置加工数据】工具按钮可从加工数据库中调用匹配用户所选择的部件材料的加工数据。其中,当部件材料、刀具材料、切削方法和切削速度参数指定完毕后,单击【从表格中设置】工具按钮,就会使用这些参数推荐从预定义表格中抽取适当的【表面速度】和【每齿进给量】的值。之后,根据处理器的不同("车"、"铣"等),将这些值用于计算【主轴速度】和一些切削进给率。

2)【主轴速度】选项组

确定刀具转动的速度,单位是 r/min。在【主轴速度】选项组中选中【主轴速度】复选框,用户可自行定义主轴速度参数。

3)【进给率】选项组

用于设置切削参数和单位。当用户设置了主轴速度后,程序会自动定义一个默认的进给率。

(6) 完成平面的创建

单击【生成】工具按钮 打开【操作】页面,完成"FACE_1"操作的创建。

"生成"是执行刀路创建的命令。在所有的切削参数设置完成后,单击【生成】工具按钮,程序自动生成刀路,并显示在模型加工面上。"重播"是刷新图形窗口并重新播放刀轨。在正确生成加工刀路后,使用"确认"功能可以动画模拟刀路及加工过程。单击【确认】按钮,弹出【刀轨可视化】对话框,包括 3 个功能选项卡:重播、3D 动态和 2D 动态。

1)【重播】选项卡

重播刀具路径是沿着刀轨显示刀具的运动过程。在重播时,用户可以完全控制刀具路径的显示,既可查看程序对应的加工位置,又可查看刀位点对应的程序。

【重播】选项卡中各选项的含义如下:

> "刀具" 指定刀具在图形区中显示的类型,如开、点、轴、实践和装配。"开"表示用线框来显示刀具;"点"表示用点来显示刀具;"轴"表示用刀具轴来显示刀具;"实践"表示以实体来显示刀具;"装配"表示以装配形式来显示刀具(包括夹持器,仅当前面设置了夹持器后才有效)。

> "2D 材料移除" 选中此复选框,将以二维方式来显示材料被移除的过程。此选项主要用于车削操作。

> "机构运动显示" 指定在图形区显示刀具的某部分。在"显示"下拉列表框中包含 5 个选项 "全部"表示将显示整个刀具路径;"当前层"表示仅在当前工作层显示刀具路径;"下 N 个运动"表示显示在某个程序节点之前的刀具路径,"+/－运动"表示在某个运动的前、后显示单位数的刀路,例如,在"运动数"文本框中输入 1,则将在选定程序节点的前与后显示一段运动轨迹;"警告"表示仅显示警告专家点拨的刀具路径;"过切"表示仅显示过切的刀具路径。

> "运动数" 在其中输入不超过总程序段的数字。仅当"+/－运动"选项被选中时,此选项才有效。

> "在每一层暂停" 表示刀具运动将在每一个图层暂停。仅当"当前层"选项被选中时,此选项才被激活。

> "检查选项" 该选项用来设置过切检查。单击此功能按钮,弹出【过切检查】对话框。

2)【3D 动态】选项卡

3D 动态是三维实体以 IPW(处理中的文件)的形式来显示刀具切削过程,其模拟过程非常逼真。【3D 动态】选项卡中各选项的含义如下:

> "IPW 分辨率" 设置 IPW 的显示分辨率。在其下拉列表框中有粗糙、中等和精细 3 种分辨率选项。

> "显示选项" 控制 IPW 的显示状态。单击该工具按钮,将弹出【3D 动态选项】对话框,通过此对话框可设置运动数、IPW 颜色、动画精度和 IPW 透明度等。

> "IPW" 指定是否生成 IPW 模型。选择"无"选项,不生成 IPW;选择"保存"选项,模型保存为 IPW 选择"另存为组件"选项,将生成 IPW 后的模型保存为组件。

> "小平面化的实体"选项组 将模型中的小平面体指定为 IPW、过切或过剩。选择一个类型,再单击【创建】按钮,将在模型中创建该类型的几何体;单击【删除】按钮,即可删除创建的类型;单击【分析】按钮,则分析该类型的模型。

3)【2D 动态】选项卡

2D 动态模拟仿真是以三维静态的形式来显示整个切削过程。在进行 3D 动态模拟时,鼠标可以操作;但在进行 2D 动态模拟时,鼠标不能操作,是静态的。

在进行 2D 动态的刀路模拟仿真时,必须定义毛坯,若事先没有定义,则在模拟时会专家点拨定义一个临时毛坯以供模拟仿真。

(7) 生成刀具轨迹仿真

单击工具按钮弹出模拟界面,切换到【3D 动态】,【动画速度】调整为"2",单击▶按钮,如图 7-22 所示。最终的仿真图如图 7-23 所示。

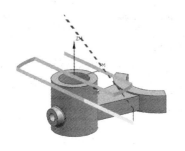

图 7 - 22　刀具轨迹　　　　　图 7 - 23　仿真效果

5. 后置处理

在进行后置处理时,要选择与设备对应的后置处理器或者通用的后置处理器,由于设备和系统的不同,命令会有所差别,所以应生成适合自己的 NC 代码,也就是要制作自己的后置处理器,在此选择默认的后置处理器。如图 7 - 24 所示,右击"FACE_1",选择【后处理】菜单项,选择"MILL_3_AXIS"、"公制/部件",填写输出文件的【文件名】,单击【确定】按钮。

图 7 - 24　后处理过程

6. 相同工序加工

平面铣削工序在拨叉的加工中重复应用到,可以利用复制功能简便地进行 CAM 加工,在相同工序的复制应用中,有不同的地方必须进行修改,例如坐标系变化,加工区域的变化等。复制工序操作可以节约编程时间,提高效率,避免做重复的无用功。

(1) 粗铣拨叉头的另一个端面

单击【程序顺序视图】工具按钮,右击"FACE_1",选择【复制】菜单项,在"FACE_1"下右击选择【粘贴】,复制效果如图 7 - 25 所示。双击打开复制的"FACE_1_COPY",重新修改定义【指定面边界】参数,选择面边界,如图 7 - 26 所示,单击【确定】按钮。单击【几何体新建】工具按钮,创建新几何体坐标系,旋转坐标系 Z 方向180°,如图 7 - 27 所示,单击【确定】按钮。单击【生成】工具按钮,生成如图 7 - 28 所示刀具轨迹。

图 7-25　复制工序

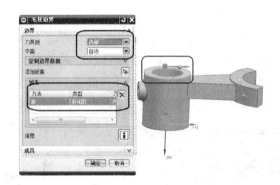

图 7-26　毛坯边界重定义　　　　　　　　图 7-27　新建旋转坐标系 MCS

（2）粗铣拨叉脚的两端面

单击【程序顺序视图】工具按钮，右击"FACE_1"，选择【复制】，在"FACE_1"下右击选择【粘贴】。双击打开复制的"FACE_1_COPY_1"，重新修改定义【指定面边界】参数，选择面边界，如图 7-29 所示，单击【确定】按钮。单击【刀具】工具按钮，选择 D10 刀具，如图 7-30 所示，单击【确定】按钮。单击【生成】工具按钮，生成如图 7-31 所示刀具轨迹。

图 7-28　刀具轨迹

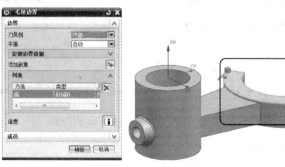

图 7-29　指定面边界

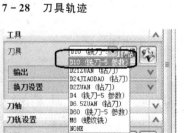

图 7-30　更换刀具

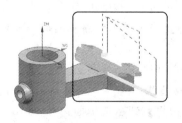

图 7-31　刀具轨迹

单击【程序顺序视图】工具按钮,右击"FACE_1_COPY",选择【复制】,在"FACE_1_COPY_1"下,右击选择【粘贴】。双击打开复制的"FACE_1_COPY_COPY",重新修改定义【指定面边界】参数,选择面边界,单击【确定】按钮,单击【刀具】工具按钮,选择 D10 刀具,如图 7 - 32 所示,单击【确定】按钮。单击【生成】工具按钮,生成如图 7 - 33 所示刀具轨迹。

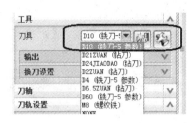

图 7 - 32　更换刀具

图 7 - 33　刀具轨迹

7.3.2　深度轮廓铣削

1. 创建工序

单击【创建工序】工具按钮,弹出【创建工序】对话框,如图 7 - 34 所示,单击【工序子类型】选项组中的"深度轮廓加工",选择【刀具】为 D10,选择【几何体】为"WORKPIECE_1",选择【方法】为"MILL_ROUGH",命名程序【名称】为"ZLEVEL_1",单击【确定】按钮。从【深度加工轮廓】对话框中可以看见,"几何体"选项组中没有"指定毛坯"选项。也就是说,程序自动将部件几何体当做毛坯来进行加工,因此,就没有了粗加工过程,而只有半精加工或精加工过程。

除了"部件"几何体,用户还可以将切削区域几何体指定为"部件"几何体的子集,以限制要切削的区域。如果没有指定任何切削区域,则程序将整个"部件"几何体当做切削区域。在生成刀轨的过程中,处理器将跟踪该几何体,需要时检测部件几何体的陡峭区域,对跟踪形状进行排序,识别要加工的切削区域,以及在所有切削层都不过切部件的情况下对这些区域进行切削。

（1）指定切削区域

单击【指定切削区域】工具按钮,选择拨叉脚侧壁为加工区域,如图 7 - 35 所示。

图 7 - 34　创建工序

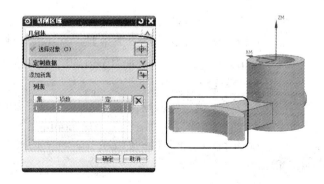

图 7 - 35　指定切削区域

（2）刀轨设置

切削【方法】选为"MILL_FINISH"；【陡峭空间范围】选为"无"；【合并距离】设置为 3 mm；【最小切削长度】设置为 1 mm；【公共每刀切削深度】选为"恒定"，【最大距离】设置为 1 mm，如图 7 - 36 所示。

（3）指定切削参数

设置【切削方向】为"顺铣"，【延伸刀轨】选项组中选中"在边上延伸"，【距离】设置为刀具直径的 55%，其余参数保持默认值，如图 7 - 37 所示。

图 7 - 36　刀轨设置

图 7 - 37　切削参数

在深度轮廓加工【切削参数】对话框中，【连接】选项卡的选项设置与其他铣削类型有所不同。【连接】选项卡中的"层到层"选项是一个专用于等高轮廓铣的切削参数，可切削所有的层而无须抬刀至安全平面。它包括以下方法：

➤ "使用转移"　该方法将使用在【进刀/退刀】对话框中所指定的任何信息，并且在完成每个刀路后才抬刀至安全平面。

➤ "直接对部件进刀"　将跟随部件，与步距运动相似。

➤ "沿部件斜进刀"　将跟随部件，从一个切削层到下一个切削层，斜削角度为"进刀和退刀"参数中指定的倾斜角度。这种切削具有更恒定的切削深度和残余高度，并且能在部件顶部和底部生成完整的刀路。

➤ "沿部件交叉斜进刀"　与"沿部件斜进刀"相似，所不同的是在斜削进下一层之前完成每个刀路。

（4）指定非切削移动参数

设置【进刀】|【封闭区域】的【进刀类型】为"与开放区域相同"，【开放区域】的【进刀类型】为"线性"，其【长度】为 60 mm，退刀设置为抬刀，其余选项保持默认值，单击【确定】按钮。

（5）指定主轴转速

设置【主轴速度】选项组中的输出模式为 RPM，【主轴速度】设为 1 500。【方向】选为"顺时针"。【进给率】选项组中的【切削】设为 800 mmpm。【更多】选项组中的各参数依次设为 1 500、1 000、800、1 200、1 300、1 500、100、500，单位均为 mmpm。其余选项保持默认值，单击【确定】按钮。

（6）完成轮廓的创建

单击【生成】工具按钮打开【操作】页面，完成"ZLEVEL_1"操作的创建。

（7）生成刀具轨迹仿真

单击工具按钮，弹出模拟界面，切换到【3D 动态】，【动画速度】调整为"2"，单击▶按钮，刀具轨迹如图 7 - 38 所示。

2. 相同工序加工

右击"ZLEVEL_1"，选择【复制】，然后选择【粘贴】，改变【切削区域】，加工拨叉 M8 孔平面，单击【确定】按钮，效果如图 7 - 39 所示。

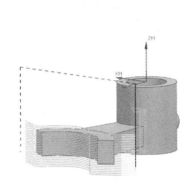

图 7 - 38　刀具轨迹图

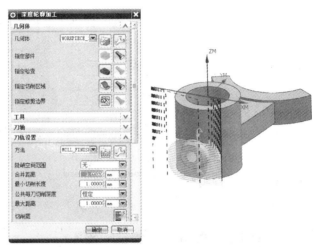

图 7 - 39　M8 孔平面加工

7.3.3　孔加工

1. 创建点孔工序

单击【创建工序】工具按钮，弹出【创建工序】对话框，如图 7 - 40 所示，选择【类型】为"drill"，【工序子类型】选为"点钻"，选择【刀具】为"D2ZUAN（钻刀）"，选择【几何体】为"WORKPIECE_1"，选择【方法】为"METHOD"，命名程序【名称】为"SPOT_1"，单击【确定】按钮进入【孔加工】对话框，如图 7 - 41 所示。

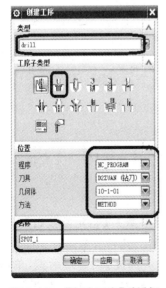

图 7 - 40　【创建工序】对话框

图 7 - 41　【孔加工】对话框

（1）指定孔

单击【指定孔】工具按钮进入如图 7-42 所示对话框,具体参数解释如图 7-43 所示。单击【类选择】按钮,选择孔如图 7-42 所示,单击【确定】按钮完成孔的选择。

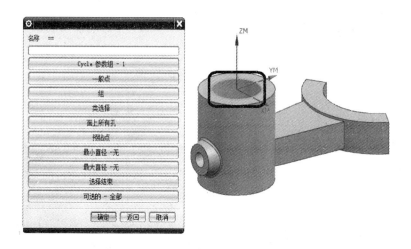

图 7-42　指定孔

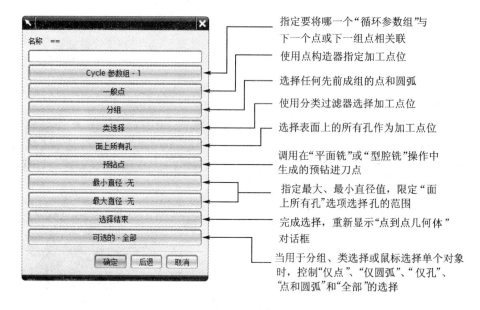

图 7-43　孔参数

（2）指定顶面

单击【指定顶面】工具按钮,选择上表面为孔的顶面,单击【确定】按钮完成顶面的选择,如图 7-44 所示。

（3）指定循环类型

设置【循环】为"标准钻",如图 7-45 所示。单击【编辑参数】|【指定参数组】工具按钮,单击【确定】按钮进入【Cycle 参数】设置对话框,如图 7-46 所示,具体参数解释如图 7-47 所示。单击图 7-46 中的【Depth(Tip)-5.0000】按钮,弹出【Cycle 深度】设置对话框,单击【刀尖深度】按钮,进入深度设置对话框,输入深度为"2"。连续单击【确定】按钮。其他参数保持默认值,完成循环类型的设置。

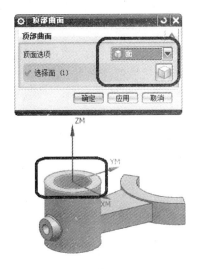

图 7-44　指定顶面　　　　　　　　　图 7-45　循环类型

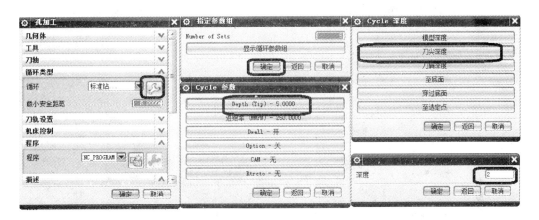

图 7-46　循环类型设置

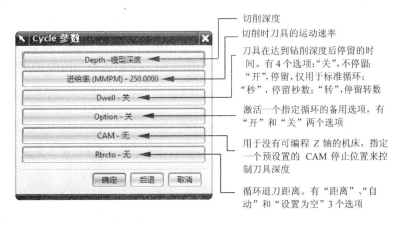

切削深度
切削时刀具的运动速率
刀具在达到钻削深度后停留的时间。有 4 个选项：“关”，不停留；“开”，停留，仅用于标准循环；“秒”，停留秒数；“转”，停留转数

激活一个指定循环的备用选项，有“开”和“关”两个选项

用于没有可编程 Z 轴的机床，指定一个预置的 CAM 停止位置来控制刀具深度

循环退刀距离。有“距离”、“自动”和“设置为空”3 个选项

图 7-47　Cycle 参数设置

如图 7-46 所示，【Cycle 深度】对话框中各按钮的功能如下：

➤ “模型深度”　将自动计算实体中每个孔的深度（对于通孔和盲孔，计算时将分别考虑“通孔安全距离”和“盲孔余量”两个参数）。

➢ "刀尖深度" 指定了一个正值，该值为从部件表面沿刀轴到刀尖的深度。
➢ "刀肩深度" 指定了一个正值，该值为从部件表面沿刀轴到刀具圆柱部分的底部（刀肩）的深度。
➢ "至底面" 是系统沿刀轴计算的从刀尖接触到底面所需的深度。
➢ "穿过底面" 是系统沿刀轴计算的从刀肩接触到底面所需的深度。如果希望刀肩越过底面，则可以在定义"底面"时指定一个"安全距离"。底面在【钻】对话框中指定。
➢ "至选定点" 是系统沿刀轴计算的从部件表面到钻孔点的 ZC 坐标间的深度。

（4）指定主轴转速

设置【主轴速度】选项组中的输出模式为 RPM，【主轴速度】设为"900"；【进给率】选项组中的【切削】设为 30 mmpm。【更多】选项组中的各参数依次设为 1 500、1 000、800、1 200、1 300、1 500、100、500，单位均为 mmpm。其余选项保持默认值，单击【确定】按钮，如图 7－48 所示。

（5）完成点孔的创建

单击【生成】工具按钮 ，打开【操作】页面，完成"SPOT_1"操作的创建，刀具轨迹如图 7－49 所示。

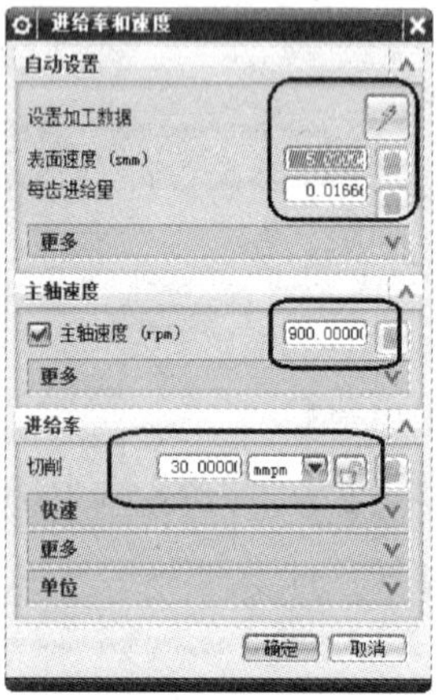

图 7－48　进给率设置

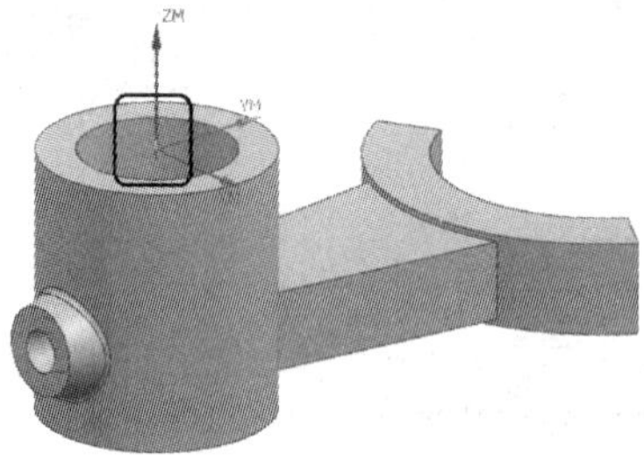

图 7－49　刀具轨迹

2. 创建钻孔工序

单击【创建工序】工具按钮，弹出【创建工序】对话框，如图 7－50 所示，选择【类型】为"drill"，【工序子类型】为"啄钻"，选择【刀具】为"D21ZUAN（钻刀）"，选择【几何体】为"WORKPIECE_1"，选择【方法】为"METHOD"，命名程序【名称】为"PECK_1"，单击【确定】按钮进入孔加工对话框。

（1）指定孔

单击【指定孔】工具按钮，进入如图 7－51 所示对话框，单击【选择】工具按钮选择孔中心，单击【确定】按钮完成孔的选择。

（2）指定顶面、底面

单击【指定顶面】工具按钮，选择上表面为孔的顶面，单击【确定】按钮完成顶面的选择。单击【指定底面】工具按钮，选择上、下底面为孔的底面，单击【确定】按钮完成底面的选择，如图 7－51 所示。

（3）循环类型

设置【循环】为"啄钻"，如图 7－52 所示，弹出如图 7－53 所示啄钻距离对话框，输入 1.25 mm，单击【确定】按钮进入【Cycle 参数】设置对话框,如图 7-54 所示,单击【Depth -模型深度】按钮进入【Cycle 深度】设置对话框,如图 7-55 所示,单击【穿过底面】按钮,单击【确定】按钮。其他参数保持默认值,完成循环类型的设置。

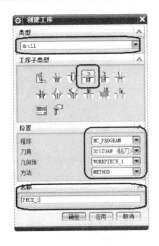

图 7-50　创建操作

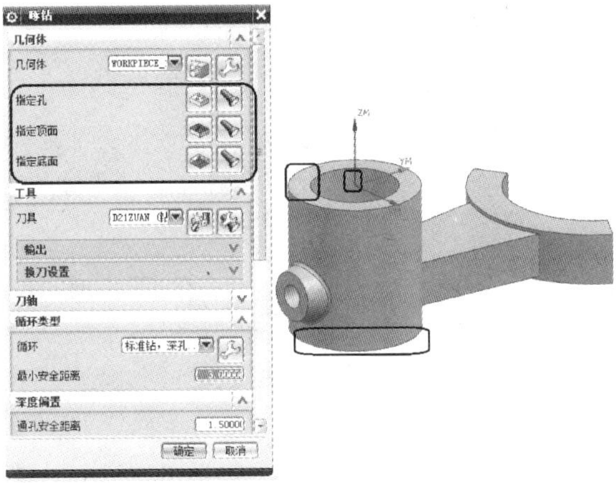

图 7-51　指定孔、顶面和底面

图 7-52　循环类型

图 7-53　啄钻距离

图 7-54　Cycle 参数

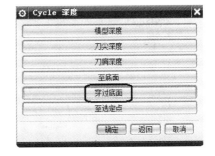

图 7-55　Cycle 深度

（4）指定主轴转速

设置【主轴速度】选项组中的输出模式为 RPM,【主轴速度】设为 200;【进给率】选项组中的【切削】设为 60 mmpm。【更多】选项组中的各参数依次设为 1 500、1 000、800、1 200、1 300、1 500、100、500,单位均为 mmpm。其余选项保持默认值,单击【确定】按钮,如图 7-56 所示。

（5）完成钻孔的创建

单击【生成】工具按钮 打开【操作】页面,完成"PECK_1"操作的创建。

（6）生成刀具轨迹仿真

单击工具按钮🔧，弹出模拟界面，切换到【3D 动态】，【动画速度】调整为"2"，单击▶按钮，最终的仿真图如图 7 - 57 所示。

图 7 - 56　进给参数

图 7 - 57　3D 仿真

3. 创建铣孔工序

单击【创建工序】工具按钮，弹出【创建工序】对话框，如图 7 - 58 所示，选择【类型】为"drill"，【工序子类型】为"铣孔"，选择【刀具】为 D10，选择【几何体】为"WORKPIECE_1"，选择【方法】为"METHOD"，命名程序【名称】为"HOLE_1"，单击【确定】按钮进入铣削孔加工对话框，如图 7 - 59 所示。

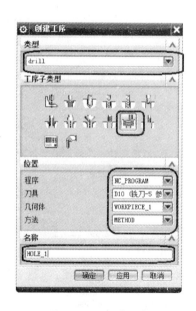

图 7 - 58　创建工序

图 7 - 59　【铣削孔】对话框

（1）指定孔或凸台

单击【指定孔或凸台】工具按钮进入如图 7 - 60 所示对话框，单击【选择】工具按钮选择孔侧壁，单击【确定】按钮完成孔的选择。

（2）刀轨设置

如图 7 - 61 所示，【方法】选择"MILL_FINISH"，【切削模式】选为"螺旋"；【每转深度】选为"距离"，螺距选为 1 mm；【径向步距】选为"恒定"，【最大距离】选为 12 mm；其他参数保持默认值。

（3）指定切削参数

如图 7 - 62 所示，设置【切削方向】为"顺铣"，【最小螺旋线直径】为 10 mm，其余参数保持默认值。

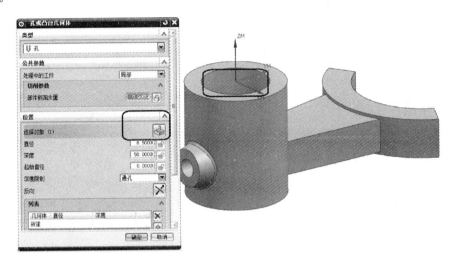

图 7 - 60　指定孔

图 7 - 61　刀轨设置

图 7 - 62　切削参数设置

（4）指定非切削移动参数

如图 7 - 63 所示，选择【进刀类型】为"圆形"，【最小安全距离】为 3 mm，退刀设置为"抬刀"，其余选项保持默认值，单击【确定】按钮。

（5）指定主轴转速

如图 7 - 64 所示，设置主轴速度选项组中的输出模式为 RPM，【主轴速度】设为 1 500。【方向】选为"顺时针"；【进给率】选项组中的【切削】设为 500 mmpm。【更多】选项组中的各参数依次设为 1 500、1 000、800、1 200、1 300、1 500、100、500，单位均为 mmpm。其余选项保持默认值，单击【确定】按钮。

图 7 - 63　非切削移动参数

图 7 - 64　进给参数

（6）完成铣孔的创建

单击【生成】工具按钮，打开【操作】页面，完成"HOLE_1"操作的创建。刀具轨迹如图 7 - 65 所示。

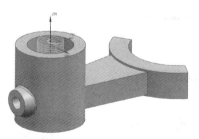

图 7 - 65　刀具轨迹

4. 创建攻丝工序

按照前面的方法对 M8 螺纹孔进行点钻、扩孔钻，然后进行攻丝，因为工序相同，在此不再累述。下面简单讲解攻丝的过程。

单击【创建工序】工具按钮，弹出【创建工序】对话框，如图 7 - 66 所示，选择【类型】为"drill"，【工序子类型】为"攻丝"，选择【刀具】为 M8，选择【几何体】为"WORKPIECE_1"，选择【方法】为"METHOD"，命名程序【名称】为"TAPPING"，单击【确定】按钮进入攻丝加工对话框。

（1）指定孔

单击【指定孔】工具按钮进入如图 7 - 67 所示对话框，单击【选择】工具按钮，选择孔中心，单击【确定】按钮完成孔的选择。

（2）指定顶面、底面

单击【指定顶面】工具按钮，选择上表面为孔的顶面，单击【确定】按钮完成顶面的选择；单击【指定底面】工具按钮，选择上、下底面为孔的底面，单击【确定】按钮完成底面的选择，如图 7 - 67 所示。

（3）指定循环类型

设置【循环类型】为"标准"，单击【编辑参数】|【指定参数组】工具按钮进入【Cycle 参数】设置对话框，单击【Depth -模型深度】按钮进入【Cycle 深度】设置对话框，单击【穿过底面】按钮，单击【确定】按钮。其他参数保持默认值，完成循环类型的设置。

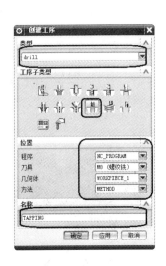

图 7-66　创建工序

图 7-67　攻丝对话框

（4）指定主轴转速

设置【主轴速度】选项组中的输出模式为 RPM，【主轴速度】设为 100；【进给率】选项组中的【切削】设为 20 mmpm。【更多】选项组中的各参数依次设为 1 500、1 000、800、1 200、1 300、1 500、100、500，单位均为 mmpm，其余选项保持默认值，单击【确定】按钮。

（5）创建坐标系

在孔 M8 位置创建坐标系，如图 7-68 所示。

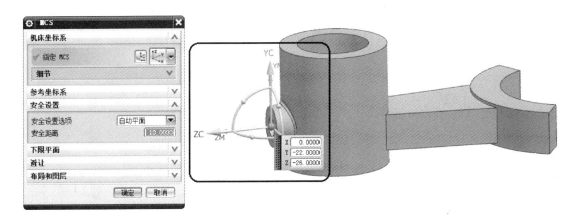

图 7-68　创建攻丝坐标系

（6）完成攻丝的创建

单击【生成】工具按钮打开【操作】页面，完成"TAPPING"操作的创建。

7.3.4 加工过程仿真

选中工序导航器中的所有工序,右击选择【刀轨】|【确认】菜单项,如图7-69所示,进入仿真对话框,选择3D仿真,效果如图7-70所示。

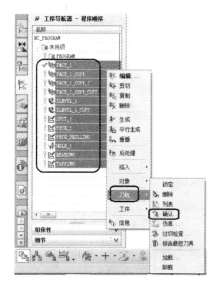

图 7-69 确认仿真

图 7-70 仿真效果

第8章 箱体类典型零件 UG NX9.0 CAM 加工编程

本章重点内容：

* 箱体类典型零件加工工艺分析
* 箱体类典型零件加工工艺规划
* 箱体类典型零件的加工过程
* 箱体类典型零件的 CAM 加工策略

CAM 软件编程都是在加工工艺基础上进行的，没有工艺的编程是没有意义的。本章将对简单箱体类零件进行讲解，以帮助掌握其基本零件的加工工艺和 CAM 加工策略。箱体类零件是机器中经常遇到的典型零件之一。

8.1 零件加工信息分析

8.1.1 零件图

零件图如图 8－1 所示。

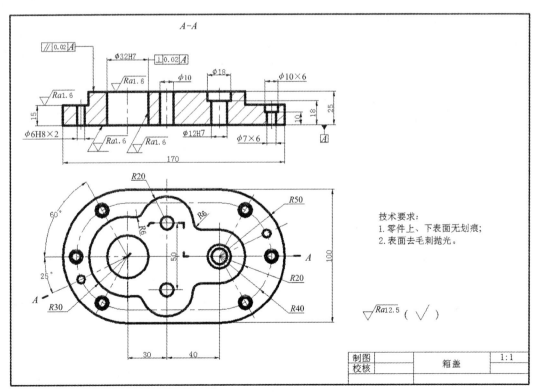

图 8－1 加工任务图

8.1.2 零件分析

箱体的工艺特点是：外形较复杂，对装配精度、形状精度、位置精度及表面粗糙度要求较高。

8.1.3 精度分析

该零件的毛坯尺寸主要由长 180 mm、宽 120 mm、高 30 mm 的平面外轮廓以及诸多孔系等几方面组成。其中 $\phi32H7$、$\phi12H7$ 和 $\phi6H8\times2$ 四个内孔对表面粗糙度要求很高，为 $1.6~\mu m$；$\phi32H7$ 的内孔表面对 A 面有垂直度要求，上表面对 A 面有平行度要求。正因为如此，选择该零件的材料为铸铁，使得切削加工性能较好。

根据上述分析，$\phi32H7$ 孔、$\phi6H8\times2$ 孔与 $\phi12H7$ 孔的粗加工和精加工应该分开进行，并且要保证其表面粗糙度要求。与此同时，还应该以底面 A 定位来提高装夹刚度，以便满足 $\phi32H7$ 内孔表面的垂直度要求。

8.2 零件加工工艺分析

加工方法的选择和加工阶段的划分如下：

① 对箱体的底面与内孔端面的表面粗糙度要求较高，$Ra\leqslant6.3~\mu m$，所以确定最终的加工方法为粗铣→精铣。

② 对箱体内孔的表面粗糙度要求较高，$Ra\leqslant1.6~\mu m$，且有垂直度要求，所以要一次装夹完成加工。确定最终的加工方法为粗镗→半精镗→精镗。

③ 对装配内孔的精度要求较高，因此最终的加工方法为粗镗→精镗。

④ 对圆柱孔没有位置精度与表面粗糙度要求，故采用钻孔、铣孔就能达到图纸上的设计要求。

8.2.1 毛坯的选择

该箱体零件的结构形状较复杂，按照大批量生产的生产纲领，确定采用熔模铸造方式生产，这样毛坯形状可与零件的形状很接近，同时铸造出肋板孔与圆柱孔。毛坯是材料为 HT200、尺寸为 180 mm×120 mm×30 mm 的方料。

8.2.2 定位夹紧

1. 粗基准的选择

遵照"保证不加工表面与加工表面相互精度原则"的粗基准选择原则（即当零件有不加工表面时，应以这些不加工表面作为粗基准；当零件有若干个不加工表面时，应与这些相对精度要求较高的不加工表面作为粗基准），这里先选择圆柱孔的上端面为粗基准。

2. 精基准的选择

根据精基准的选择原则，在选择精基准时，应首先考虑基准重合的问题，即在可能的情况下，尽量选择加工表面的设计基准作为定位基准。本箱体零件以加工好的箱体底面作为后续工序的精基准，如以铣圆柱孔上端面、镗肋板孔等工序的设计基准为精基准。

8.2.3　加工顺序与进给路线

1. 表面加工方法的确定

根据零件图上各加工表面的尺寸精度和表面粗糙度要求,箱盖上、下表面采用粗铣→精铣→磨削;孔采用钻→扩→粗铰→精铰;在数控设备上完成工序的集中加工。

（1）端面加工方法的选择

由于该零件上表面和下表面以及台阶面的粗糙度要求为 3.2 μm,所以通常采用"粗铣→精铣"方案。

（2）孔加工方法的选择

该零件孔系加工方案的选择如下:

- 对于 $\phi7\times6$ 普通孔,由于其表面粗糙度为 3.2 μm,又无尺寸公差要求,所以应该采用钻→铰方案。
- 对于 $\phi12H7$ 孔,由于其表面粗糙度为 1.6 μm,所以应该采用钻→粗铰→精铰方案。
- 对于 $\phi32H7$ 孔,由于其表面粗糙度为 1.6 μm,所以应该采用钻→粗镗→半精镗→精镗方案。
- 对于 $\phi6H8\times2$ 孔,由于其表面粗糙度为 1.6 μm,所以应该采用钻→粗铰→精铰方案。
- 对于 $\phi18$ 孔和 $\phi10\times6$ 孔,由于其表面粗糙度为 12.5 μm,要求不高,所以应该采用钻孔→锪孔方案。

2. 加工顺序的确定

工艺路线方案是:首先采用平口钳夹紧粗铣→精铣底面;然后以底面 A 为基准,粗铣→精铣上表面、孔系和台阶面;当铣削外轮廓时,采用"一面两孔"的定位方式,也就是以底面 A、$\phi12H7$ 和 $\phi32H7$ 孔定位。详细的工艺方案见后面的数控加工工序卡。

8.2.4　刀具的选择

刀具的选择如表 8-1 所列。

表 8-1　刀具表

产品名称			零件名				零件图号	
				刀　具				备　注
工步号	刀具号	刀具型号	刀柄型号	直径 D/mm	长度 H/mm	刀尖半径 R/mm	刀尖方位	
1	T01	$\phi125$ 端面铣刀	BT40	125		0.8		
2	T02	$\phi12$ 立铣刀	BT40	12		0.1		
3	T03	$\phi3$ 中心钻	BT40	3				
4	T04	$\phi27$ 钻头	BT40	27				
5	T05	内孔镗刀	BT40			0.1		
6	T06	$\phi11.8$ 钻头	BT40	11.8				
7	T07	$\phi18\times11$ 锪钻	BT40	18				
8	T08	$\phi12$ 铰刀	BT40	12				
9	T09	$\phi14$ 钻头	BT40	14				
10	T10	90°倒角铣刀	BT40					

产品名称			零件名				零件图号		
工步号	刀具号	刀具型号	刀柄型号	刀　具					备注
				直径 D/mm	长度 H/mm	刀尖半径 R/mm	刀尖方位		
11	T11	$\phi6.8$ 钻头	BT40	6.8					
12	T12	$\phi11\times5.5$ 锪钻	BT40	11					
13	T13	$\phi7$ 铰刀	BT40	7					
14	T14	$\phi5.8$ 钻头	BT40	5.8					
15	T15	$\phi6$ 铰刀	BT40	6					
编制		审核		批准			共　页		第　页

8.2.5　切削用量的选择

切削用量的选择如表 8－2 所列。

表 8－2　切削用量选择表

序　号	加工内容	刀具号	主轴转速/ $(r\cdot min^{-1})$	进给量/ $(mm\cdot r^{-1})$	背吃刀量/ mm
1	粗铣底面,留余量 0.5 mm,精铣底面至尺寸	T01	180	40	2
2	粗、精铣台阶面及其轮廓	T02	900	40	4
3	钻所有定位孔	T03	1 100	30	
4	钻 $\phi32H7$ 底孔至 $\phi27$	T04	200		
5	粗、精镗 $\phi32H7$ 底孔至 $\phi31.6$	T05	500	80	
6	钻 $\phi12H7$ 底孔至 $\phi11.8$	T06	700	70	
7	锪 $\phi18$ 孔	T07	150	30	
8	粗、精铰 $\phi12$ 孔	T08	110	40	0.1
9	钻 $\phi7\times6$ 底孔至 $\phi6.8$	T11	700	70	
10	锪 $\phi10\times6$ 孔	T12	150	30	
11	铰 $\phi7\times6$ 孔	T13	110	25	0.1
12	钻 $\phi6H8\times2$ 底孔至 $\phi5.8$	T14	900	80	
13	铰 $\phi6H8\times2$ 孔	T15	150	30	0.1

8.2.6　加工工艺方案

考虑到该零件(齿轮箱盖)图的结构特点,应该采用以下方式定位:先选用平口虎钳夹紧,采用"一面两孔"定位方式来满足减小定位误差,从而获得最大加工允许误差的要求;以上面工序粗铣出来的顶面作为粗基准来铣底面。因为该零件的毛坯形状比较规则,所以在加工零件上表面、下表面、台阶面及孔系时,首先用平口虎钳夹紧;在铣削外轮廓时,采用"一面两孔"定位方式来定位,也就是以底面 A、$\phi12H7$ 孔和 $\phi32H7$ 孔定位。按照装夹次数划分的工序如表 8－3 所列。

表 8 - 3　数控加工工艺卡片(简略卡)

机械加工工艺卡片		产品型号		零件图号	共 1 页
		产品名称		零件名称	第 1 页
材　料	毛坯种类	毛坯外形尺寸	毛坯件数	加工数量	程序号
45 钢	棒料		1		
序　号	工序名称	工序内容			设　备
1	一装夹	粗铣底面,留余量 0.5 mm;精铣底面至尺寸			XH716
2	二装夹	粗铣上端面,留余量 0.5 mm;精铣上端面至尺寸;粗、精铣台阶面及其轮廓;钻所有定位孔;钻 ϕ32H7 底孔至 ϕ27;粗、半精、精镗 ϕ32H7 底孔至 ϕ31.6;钻 ϕ12H7 底孔至 ϕ11.8;锪 ϕ18 孔;粗、精铰 ϕ12 孔;钻 ϕ7×6 底孔至 ϕ6.8;锪、铰 ϕ10×6 孔			XH716
3	三装夹	粗铣外轮廓;精铣外轮廓;倒角			XH716
4	钳工	去毛刺、修边角			
5	质检	检验产品、清洗、封装			

8.2.7　CAM 策略选择

1. CAM 模型

CAM 模型如图 8 - 2 所示。

2. CAM 策略

如图 8 - 3 所示,根据工艺,选择以下 CAM 工序内容:

① UG 平面铣加工;

② UG 深度轮廓加工;

③ UG 定位钻加工;

④ UG 断屑孔加工;

⑤ UG 沉头孔加工;

⑥ UG 啄钻孔加工;

⑦ UG 铰孔加工。

图 8 - 2　CAM 模型

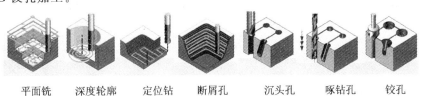

平面铣　深度轮廓　定位钻　断屑孔　沉头孔　啄钻孔　铰孔

图 8 - 3　CAM 策略选择

8.3　CAM 加工实施过程

8.3.1　平面铣削

1. 创建加工坐标系

双击打开 UG NX9.0 软件,单击【打开】工具按钮,打开命名为"11 - 1"的数模,选择【启

动】|【加工】菜单项,如图 8-4 所示,出现如图 8-5 所示对话框。选择【CAM 会话配置】和【要创建的 CAM 设置】("CAM 会话配置"和"要创建的 CAM 设置"的具体解释查附表 1 和附表 2)进入加工环境。单击【创建几何体】工具按钮,在【几何体子类型】中选择坐标系,可以根据需要修改几何体的名称,此时修改为"11-1-01",如图 8-6 所示,创建坐标系的效果如图 8-7 所示。选择圆中心作为坐标系原点,单击【确定】按钮;用同样的方法创建坐标系"11-1-02",完成坐标系的创建。

图 8-4　进入加工环境

图 8-5　配置加工环境

图 8-6　创建几何体

2. 创建毛坯

单击【创建几何体】工具按钮,选择【几何体子类型】为"WORKPIECE",名称默认为"WORKPIECE_1",如图 8-8 所示,单击【确定】工具按钮,进入工件对话框,单击【指定部件】工具按钮,选择箱体为部件,单击【指定毛坯】工具按钮,进入毛坯设置对话框,如图 8-9 所示,选择【类型】为"包容块",输入毛坯尺寸值,单击【确定】按钮完成几何体的创建。

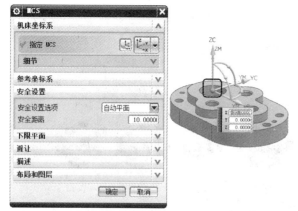

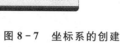

图 8-7　坐标系的创建

图 8-8　创建几何体

3. 创建刀具

(1) 创建铣刀

单击【创建刀具】工具按钮,弹出如图 8-10 所示对话框,修改刀具【名称】为"D125",在刀具参数对话框中,修改面铣刀的刀具直径为 125 mm,单击【确定】按钮完成面铣刀的创建。用同样的方法创建直径为 φ12 的立铣刀。

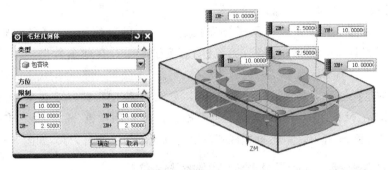

图 8 - 9　毛坯几何体

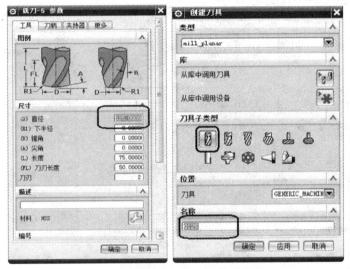

图 8 - 10　创建刀具

（2）创建丝锥

单击【创建刀具】工具按钮，弹出如图 8 - 11 所示对话框，修改刀具【名称】为"M16"，在刀具参数对话框中修改以下刀具参数：刀具【直径】为 16 mm，【颈部直径】为 10 mm，刀具【长度】为 50 mm，【刀刃长度】为 10 mm，【刀刃】为 4，【螺距】为 2 mm，【成形类型】为"统一标准"，单击【确定】按钮完成丝锥的创建。

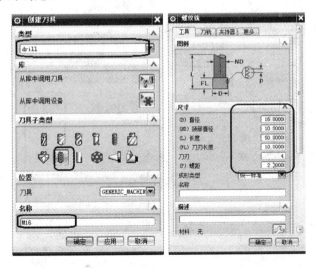

图 8 - 11　丝锥的创建

（3）创建钻头

单击【创建刀具】工具按钮，【刀具子类型】选择"中心钻"，修改刀具【名称】为"D3"，单击【确定】按钮进入刀具参数对话框，修改刀具【直径】为 3 mm，其他参数保持默认值，单击【确定】按钮完成中心钻的创建，如图 8－12 所示。

采用同样的过程创建不同直径的钻头或刀具，分别为 $\phi3$ 中心钻、$\phi27$ 钻头、内孔镗刀、$\phi11.8$ 钻头、$\phi18\times11$ 锪钻、$\phi12$ 铰刀、$\phi14$ 钻头、90°倒角铣刀、M16 机用丝锥、$\phi6.8$ 钻头、$\phi10\times5.5$ 锪钻、$\phi7$ 铰刀、$\phi5.8$ 钻头和 $\phi6$ 铰刀。单击机床视图可以看到所创建的所有刀具，如图 8－13 所示。

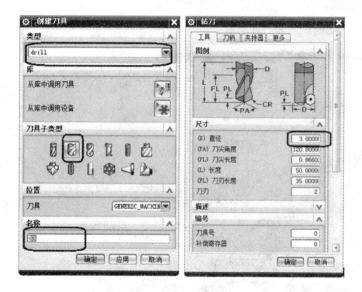

图 8－12　中心钻的创建

图 8－13　钻头的创建

（4）创建倒角刀

单击【创建刀具】工具按钮，【刀具子类型】选择"倒角刀"，修改刀具【名称】为"DJ90"，单击【确定】按钮进入刀具参数对话框，修改刀具【直径】为 6 mm，【倒斜角长度】为 1 mm，【倒斜角度】为 45°，其他参数保持默认值，单击【确定】按钮完成倒角刀的创建，如图 8－14 所示。

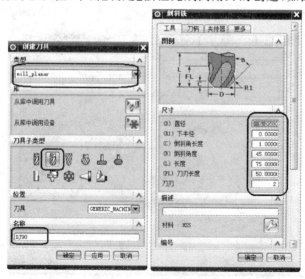

图 8－14　倒角刀的创建

4. 创建工序

单击【创建工序】工具按钮,弹出【创建工序】对话框,如图 8-15 所示。选择【工序子类型】为"面铣",选择【刀具】为 D125,选择【几何体】为"11-10-02",选择【方法】为"MILL_ROUGH",程序【名称】为"FACE_1",进入面加工参数设置对话框,如图 8-16 所示。

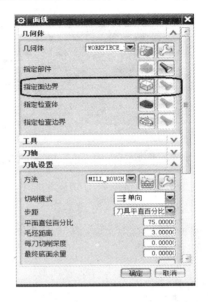

图 8-15　创建工序　　　　　　　图 8-16　面铣对话框

创建工序的步骤如下。

(1) 指定面边界

单击【指定面边界】工具按钮,出现如图 8-17 所示对话框,选择上表面为边界面,其余选项为默认值。

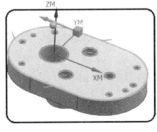

图 8-17　毛坯边界选择

(2) 刀轨设置

如图 8-18 所示,切削【方法】选为"MILL_ROUGH",【切削模式】选为"往复";【步距】设置为"刀具平直百分比",【平面直径百分比】设置为 50%;【毛坯距离】设置为 3 mm;【每刀切削深度】设置为 0.5 mm,【最终底面余量】设置为 0。

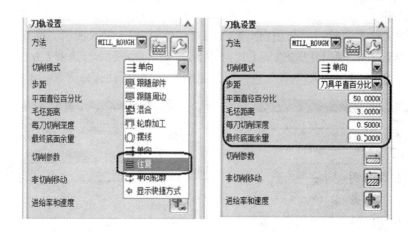

图 8 - 18 刀轨设置

【毛坯距离】表示，如果一刀切除的量过大，则可以设定每一刀的切削深度，使得系统按层切削完成。切削次数为毛坯距离除以每刀切削深度。

【最终底面余量】表示，在刀具切削完最后一层时，刀具底面与工件底面之间的间隙。

（3）指定切削参数

如图 8 - 19 所示，设置【切削方向】为"顺铣"，【切削角】为"指定"，【与 XC 的夹角】为 180°，其余参数保持默认值。

当使用"单向"式切削、"往复"式切削或"单向带轮廓"铣切削这三种方法之一时，在切削参数里才显示切削角的定义，其含义为所生成的刀轨在平行于 X 方向上为零，在平行于 Y 方向上为 90°，可根据各自的要求定义切削角，多采用 45°斜进刀，可在切削角下面的度数栏内输入所定义的角度值，如果想查看角度的方向，则可单击切削方向的图标进行显示。

（4）指定非切削移动参数

如图 8 - 20 所示，设置【进刀】|【封闭区域】的【进刀类型】为"与开放区域相同"，【开放区域】的【进刀类型】为"线性"，其【长度】为 60 mm，【退刀】设置为"抬刀"，其余选项保持默认值，单击【确定】按钮。

（5）指定主轴转速

如图 8 - 21 所示，设置【主轴速度】的输出模式为 RPM，【主轴速度】设为 196。【方向】为"顺时针"。【进给率】的【切削】设为 300 mmpm。【更多】选项组中的各参数依次设为 1 500、1 100、800、1 200、1 300、1 500、110、300，单位均为 mmpm。其余选项保持默认值，单击【确定】按钮。

（6）完成平面的创建

单击【生成】工具按钮，打开【操作】页面，完成"FACE_1"操作的创建。

（7）生成刀具轨迹仿真

单击工具按钮，弹出模拟界面，切换到【3D 动态】，【动画速度】调整为"2"，单击 ▶ 按钮，刀具轨迹如图 8 - 22 所示。最终的仿真图如图 8 - 23 所示。

5. 后置处理

在进行后置处理时，应选择与设备对应的后置处理器或者通用的后置处理器，由于设备和系统的不同，命令会有所差别，所以要生成适合自己的 NC 代码，也就是要制作自己的后置处理器，在此选择默认的后置处理器。如图 8 - 24 所示，右击"FACE_1"，选择【后处理】菜单项，选择"MILL_3_AXIS"、"公制/部件"，填写输出文件的【文件名】，单击【确定】按钮。

图 8 - 19　切削参数

图 8 - 20　非切削移动参数

图 8 - 21　主轴进给参数

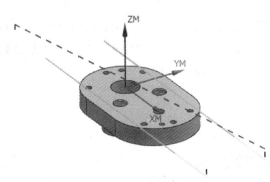

图 8 - 22　刀具轨迹

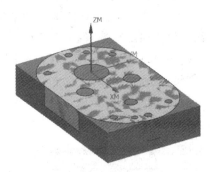

图 8 - 23　仿真效果

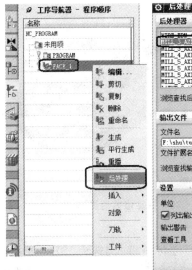

图 8 - 24　后处理过程

6. 相同工序加工

平面铣削工序在箱体加工中重复用到，其操作过程不再详细讲解，只给出简单图示。重复前面的操作，生成箱体上面的刀具轨迹，如图 8 - 25 所示。仿真效果如图 8 - 26 所示。

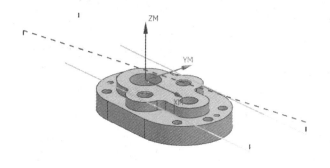

图 8 - 25　刀具轨迹

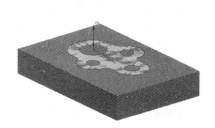

图 8 - 26　仿真效果

8.3.2　型腔铣削

型腔铣削的创建工序如下。

单击【创建工序】工具按钮，弹出【创建工序】对话框，如图 8 - 27 所示，选择【工序子类型】为"深度轮廓加工"，选择【刀具】为 D10，选择【几何体】为"WORKPIECE_1"，选择【方法】为"MILL_ ROUGH"，命名程序【名称】为"CAVITY_1"，单击【确定】按钮。

创建工序的步骤如下。

（1）指定修剪边界

单击【指定修剪边界】工具按钮，在图 8 - 28 中选择上表面"内部"修剪边界。

图 8 - 27　创建工序

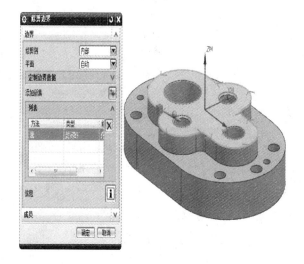

图 8 - 28　指定修剪边界

（2）刀轨设置

如图 8 - 29 所示，切削【方法】选为"MILL_ROUGH"，【切削模式】选为"跟随周边"，【步距】设置为"刀具平直百分比"，【平面直径百分比】设置为 50%，【公共每刀切削深度】选为"恒定"，【最大距离】设置为 1 mm。

【公共每刀切削深度】表示，由于型腔铣的计算方式是以层为单位的，因此，刀具在切削时，当每切削完一层而切削第二层时,用该值表示在 Z 轴上向毛坯体内切入的深度。此处所指定的值为公共切削深度,如果切削深度不相同,则必须在"切削层"参数栏中进行设定。

（3）指定切削参数

如图 8-30 所示,设置【切削方向】为"顺铣",【切削顺序】为"层优先",【刀路方向】为"向内",【壁】选中"岛清根",其余参数保持默认值。

图 8-29　刀轨设置

图 8-30　切削参数

1）切削方向

切削方向包括顺铣和逆铣 2 个选项:

➤ "顺铣"　刀具一般多采用顺铣,因为顺铣加工完成后,工件的表示光洁度较好,而且顺铣时刀具的受损比逆铣时轻得多,所以多采用顺铣。由外向内加工采用逆铣,由内向外加工采用顺铣。

➤ "逆铣"　多用于一些粗糙的工件开粗,加工完成后,工件的光洁度不好,而且刀具受损严重,所以一般不采用逆铣。

2）切削顺序

在等高铣中,当残留的毛坯大于刀具直径时,优先采用"层优先"。在等高铣中,为了安全起见,建议使用"层优先"。在安全的情况下可采用"深度优先"。

3）壁

当使用"单向"铣削,"往复"铣削和"跟随周边"铣削时,切削参数中才有"壁"选项。在"单向"和"往复"铣削中只有 3 个选项:

➤ "无"　意思是只切削腔,不清壁;

➤ "在起点"　刀具在下刀后先把壁清理完,然后再切削腔;

➤ "在终点"　刀具在下刀后,先把腔切削完,到最后一刀时再把壁清理干净。

无论是"起点"清壁还是"终点"清壁,都是以层为单位的,如果没有设置"自动"清壁,则使用在"终点"清壁;如果设置了"自动"清壁,则优先使用"自动"清壁。"自动"清壁指系统自动计算在一个最适合清壁的时间清壁。

4）添加精加工刀路

本功能是 UG NX9.0 版本新增加的功能,它能有效控制几何体的加工余量,使其更加均匀,所以可在型腔铣开粗时选中它,并添加刀路数"1",同时精加工的步距根据情况而定,但最好小一些。

5)岛清理

本选项("跟随周边"和"轮廓铣")可确保在岛的周围不会留下多余的料,每个岛区域包含一个沿该岛的完整的清理刀路。

6)摆线宽度

设置"摆线"切削模式的宽度。最好不超过刀具直径,一般为刀具直径的 60%。

7)最小摆线宽度

允许的摆线圆的最小直径。使用可变宽度可加大尖角和狭槽中对刀轨的控制,最小摆线宽度最好为刀具直径的 20%。

8)步距限制%

输入的实际步距可超过在主操作页面上指定的步距的最大数量,摆线环可防止出现更大的步距,此值一般为刀具直径的 150%。

9)摆线向前步长

摆线圆沿刀轨相互间隔的距离值,一般为刀具直径的 40%。

10)精加工步距

指定仅应用于精加工刀路的步距值,此值必须大于零。

11)毛坯距离

对部件边界或部件几何体应用偏置距离以生成毛坯几何体。

12)延伸到部件轮廓

选中此复选框可将选定的面延伸到部件边缘。分为未延伸和已延伸两种情况。

13)简化形状

可将复杂的对边切削区域几何体修改为更简单的形状。此选项包含 3 个子选项:无(默认切削区域)、凸包和最小包围盒。

14)毛坯延展

确定了刀具可以延伸到面之外的最大量,分为毛坯延展 50% 时的往复切削模式,以及毛坯延展 100% 时的往复切削模式。

(4)指定非切削移动参数

如图 8-31 所示,设置【进刀】|【封闭区域】的【进刀类型】为"与开放区域相同",【开放区域】的【进刀类型】为"线性",其【长度】为 60 mm,【退刀】设置为"抬刀",【转移/快速】|【安全设置】|【安全设置选项】选为"自动平面",其余选项保持默认值,单击【确定】按钮。

(5)指定主轴转速

如图 8-32 所示,设置【主轴速度】的输出模式为 RPM,【主轴速度】设为 900。【方向】选为"顺时针",【进给率】的【切削】设为 400 mmpm。【更多】选项组中的各参数依次设为 1 500、1 100、800、1 200、1 300、1 500、110、500,单位均为 mmpm。其余选项保持默认值,单击【确定】按钮。

(6)完成型腔的创建

单击【生成】工具按钮 ,打开【操作】页面,完成"CAVITY_1"操作的创建。

(7)生成刀具轨迹仿真

单击工具按钮 ,弹出模拟界面,切换到【3D 动态】,【动画速度】调整为"2",单击 按钮,刀具轨迹如图 8-33 所示。

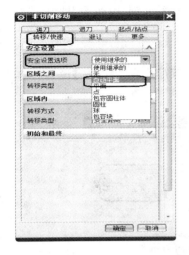

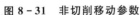

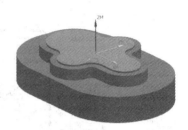

图 8 - 31　非切削移动参数　　　图 8 - 32　主轴进给参数　　　图 8 - 33　刀具轨迹仿真

8.3.3　深度轮廓铣削

深度轮廓铣削的创建工序如下。

单击【创建工序】工具按钮,弹出【创建工序】对话框,如图 8 - 34 所示。选择【工序子类型】为"深度轮廓加工",选择【刀具】为 D10,选择【几何体】为"WORKPIECE_1",选择【方法】为"MILL_ROUGH",命名程序【名称】为"ZLEVEL_1",单击【确定】按钮。

（1）指定切削区域

单击【指定切削区域】工具按钮,选择箱体侧壁为加工区域,如图 8 - 35 所示。

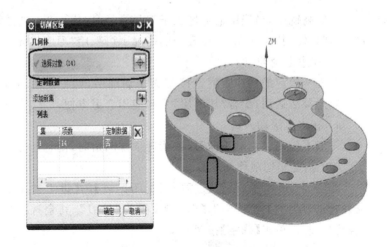

图 8 - 34　创建工序　　　　　　　　图 8 - 35　指定切削区域

（2）刀轨设置

如图 8 - 36 所示,切削【方法】选为"MILL_ROUGH",【陡峭空间范围】选为"无",【合并距离】设置为 3 mm,【最小切削长度】设置为 1 mm,【公共每刀切削深度】选为"恒定",【最大距离】设置为 1。

【合并距离】表示合并刀轨的距离。在指定了合并距离后,当两个刀轨之间的距离小于所指定的距离时，刀轨合并成为一个刀轨。刀轨在合并时按照体的外形进行铣削，因而不用担心安全问题。

（3）指定切削参数

如图 8-37 所示，设置【切削方向】为"顺铣"，【切削顺序】为"深度优先"，【余量】设置为 0，其余参数保持默认值。

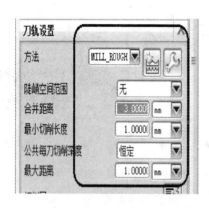

图 8-36　刀轨设置

图 8-37　切削参数

1）切削方向

切削方向包括顺铣、逆铣和混合铣 3 个选项：

➤"顺铣"　多用于一周全加工的情况。

➤"逆铣"、"混合铣"　多用于加工单一面的情况。在使用本切削方向时，应与【连接】选项卡中的"层到层"选项配合使用，使得所生成的刀轨跳刀少，更加优化刀路。

2）切削顺序

在等高铣中，当残留的毛坯大于刀具直径时，优先采用"层优先"。在等高铣中，为了安全起见，建议使用"层优先"。在安全的情况下可采用"深度优先"。

3）在边上延伸

此处所指定的延伸距离直接定义了切削层，如果使用自动块作为毛坯，则刀轨将不再延伸。要想灵活运用，配合"切削层"一起使用会更方便。

4）在边上滚动刀具

一般不使用。相对于球刀，在清理顶部圆角时，使它延伸出来所清理的角比较好。

（4）指定非切削移动参数

如图 8-38 所示，设置【进刀】|【封闭区域】的【进刀类型】为"与开放区域相同"，【开放区域】的【进刀类型】为"圆弧"，【退刀】设置为"抬刀"，其余选项保持默认值；【安全设置选项】为"自动平面"。单击【确定】按钮。

（5）指定主轴转速

设置【主轴速度】的输出模式为 RPM，【主轴速度】设为 1 500。【方向】选为"顺时针"；【进给率】的【切削】设为 800 mmpm。【更多】选项组中的各参数依次设为 1 500、1 100、800、1 200、1 300、1500、110、500，单位均为 mmpm。其余选项保持默认值，单击【确定】按钮。

（6）完成轮廓的创建

单击【生成】工具按钮 ；打开【操作】页面，完成"ZLEVEL_1"操作的创建。

（7）生成刀具轨迹仿真

单击工具按钮 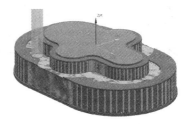，弹出模拟界面，切换到【3D 动态】，【动画速度】调整为"2"，单击 ▶ 按钮，仿真图如图 8 - 39 所示。

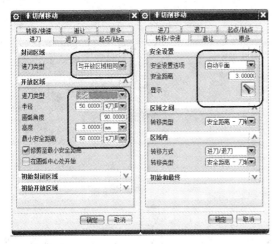

图 8 - 38　非切削移动参数　　　　　图 8 - 39　仿真效果

8.3.4　多孔加工

1. 创建点孔工序

单击【创建工序】工具按钮，弹出【创建工序】对话框，如图 8 - 40 所示。选择【类型】为"drill"，【工序子类型】为"点钻"，选择【刀具】为 D3，选择【几何体】为"WORKPIECE_1"，选择【方法】为"DRILL_METHOD"，命名程序【名称】为"SPOT_1"，单击【确定】按钮进入孔加工对话框，如图 8 - 41 所示。

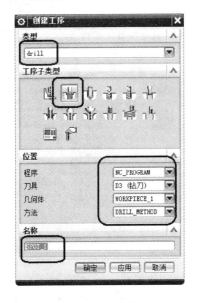

图 8 - 40　创建工序

图 8 - 41　【孔加工】对话框

（1）指定孔

单击【指定孔】工具按钮进入如图 8 - 42 所示对话框，单击【类选择】按钮，选择如图 8 - 42 所示的孔，单击【确定】按钮完成孔的选择。

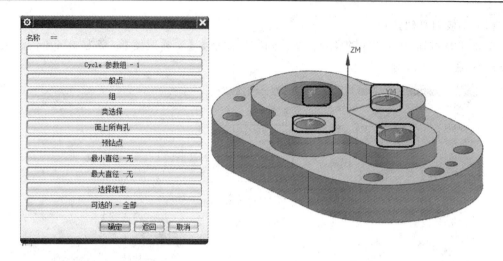

图 8 - 42　指定孔

（2）指定顶面

单击【指定顶面】工具按钮，选择上表面为孔的顶面，单击【确定】按钮完成顶面的选择，如图 8 - 43 所示。

（3）指定循环类型

如图 8 - 44 所示，设置【循环】为"标准钻"，单击【编辑参数】|【指定参数组】工具按钮，单击【确定】按钮进入【Cycle 参数】设置对话框，如图 8 - 45 所示，单击【Depth（Tip）- 5.0000】按钮，进入【Cycle 深度】设置对话框，单击【刀尖深度】按钮，进入深度设置对话框，输入【深度】为 2 mm。连续单击【确定】按钮。其余参数保持默认值，完成循环类型的设置。

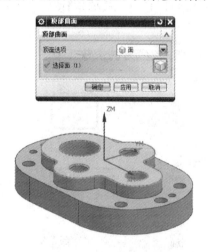

图 8 - 43　指定顶面

图 8 - 44　循环类型

（4）指定主轴转速

如图 8 - 46 所示，设置【主轴速度】的输出模式为 RPM，【主轴速度】设为 900；【进给率】的【切削】设为 30 mmpm。【更多】选项组中的各参数依次设为 1 500、1 100、800、1 200、1 300、1 500、110、500，单位均为 mmpm。其余选项保持默认值，单击【确定】按钮。

（5）完成点孔的创建

单击【生成】工具按钮，打开【操作】页面，完成"SPOT_1"操作的创建，刀具轨迹效果如图 8 - 47 所示。

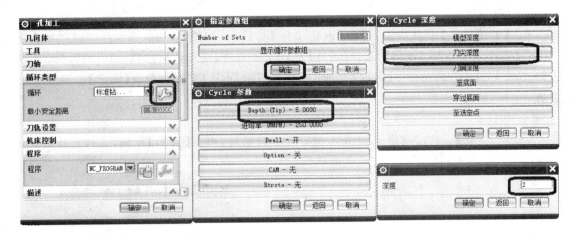

图 8-45　循环类型设置

图 8-46　进给率设置

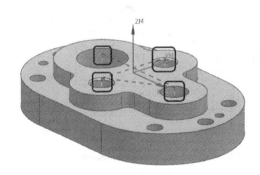

图 8-47　刀具轨迹

（6）重复操作创建点孔工序

对台阶面上的孔进行点孔操作，由于台阶面距顶面有一段距离，所以重复操作需要修改循环类型中的最小安全距离，将其调整为 20 mm，如图 8-48 所示，刀具轨迹效果如图 8-49 所示。

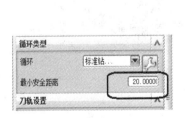

图 8-48　最小安全距离

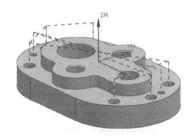

图 8-49　台阶点孔

2. 创建钻孔工序

单击【创建工序】工具按钮,弹出【创建工序】对话框,如图 8-50 所示,选择【类型】为"drill",【工序子类型】为"断屑",选择【刀具】为 D11.8,选择【几何体】为"11-1-01",选择【方法】为"METHOD",命名程序【名称】为"BREAKCHIP_DRILLING",单击【确定】按钮进入断屑钻对话框,如图 8-51 所示。

（1）指定孔

单击【指定孔】工具按钮进入如图 8-52 所示对话框,单击【选择】按钮,选择孔中心,如图 8-53 所示,单击【确定】按钮完成孔的选择。

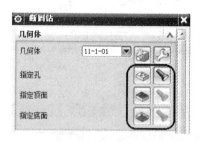

图 8-51 创建指定孔

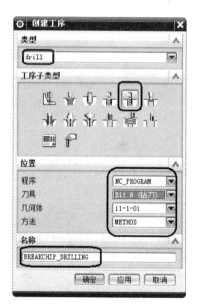

图 8-50 创建断屑钻孔工序

图 8-52 选择孔对话框

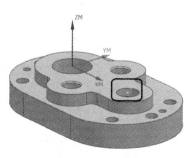

图 8-53 孔位选择

（2）指定顶面、底面

单击【指定顶面】工具按钮，选择上表面为孔的顶面，如图 8-54 所示，单击【确定】按钮完成顶面的选择。单击【指定底面】工具按钮，选择上、下底面为孔的底面，如图 8-55 所示，单击【确定】按钮完成底面的选择。

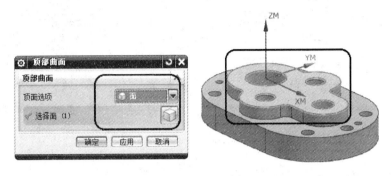

图 8-54　顶面选择

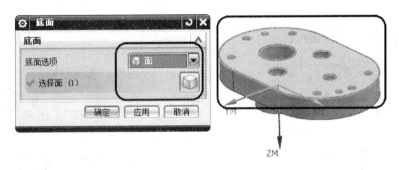

图 8-55　底面选择

（3）指定循环类型

如图 8-56 所示，设置【循环】为"标准钻，断屑"，弹出如图 8-57 所示的【指定参数组】对话框，单击【确定】按钮进入【Cycle 参数】设置对话框，如图 8-58 所示，单击【Depth－模型深度】按钮进入【Cycle 深度】设置对话框，如图 8-59 所示，单击【穿过底面】按钮，单击【确定】按钮。其他参数保持默认值，完成循环类型的设置。

图 8-56　循环类型

图 8-57　指定参数组

（4）指定主轴转速

如图 8-60 所示，设置【主轴速度】的输出模式为 RPM，【主轴速度】设为 700，【进给率】的【切削】设为 70 mmpm。【更多】选项组中的各参数依次设为 1 500、1 100、800、1 200、1 300、1 500、110、500，单位均为 mmpm。其余选项保持默认值，单击【确定】按钮。

（5）完成钻孔的创建

单击【生成】工具按钮，打开【操作】页面，完成"BREAKCHIP_DRILLING"操作的创建，刀具轨迹如图 8-61 所示。

图 8 - 58　Cycle 参数

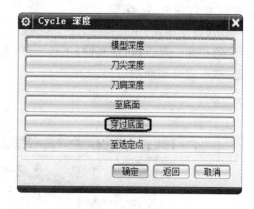

图 8 - 59　Cycle 深度参数

图 8 - 60　进给参数

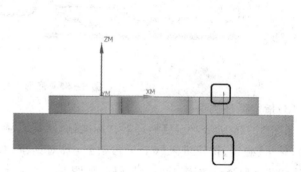

图 8 - 61　刀具轨迹

3. 创建沉头孔工序

单击【创建工序】工具按钮,弹出【创建工序】对话框,如图 8 - 62 所示,选择【类型】为 "drill",【工序子类型】为"沉头孔",选择【刀具】为 D18,选择【几何体】为"11 - 1 - 01",选择【方法】为"METHOD",命名程序【名称】为"COUNTERBORING",单击【确定】按钮进入沉头孔加工对话框,如图 8 - 63 所示。

(1) 指定孔

单击【指定孔】工具按钮,进入如图 8 - 64 所示对话框,单击【选择】按钮,选择孔中心,如图 8 - 65 所示,单击【确定】按钮完成孔的选择。

(2) 指定顶面、底面

单击【指定顶面】工具按钮,选择上表面为孔的顶面,如图 8 - 66 所示,单击【确定】按钮完成顶面的选择。

(3) 指定循环类型

设置【循环】为"沉头孔",弹出如图 8 - 67 所示的【指定参数组】对话框,单击【确定】按钮进入【Cycle 参数】设置对话框,如图 8-68 所示,单击【Depth -模型深度】按钮进入【Cycle 深度】设置对话框,如图 8-69 所示,单击【至底面】按钮进入深度设置对话框,如图 8-70 所示,输入数值为 7 mm,单击【确定】按钮。其他参数保持默认值,完成循环类型的设置。

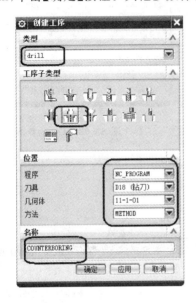

图 8-62　创建沉头孔工序

图 8-63　【沉头孔加工】对话框

图 8-64　点到点几何体

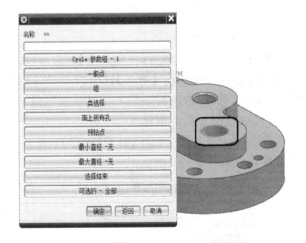

图 8-65　指定孔位

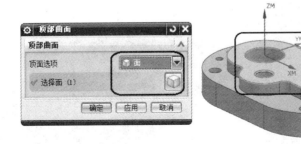

图 8-66　顶面选择

图 8－67　指定参数组

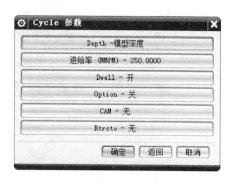

图 8－68　Cycle 参数

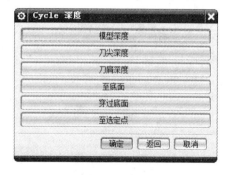

图 8－69　Cycle 深度

图 8－70　深度设值

（4）指定主轴转速

如图 8－71 所示，设置【主轴速度】的输出模式为 RPM，【主轴速度】设为 150；【进给率】的【切削】设为 30 mmpm。【更多】选项组中的各参数依次设为 1 500、1 100、800、1 200、1 300、1 500、110、500，单位均为 mmpm。其余选项保持默认值，单击【确定】按钮。

（5）完成沉头孔的创建

单击【生成】工具按钮，打开【操作】页面，完成"COUNTERBORING"操作的创建，生成的刀具轨迹如图 8－72 所示。

图 8－71　进给参数

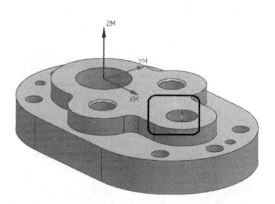

图 8－72　刀具轨迹

4. 创建孔倒角工序

单击【创建工序】工具按钮,弹出【创建工序】对话框,如图 8-73 所示,选择【类型】为"mill_contour",【工序子类型】为"深度轮廓加工",选择【刀具】为 DJ90,选择【几何体】为"WORK-PIECE_1",选择【方法】为"METHOD",命名程序【名称】为"ZLEVEL_PROFILE",单击【确定】按钮进入深度轮廓加工对话框,如图 8-74 所示。

图 8-73　创建工序

图 8-74　【深度轮廓加工】对话框

（1）指定切削区域

单击【指定切削区域】工具按钮,进入如图 8-75 所示对话框,选择孔倒角面,单击【确定】按钮完成倒角的选择。

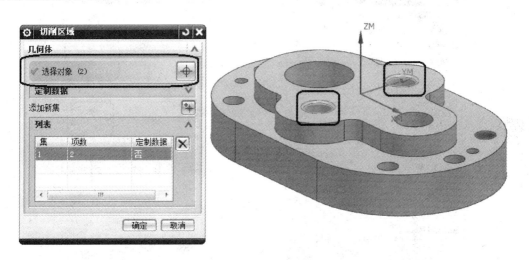

图 8-75　指定切削区域

（2）刀轨设置

如图 8-76 所示，选择【方法】为"MILL_FINISH"，【陡峭空间范围】为"无"，【合并距离】为 3 mm，【最小切削长度】为 1 mm，【公共每刀切削深度】为"恒定"，【最大距离】为 1 mm，其他参数保持默认值。

（3）指定切削参数

如图 8-77 所示，设置【切削方向】为"顺铣"，【切削顺序】为"深度优先"，其余参数保持默认值。

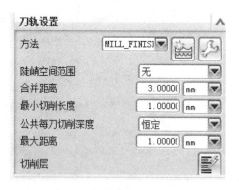

图 8-76　刀轨设置

图 8-77　切削参数

（4）指定非切削移动参数

设置【进刀】|【封闭区域】的【进刀类型】为"与开放区域相同"，【开放区域】的【进刀类型】为"圆弧"，【最小安全距离】为 3 mm，【退刀】设置为"抬刀"，其余选项保持默认值，如图 8-78 所示，单击【确定】按钮。

（5）指定主轴转速

如图 8-79 所示，设置【主轴速度】的输出模式为 RPM，【主轴速度】设为 800。【方向】为"顺时针"，【进给率】的【切削】设为 260 mmpm。【更多】选项组中的各参数依次设为 1 500、1 100、800、1 200、1 300、1 500、110、500，单位均为 mmpm。其余选项保持默认值，单击【确定】按钮。

图 8-78　非切削移动参数

图 8-79　进给参数

（6）完成孔倒角的创建

单击【生成】工具按钮　，打开【操作】页面，完成"ZLEVEL_PROFILE"操作的创建，刀具轨迹如图 8-80 所示。

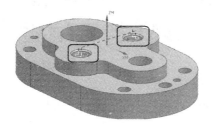

图 8-80　刀具轨迹

8.3.5　工序复制加工

本章中用到的与前面章节相同的 CAM 工序，本章不再讲解，按照前面的方法加工全部内容，零件的加工效果如图 8-81 所示。

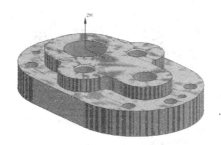

图 8-81　零件加工效果

第9章　模具类典型零件 UG NX9.0 CAM 加工编程

本章重点内容：
* 模具类典型零件加工工艺分析
* 模具类典型零件加工工艺规划
* 模具类典型零件的加工过程
* 模具类典型零件的 CAM 加工策略

CAM 软件编程都是在加工工艺基础上进行的,没有工艺的编程是没有意义的。本章将对简单模具及多轴类零件进行讲解,以帮助掌握其基本零件的加工工艺和 CAM 加工策略。模具类零件也是数控加工的主要加工零件之一。

9.1　零件加工信息分析

9.1.1　零件三维图

零件三维图如图 9-1 所示。

图 9-1　加工任务图

9.1.2　零件分析

模具的工作零件(或成型零件)一般比较复杂,而且有较高的加工精度要求,其加工质量直接影响到产品的质量与模具的使用寿命。模具工作零件的工作型面的形状多种多样,但归纳起来不外乎两类:一类是外工作型面,包括型芯与凸模等工作型面;另一类是内工作型面,如各种凹模的工作型面。按照工作型面的特征又可分为型芯与型腔两种。

模具型腔、型芯数控铣削加工的工艺流程是:粗铣→半精铣→精铣→清角。一般模具工作零件的外形较复杂,对装配精度、形状精度、位置精度及表面粗糙度要求较高。

9.2　零件加工工艺分析

加工方法的选择和加工阶段的划分方法是：采用通用机床加工模具零件，主要依靠工人的熟练技术，先利用铣床、车床等进行粗加工、半精加工，然后由钳工修正、研磨、抛光。采用数控铣、加工中心等机床对模具零件进行粗加工、半精加工和精加工，采用高精度的成型磨床、坐标磨床等进行热处理后的精加工，并采用三坐标测量仪进行检测。采用特种工艺加工模具零件主要是指电火花加工、电解加工、挤压、精密铸造和电铸等成型方法。模具工作零件的制造过程与一般机械零件的加工过程类似，也可分为毛坯准备、毛坯加工、零件加工、装配与修整等几个过程。

9.2.1　毛坯的选择

本模具型芯零件的结构形状较复杂，选择的毛坯是锻造毛坯方料，尺寸为 200 mm×140 mm×80 mm。

9.2.2　定位夹紧

1．粗基准的选择
遵照"先面后孔、先主后次"的加工原则，先选择长方体的一个面作为粗基准。夹具采用虎钳。粗加工六个面。

2．精基准的选择
根据精基准的选择原则，选择型芯底面和侧面作为精基准，采用液压精密虎钳。

9.2.3　加工顺序与进给路线

1．表面加工方法的确定
对于复杂型面凸模的制造工艺，应根据凸模的形状、尺寸和技术要求，并结合本单位的设备情况等具体条件来制订。对于此类复杂凸模的表面，一般采用数控铣削可以满足要求。

2．加工顺序的确定
工艺路线方案是：

① 毛坯准备。主要内容是工作零件毛坯的锻造、铸造、切割、退火或正火等。

② 毛坯加工。主要内容是进行毛坯粗加工，切除加工表面上的大部分余量。工种有锯、刨、铣、粗磨等。

③ 零件加工。主要内容是进行模具零件的半精加工和精加工，使零件的各主要表面达到图样要求的尺寸精度和表面粗糙度。工种有划线、钻、车、铣、镗、仿刨、插、磨、电火花加工等。

④ 光整加工。主要对精度和表面粗糙度要求很高的表面进行光整加工。工种有研磨和抛光等。

⑤ 装配与修正。主要包括工作零件的钳工修配及镶拼零件的装配加工等。

在零件加工过程中，需要涉及机械加工的工序安排及热处理工序的安排，详见后面的数控加工工序卡。

9.2.4　刀具的选择

刀具的选择如表 9-1 所列。

表 9－1　刀具选择

产品名称			零件名					零件图号	
工步号	刀具号	刀具型号	刀柄型号	\multicolumn{5}{c} 刀　具	备注
				直径 D/mm	长度 H/mm	刀尖半径 R/mm	刀尖方位		
1	T01	φ120 端面铣刀	BT40	125		0.8			
2	T02	φ16R0.8 立铣刀	BT40	16		0.8			
3	T03	φ3 中心钻	BT40	3					
4	T04	φ3.8 钻头	BT40	3.8					
5	T05	φ4.8 钻头	BT40	4.8					
6	T06	φ4 铰刀	BT40	4					
7	T07	φ5 铰刀	BT40	5					
8	T08	φ8 立铣刀	BT40	8					
9	T09	φ6R3 球头刀	BT40	6R3		3			
编制		审核		批准				共　页	第　页

9.2.5　切削用量的选择

切削用量的选择如表 9－2 所列。

表 9－2　切削用量选择表

序　号	加工内容	刀具号	主轴转速/(r·min^{-1})	进给量/(mm·r^{-1})	背吃刀量/mm
1	粗铣面	T01	180	40	
2	粗、精铣分型面及其轮廓	T02	900	40	
3	钻所有中心孔	T03	1 100	30	
4	钻 φ4 底孔	T04	1 000	30	
5	钻 φ5 底孔	T05	900	40	
6	铰 φ4 孔	T06	120	16	
7	铰 φ5 孔	T07	100	10	
8	二次开粗	T08	1 000	300	
9	精加工曲面	T09	2 000	600	
编制		审核		批准		共　页	第　页

9.2.6　加工工艺方案

凸模和型芯类模具零件是用来成型制件内表面的。由于成型制件的形状各异，尺寸差别较大，所以凸模和型芯类模具零件的品种也是多种多样的。按照凸模和型芯的断面形状，大致可以分为圆形和异形两类。圆形凸模和型芯的加工比较容易，一般可采用车削、铣削和磨削等进行粗加工和半精加工。经过热处理后，在外圆磨床上进行精加工，再经过研磨和抛光即可达到设计要求。异型凸模和型芯在制造上较圆形凸模和型芯复杂得多。本节主要讨论异型凸模和型芯模具零件的加工。

按照装夹次数划分的加工工序如表 9－3 所列。

表 9 - 3　数控加工工艺卡片(简略卡)

机械加工工艺卡片		产品型号		零件图号		共 1 页
		产品名称		零件名称		第 1 页
材　料	毛坯种类	毛坯外形尺寸	毛坯件数	加工数量	程序号	
45 钢	棒料		1			
序　号	工序名称	工序内容		设　备		
1	下料	弓形锯床				
2	毛坯准备	锻成一个长×宽×高、每边均含有加工余量的长方体				
3	热处理	退火(按照模具材料选取退火方法及退火工艺参数)				
4	铣方	铣六面,单面留余量 0.2～0.25 mm		XH716		
5	磨削	平磨(或万能工具磨)六面至尺寸上限,使用基准面对角尺,以保证相互平行或垂直				
6	粗、精加工	数控铣削加工(留 0.02 mm 抛光量)		XH716		
7	检查	用放大图在投影仪上将工件放大检查其型面(适用于中、小工件)				
8	钳工	粗研,单面留 0.01～0.015 mm 研磨量(或按照加工余量表选择)				
9	热处理	工作部分局部淬火及回火				
10	钳工	钳工精研及抛光				

9.2.7　CAM 策略选择

1. CAM 模型

CAM 模型如图 9 - 2 所示。

2. CAM 策略

如图 9 - 3 所示,根据工艺,选择以下 CAM 工序内容:

① UG 型腔铣加工;

② UG 固定轮廓铣加工;

③ UG 区域轮廓铣加工;

④ UG 多刀路清根加工;

⑤ UG 点孔加工;

⑥ UG 钻孔加工;

⑦ UG 曲面区域轮廓加工;

⑧ UG 陡峭区域加工。

图 9 - 2　CAM 模型

型腔铣　　固定轮廓铣　　区域轮廓铣　　多刀路清根

点孔加工　钻孔加工　曲面区域轮廓加工　陡峭区域加工

图 9 - 3　CAM 策略选择

9.3 CAM 加工实施过程

9.3.1 型腔铣削

1. 创建加工坐标系

双击打开 UG NX9.0 软件,单击【打开】工具按钮,打开命名为"core"的型芯数模,选择【启动】|【加工】菜单项,如图 9-4 所示,单击【确定】按钮,出现如图 9-5 所示对话框。

选择【CAM 会话配置】和【要创建的 CAM 设置】("CAM 会话配置"和"要创建的 CAM 设置"的具体解释查附表 1 和附表 2)进入加工环境,单击【创建几何体】工具按钮,在【几何体子类型】中选择坐标系,可以根据需要修改几何体的名称,此时修改为"core-01",如图 9-6 所示。创建坐标系如图 9-7 所示,选择图中所选的坐标系原点,单击【确定】按钮。

图 9-4　进入加工环境

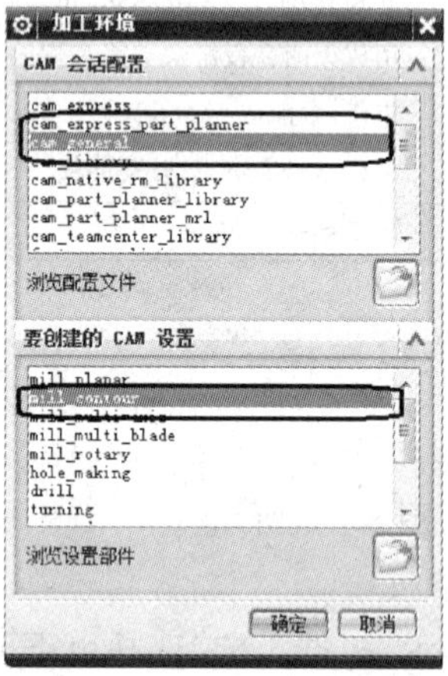

图 9-5　配置加工环境

图 9-6　创建几何体

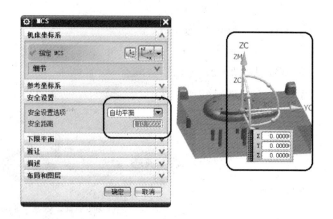

图 9-7　坐标系创建

2. 创建毛坯

单击【创建几何体】工具按钮,选择【几何体子类型】为"WORKPIECE",【名称】默认为"WORKPIECE_1",如图 9-8 所示,单击【确定】按钮进入工件对话框,单击【指定部件】工具按钮,选择箱体为部件;单击【指定毛坯】工具按钮,进入毛坯设置对话框,如图 9-9 所示,选择

【类型】为"包容块",输入毛坯的尺寸值,单击【确定】按钮完成几何体的创建。

 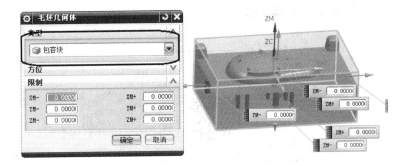

图 9-8　创建几何体　　　　　　　图 9-9　毛坯几何体

3. 创建刀具

按照与前面章节相同的方法创建刀具,包括创建铣刀、钻头和铰刀,刀具清单如图 9-10 所示。

4. 创建工序

单击【创建工序】工具按钮,弹出【创建工序】对话框,如图 9-11 所示,选择【工序子类型】为"型腔铣加工",选择【刀具】为 D125,选择【几何体】为"WORKPIECE_1",选择【方法】为"MILL_ FINISH",命名程序【名称】为"CAVITY_1",单击【确定】按钮。

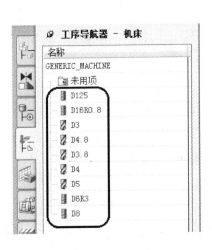 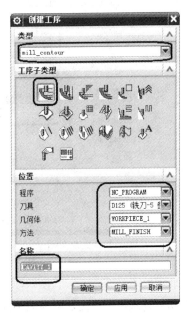

图 9-10　创建刀具　　　　　　　图 9-11　创建工序

(1) 指定切削区域

单击【指定切削区域】工具按钮,在图 9-12 中选择上表面的所有内容为加工区域,但不选择孔。

(2) 刀轨设置

如图 9-13 所示,切削【方法】选为"MILL_FINISH",【切削模式】选为"跟随周边",【步距】设为"刀具平直百分比";【平面直径百分比】设为 50%;【公共每刀切削深度】选为"恒定",【最大距离】设为 0.5。

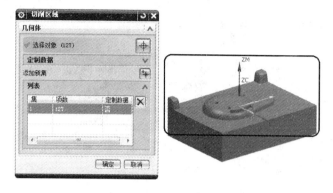

图 9-12　切削区域选择　　　　　　　　　图 9-13　刀轨设置

（3）指定切削参数

如图 9-14 所示,设置【切削方向】为"顺铣",【切削顺序】为"层优先",【刀路方向】为"向内",【壁】选中"岛清根",设置【余量】为"使底面余量与侧面余量一致",并设置【部件侧面余量】的值为 0.5 mm,其余参数保持默认值。

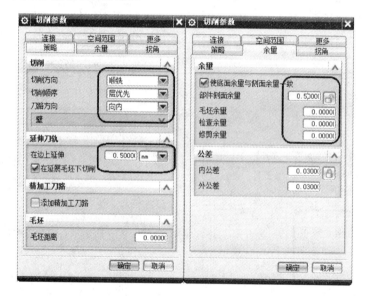

图 9-14　切削参数设置

1）切削参数

不同的切削方式所对应的切削参数不同。下面是两种不同切削方式所对应的切削参数:

① "Zig-Zag"切削方式对应的切削参数如图 9-15（a）所示。

② "跟随周边"切削方式对应的切削参数如图 9-15（b）所示。

2）切削顺序的设置

切削顺序包括层优先和深度优先两种:

① 层优先。指定刀具在切削零件时,在切削完工件上所有区域同一高度的切削层之后再进入下一层的切削,其切削示意图如图 9-16（a）所示。

② 深度优先。指定刀具在切削零件时,将一个切削区域的所有层切削完毕再进入下一个切削区域进行切削,切削示意图如图 9-16（b）所示。

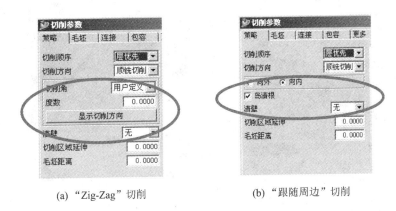

(a) "Zig-Zag" 切削　　　　　(b) "跟随周边" 切削

图 9 - 15　不同切削方式的切削参数

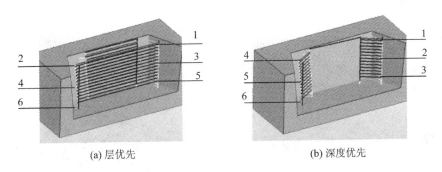

(a) 层优先　　　　　　(b) 深度优先

图 9 - 16　切削顺序示意图

3）切削方向的设置

切削方向包括：

① 顺铣切削。顺铣指刀具在旋转时产生的切线方向与工件的进给方向相同，如图 9 - 17（a）所示。

② 逆铣切削。逆铣指刀具在旋转时产生的切线方向与工件的进给方向相反，如图 9 - 17（b）所示。

③ 向外。向外指刀具从里面下刀向外面切削，如图 9 - 17（c）所示。

④ 向内。向内指刀具从外面下刀往里面切削，如图 9 - 17（d）所示。

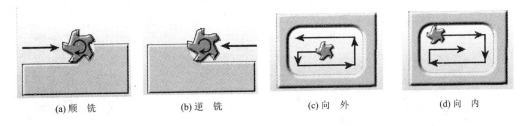

(a) 顺　铣　　　(b) 逆　铣　　　(c) 向　外　　　(d) 向　内

图 9 - 17　切削方向

4）切削角

切削角指刀具的切削轨迹与坐标系 X 轴的夹角，如图 9 - 18 所示。

5）岛清根

岛清根指在加工有岛屿的工件时，最后一刀沿着岛屿走一刀，以完全去除余量，如图 9 - 19所示。

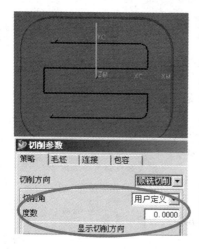
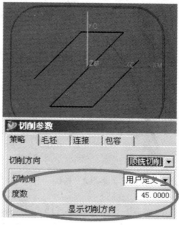

图 9 - 18　切削角

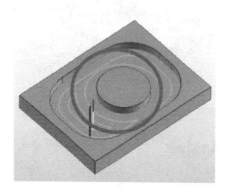
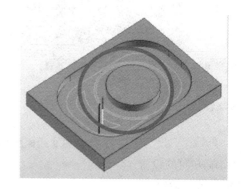

图 9 - 19　岛清根

6）清　壁

清壁指在加工零件时对工件进行清壁加工。包括 3 个选项：

① 无。不设置清壁加工，如图 9 - 20(a)所示。

② 在起点。在粗加工之前先沿着零件侧壁进行清壁加工，如图 9 - 20(b)所示。

③ 在终点。在粗加工之后沿着零件侧壁进行清壁加工，如图 9 - 20(c)所示。

无论是"在起点"，还是"在终点"，如果设置了"自动"清壁，则系统计算一个最适合清壁的时间进行清壁，如图 9 - 20(d)所示。

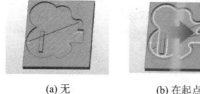

(a) 无　　　　　　　(b) 在起点　　　　　　(c) 在终点　　　　　　(d) 自　动

图 9 - 20　清　壁

7）余　量

余量指定了在切削加工后，工件上未切削的材料量。包括以下几种类型：

① 部件侧面余量。该选项用来指定当完成切削加工后，工件侧壁上尚未切削的材料量。

它一般用于粗加工中设置加工余量,以便在后续精铣时切除,如图 9 - 21(a)所示。

②　部件底面余量。该选项用来指定当完成切削加工后,工件底面或岛屿顶部尚未切削的材料量,如图 9 - 21(b)所示。

③　毛坯余量。系统在计算刀具轨迹时,需要知道零件与毛坯的差异,从而产生刀具轨迹以去除余量。设置了毛坯余量就相当于把毛坯放大(或缩小)了,系统就会产生更多(或更少)的刀具轨迹以去除放大(或缩小)了的毛坯。如图 9 - 21(c)所示,系统把原毛坯与毛坯余量部分全部当做一个新的毛坯来计算刀具轨迹。图中对没有设置毛坯余量和设置了 3 mm 的毛坯余量进行了比较。

④　检查余量。该选项用来指定刀具与检查几何体之间的偏置距离,如图 9 - 21(d)所示。

⑤　裁剪余量。该选项用来指定刀具与裁剪几何体之间的偏置距离,如图 9 - 21(e)所示。

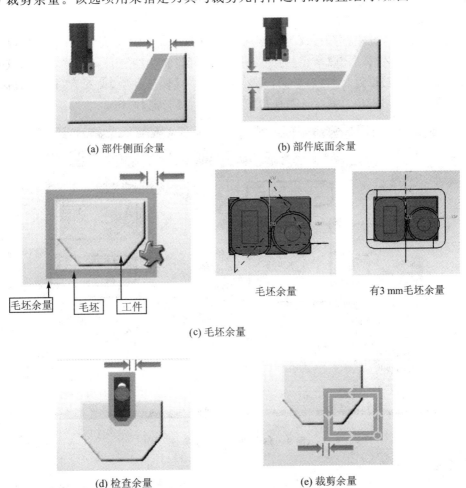

(a) 部件侧面余量　　　　　　　(b) 部件底面余量

毛坯余量　　毛坯　　工件

毛坯余量　　　　有3 mm毛坯余量

(c) 毛坯余量

(d) 检查余量　　　　　　　(e) 裁剪余量

图 9 - 21　余　量

8) 公　差

公差指定了刀具偏离工件的允许误差。指定的数值越大,精度越低;指定的数值越小,精度越高,但可能会增加加工时间。

①　内公差。该选项用来指定刀具偏离工件内的允许误差,如图 9 - 22(a)所示。

②　外公差。该选项用来指定刀具偏离工件外的允许误差,如图 9 - 22(b)所示。

内公差和外公差不能同时指定为 0。

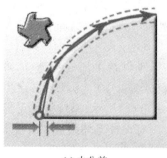

(a) 内公差

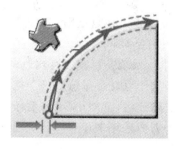

(b) 外公差

图 9 - 22　公　差

（4）指定非切削移动参数

如图 9 - 23 所示,设置【进刀】|【封闭区域】的【进刀类型】为"与开放区域相同",【开放区域】的【进刀类型】为"圆弧",其【半径】为 16 mm,【退刀】设置为"抬刀",【转移/快速】|【安全设置】的【安全设置选项】设置为"自动平面",【区域之间】的【转移类型】设置为"直接",【区域内】的【转移类型】设置为"直接",其余选项保持默认值,单击【确定】按钮。

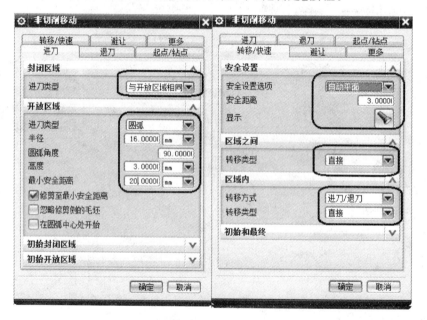

图 9 - 23　非切削移动参数

（5）指定主轴转速

如图 9 - 24 所示,设置【主轴速度】中的输出模式为 RPM,【主轴速度】设为 900,【方向】为"顺时针",【进给率】中的【切削】设为 400 mmpm。【更多】选项组中的各参数依次设为 1 500、1 100、800、1 200、1 300、1 500、110、500,单位均为 mmpm。其余选项保持默认值,单击【确定】按钮。

（6）完成型腔的创建

单击【生成】工具按钮 ，打开【操作】页面,完成"CAVITY_1"操作的创建。

（7）生成刀具轨迹仿真

单击工具按钮 ，弹出模拟界面,切换到【3D 动态】,【动画速度】调整为"2",单击 ▶ 按钮,仿真效果如图 9 - 25 所示。

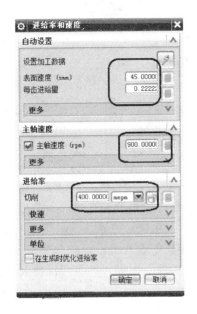

图 9 - 24　进给参数设置　　　　　　图 9 - 25　3D 仿真效果

9.3.2　深度加工轮廓二次开粗

深度加工轮廓二次开粗的创建工序如下。

单击【创建工序】工具按钮，弹出【创建工序】对话框，如图 9 - 26 所示，选择【工序子类型】为"深度轮廓加工"，选择【刀具】为 D8，选择【几何体】为"WORKPIECE_1"，选择【方法】为"MILL_ FINISH"，命名程序【名称】为"ZLEVEL_1"，单击【确定】按钮。

（1）指定切削区域

单击【指定切削区域】工具按钮，选择上表面的全部元素为加工区域，如图 9 - 27 所示。

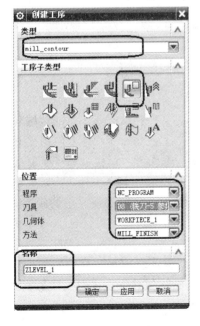

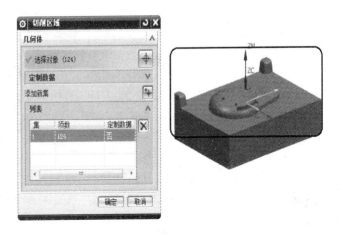

图 9 - 26　创建工序　　　　　　图 9 - 27　指定切削区域

（2）刀轨设置

如图 9-28 所示，切削【方法】选为"MILL_FINISH"，【陡峭空间范围】选为"仅陡峭的"，陡峭【角度】设置为 65，【合并距离】设置为 3 mm，【最小切削长度】设置为 1 mm，【公共每刀切削深度】选为"恒定"，【最大距离】设置为 0.5。

【陡峭空间范围】有 2 个选项：

① 无。系统在计算刀路时，不按照指定角度区域计算刀轨。

图 9-28 刀轨设置

② 仅陡峭的。在【角度】栏定义切削角度，系统只在所指定角度的区域内生成刀轨。此处所指定的角度指以所选切削区域的法线为基准，如果指定为 65°，则等高铣只铣削 65°以上的陡峭壁，而不铣削 65°以下的平坦面。在"固定轴区域铣削"中也有指定陡峭角度的选项，若在陡峭【角度】栏中定义了 65°，则它只在 65°以下的平坦面区域中生成刀轨。可以通过等高铣与固定轴区域铣削的配合来达到精光的目的。

（3）指定切削参数

如图 9-29 所示，设置【切削方向】为"顺铣"，【切削顺序】为"深度优先"，【余量】设为 0.2，【空间范围】中的【重叠距离】设为 3 mm，【参考刀具】选择 D16R0.8，其余参数保持默认值。

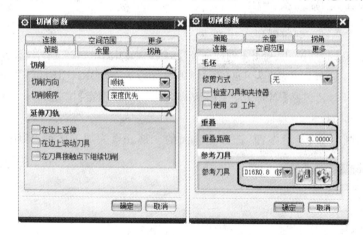

图 9-29 切削参数设置

当采用大刀开粗时，在部件拐角处或零件表面上留下残留比较厚的毛坯（大刀进不去的区域），此时可采用参考刀的切削策略。本切削策略的意思是：在粗加工完成后，在第二个程序上使用比上一个程序直径略小的刀具（注意：最好不要小于上一把刀具的半径）。在参考刀具栏中选择要参考的刀具；在重叠栏中定义其重叠的距离；在陡峭栏中定义是否使用角度控制，一般不采用。

刀具在切削时为了把壁加工完全，或者把壁的接刀痕铣掉，使刀具路径重叠一定的距离，在真正应用时都要设定重叠距离的值。此值无须过大，以把壁铣得光滑为目的。

（4）非切削移动参数

如图 9-30 所示，设置【进刀】|【封闭区域】的【进刀类型】为"与开放区域相同"，【开放区域】的【进刀类型】为"圆弧"，【退刀】设置为"抬刀"，其余选项保持默认值；【安全设置选项】选为"自动平面"，单击【确定】按钮。

（5）指定主轴转速

设置【主轴速度】中的输出模式为 RPM，【主轴速度】设为 1 500，【方向】为"顺时针"，【进给率】中的【切削】设为 800 mmpm。【更多】选项组中的各参数依次设为 1 500、1 100、800、1 200、1 300、1 500、110、500，单位均为 mmpm。其余选项保持默认值，单击【确定】按钮。

（6）完成轮廓的创建

单击【生成】工具按钮；打开【操作】页面，完成"ZLEVEL_1"操作的创建，刀具轨迹如图 9－31 所示。

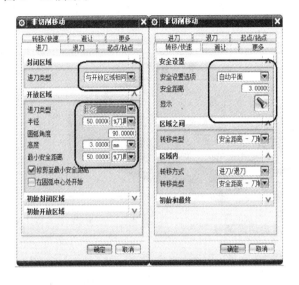

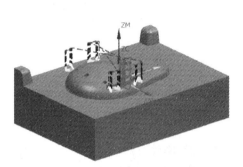

图 9－30　非切削移动参数　　　　　　　图 9－31　刀具轨迹效果

9.3.3　曲面加工

单击【创建工序】工具按钮，弹出【创建工序】对话框，选择【类型】为"mill_contour"，【工序子类型】为"固定轴轮廓铣"，选择【刀具】为 D6R3，选择【几何体】为"WORKPIECE_1"，选择【方法】为"MILL_ FINISH"，命名程序【名称】为"FIXED_CONTOUR_1"，如图 9－32 所示，单击【确定】按钮进入固定轴轮廓铣对话框，如图 9－33 所示。

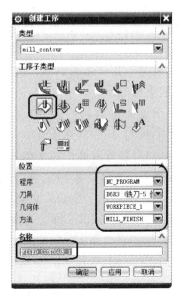

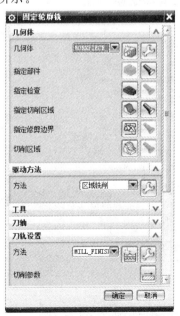

图 9－32　创建工序　　　　　　　图 9－33　【固定轮廓铣】对话框

创建固定轴轮廓铣工序的主要步骤如下。

1. 指定切削区域

单击【指定切削区域】工具按钮，进入如图 9-34 所示对话框，选择图中所示的面，单击【确定】按钮完成切削区域的选择。

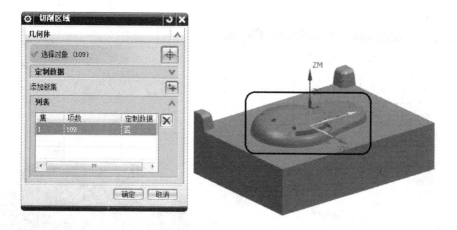

图 9-34　指定切削区域

2. 指定驱动方法

单击【驱动方法】工具按钮，如图 9-35 所示，选择【驱动方法】|【方法】为"区域铣削"，进入【区域铣削驱动方法】对话框，如图 9-36 所示。设置【非陡峭切削模式】为"往复"，【切削方向】为"顺铣"，【步距】为"恒定"，【最大距离】为 0.1 mm，【步距已应用】选为"在平面上"，【切削角】选为"自动"，其他参数保持默认值，单击【确定】按钮。

图 9-35　驱动方法

固定轴轮廓铣（fixed-contour）是曲面轮廓铣削中最基本的一种曲面切削类型，其余的铣削方式则是固定轴轮廓铣常见的驱动方法。

固定轴轮廓铣的"驱动方法"定义了创建刀轨所需的驱动点，驱动点一旦被定义，就可用于创建刀轨。驱动方法的选择取决于驱动几何体的类型，以及可用的投影矢量、刀轴和切削类型等。

选择曲面区域驱动方法的原因是基于部件表面的复杂性和刀轴所需的控制：程序将在所选驱动曲面上创建一个驱动点阵列，然后将此阵列沿指定的投影矢量投影到部件表面上；刀具定位到"部件表面"上的"接触点"；刀轨是使用刀尖处的输出刀位置点创建的，投影矢量和刀轴都是变量，它们都被定义为垂直于驱动曲面。

固定轴轮廓铣常见的驱动方法包括曲线/点、螺旋式、边界、区域铣削、曲面、流线、刀轨、径向切削、清根和文本。

（1）"曲线/点"驱动方法

使用"曲线/点"驱动方法时，可通过指定点和选择

图 9-36　区域铣削参数

曲线或面边缘来定义驱动几何体,驱动几何体投影到部件几何体上,并在此生成刀轨。曲线可以是开放的或封闭的、连续的或非连续的、平面的或非平面的。此驱动方法一般用于筋槽加工和字体雕刻。

当指定点时,"驱动轨迹"创建为指定点之间的线段。当指定曲线或边时,沿着选定的曲线和边生成驱动点。

1) 使用"点"驱动几何体

当由点来定义"驱动几何体"时,刀具沿着刀轨选择的顺序从一个点运动至下一个点。可以多次使用同一个点(只要不在序列中连续选择它),也可以通过选择同一个点作为序列中的第一个点和最后一个点来创建封闭的刀轨。

2) 使用"曲线/边"驱动几何体

当由曲线或边来定义"驱动几何体"时,刀具沿着刀轨并按照用户选择的顺序从一条曲线或边运动至下一条曲线或边。所选的曲线可以是连续的,也可以是非连续的。对于开放的曲线或边,选定的端点决定了起点,起点和切削方向由选择顺序决定;对于封闭的曲线或边,起点和切削方向由用户选择线段的顺序决定。用户还可以使用负余量值,使得该驱动方法只允许刀具在低于所选定部件的表面切削。

(2) "螺旋式"驱动方法

螺旋式驱动方法允许用户定义从指定中心点向外螺旋的"驱动点"。驱动点在垂直于投影矢量并包含中心点的平面上创建,之后"驱动点"沿着投影矢量投影到所选择的部件表面上。"中心点"定义螺旋的中心,它是刀具开始切削的位置。如果不指定中心点,则程序将使用绝对坐标系的原点。如果中心点不在部件表面上,则"驱动点"将沿着已定义的投影矢量移动到部件表面上,螺旋的方向(顺时针与逆时针)由"顺铣"或"逆铣"方向控制。

(3) "边界"驱动方法

边界驱动方法通过指定"边界"和"环"来定义切削区域。当"环"必须与外部"部件表面"边缘相接时,"边界"与"部件表面"的形状和大小无关;切削区域由"边界"、"环"或二者的组合定义。将已定义的切削区域的"驱动点"按照指定的"投影矢量"方向投影到"部件表面",这样就可创建"刀轨"了。边界可以超出"部件表面"的大小范围,也可以在"部件表面"内限制一个更小的区域,还可以与"部件表面"的边缘重合。当边界超出"部件表面"的大小范围时,如果超出的距离大于刀具直径,则会发生"边缘追踪"。

(4) "区域铣削"驱动方法

区域铣削驱动方法能够定义"固定轴轮廓铣"的操作,在指定切削区域时,可在需要的情况下添加"陡峭空间范围"和"修剪边界"约束。区域铣削驱动方法不需要驱动几何体,而且采用一种稳固的自动免碰撞空间范围计算,仅可用于"固定轴轮廓铣"操作。

(5) "曲面"驱动方法

曲面驱动方法可创建一个位于"驱动曲面"栅格内的"驱动点"阵列。将"驱动曲面"上的点按照指定的"投影矢量"方向投影,即可在所选定的"部件表面"上创建刀轨。如果未定义"部件表面",则可直接在"驱动曲面"上创建刀轨。"驱动曲面"不必是平面,但是其栅格必须按照一定的栅格行序或列序进行排列。曲面驱动方法主要用于多轴加工。

(6) "流线"驱动方法

流线驱动方法根据选中的几何体来构建隐式驱动曲面,此驱动方法可以灵活地创建刀轨,规则的面栅格无须进行整齐排列。

（7）"刀轨"驱动方法

刀轨驱动方法是沿着"刀位置源文件"CLSF 的刀轨来定义"驱动点"沿着现有的"刀轨"生成，然后投影到所选的"部件表面"上来创建新的刀轨。新的刀轨是沿着曲面轮廓形成的。当"驱动点"投影到"部件表面"上时，所遵循的方向由"投影矢量"确定。

（8）"径向切削"驱动方法

径向切削驱动方法使用指定的"步距"、"带宽"和"切削类型"生成沿着并垂直于给定边界的驱动轨迹。此驱动方法可用于创建清理工序。

（9）"清根"驱动方法

清根驱动方法沿着部件表面形成的凹角和凹部一次生成一层刀轨。清根驱动方法用于高速加工。在进行往复切削模式加工之前，应移除拐角剩余的材料和之前由较大的球刀遗留下来的未切削的材料。

（10）"文本"驱动方法

文本驱动方法可直接在轮廓表面雕刻制图文本，例如零件号和模具型腔 ID 号。

3．指定投影矢量

投影矢量包括以下几种类型：

（1）远离点

"远离点"类型创建从指定焦点向部件表面延伸的投影矢量。此类型可用于加工焦点位于球面中心处的内侧球形（或类似球形）曲面。驱动点沿着偏离焦点的直线从驱动曲面投影到部件表面，焦点与部件表面之间的最小距离必须大于刀具半径。

（2）朝向点

"朝向点"类型创建从部件表面延伸至指定焦点的投影矢量。此类型可用于加工焦点位于球中心处的外侧球形（或类型球形）曲面。

球面同时用做驱动面和部件表面。因此，驱动点以零距离从驱动曲面投影到部件表面。投影矢量的方向确定了部件表面的刀具侧，使刀具从外侧向焦点定位。

（3）远离直线

"远离直线"类型创建从指定直线延伸至部件表面的投影矢量。此选项有助于加工内部圆柱面，其中指定的直线作为圆柱中心线，刀具位置将从中心线移到部件表面的内侧，驱动点沿着偏离所选聚焦线的直线从驱动曲面投影到部件表面。

（4）朝向直线

"朝向直线"类型创建从部件表面延伸至指定直线的投影矢量。此选项有助于加工外部圆柱面，其中指定的直线作为圆柱中心线，刀具位置将从部件表面的外侧移至中心线，驱动点沿着所选聚焦线收敛的直线从驱动曲面投影到部件表面。

4．指定切削参数

如图 9 - 37 所示，设置【余量】中的【部件余量】为 0.02，其他参数为默认值。

5．指定非切削移动参数

单击【非切削移动】工具按钮，设置【进刀类型】为"圆弧-平行于刀轴"，【退刀】为"抬刀"，如图 9 - 38 所示，其余参数为默认值。

6．指定主轴转速

如图 9 - 39 所示，设置【主轴速度】中的输出模式为 RPM，【主轴速度】设为 2 000，【进给率】中的【切削】设为 600 mmpm。【更多】选项组中的各参数依次设为 1 500、1 100、800、1 200、1 300、1 500、110、500，单位均为 mmpm。其余选项保持默认值，单击【确定】按钮。

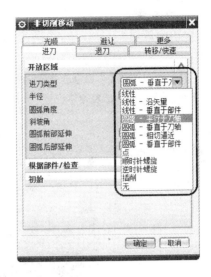

图 9-37　切削参数　　　　　　　图 9-38　非切削移动参数

7. 完成曲面的创建

单击【生成】工具按钮，打开【操作】页面，完成"FIXED_CONTOUR"操作的创建，刀具轨迹如图 9-40 所示。

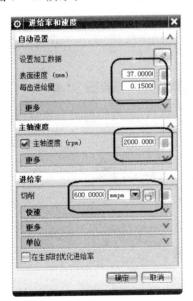

图 9-39　进给参数

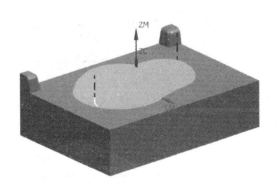

图 9-40　刀具轨迹

9.3.4　陡峭区域加工

单击【创建工序】工具按钮，弹出【创建工序】对话框，选择【工序子类型】为"深度轮廓加工"，选择【刀具】为 D8，选择【几何体】为"WORKPIECE_1"，选择【方法】为"MILL_FINISH"，命名程序【名称】为"ZLEVEL_2"，单击【确定】按钮。

创建工序的主要步骤如下。

（1）指定切削区域

单击【指定切削区域】工具按钮，选择上表面的全部元素作为加工区域，如图 9‑41 所示。

（2）刀轨设置

如图 9‑42 所示，切削【方法】选为"MILL_FINISH"，【陡峭空间范围】选为"无"，【合并距离】设置为 3 mm，【最小切削长度】设置为 1 mm，【公共每刀切削深度】选为"恒定"，【最大距离】设置为 0.1。

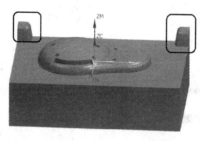
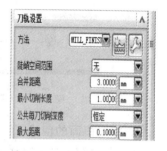

图 9‑41　指定切削区域　　　　　　　　　图 9‑42　刀轨设置

（3）指定切削参数

如图 9‑43 所示，设置【切削方向】为"顺铣"，【切削顺序】为"深度优先"，【部件侧面余量】为 0.02，其余参数保持默认值。

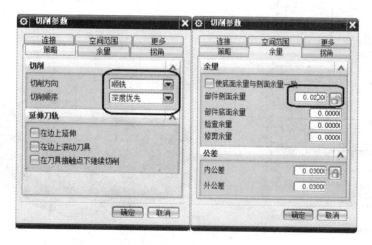

图 9‑43　切削参数设置

（4）指定非切削移动参数

如图 9‑44 所示，设置【进刀】|【封闭区域】的【进刀类型】为"与开放区域相同"，【开放区域】的【进刀类型】为"圆弧"，【退刀】设置为"抬刀"，其余选项保持默认值；【安全设置选项】选为"自动平面"，单击【确定】按钮。

（5）指定主轴转速

设置【主轴速度】中的输出模式为 RPM，【主轴速度】设为 1 500，【方向】为"顺时针"，【进给率】中的【切削】设为 800 mmpm。【更多】选项组中的各参数依次设为 1 500、1 100、800、1 200、1 300、1 500、110、500，单位均为 mmpm。其余选项保持默认值，单击【确定】按钮。

（6）完成轮廓的创建

单击【生成】工具按钮，打开【操作】页面，完成"ZLEVEL_2"操作的创建，刀具轨迹如图 9 - 45 所示。

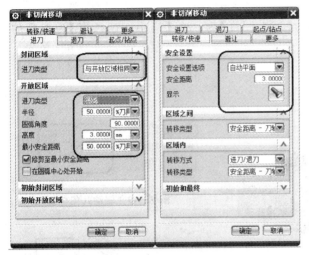

图 9 - 44　非切削移动参数

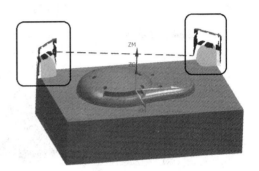

图 9 - 45　刀具轨迹效果

9.3.5　清根加工

单击【创建工序】工具按钮，弹出【创建工序】对话框，如图 9 - 46 所示，选择【工序子类型】为"多刀路加工"，选择【刀具】为 D6R3，选择【几何体】为"WORKPIECE_1"，选择【方法】为"MILL_ FINISH"，命名程序【名称】为"FLOWCUT_MULTIPLE"，单击【确定】按钮进入多刀路清根对话框，如图 9 - 47 所示。

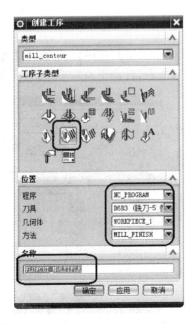

图 9 - 46　创建工序

图 9 - 47　【多刀路清根】对话框

创建清根加工工序的主要步骤如下。

（1）指定切削区域

单击【指定切削区域】工具按钮，选择上表面的全部元素作为加工区域，如图 9-48 所示。

（2）驱动几何体

如图 9-49 所示，设置【驱动几何体】的【最大凹度】为 179，【最小切削长度】为刀具的 50%，【连接距离】为刀具的 50%。

（3）陡 峭

如图 9-50 所示，设置【陡峭】为 65°。

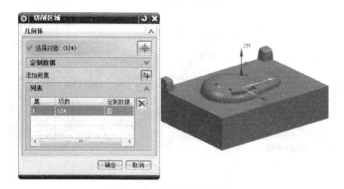

图 9-48 切削区域选择

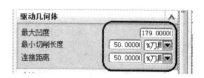

图 9-49 驱动几何体

图 9-50 陡峭设置

（4）驱动设置

如图 9-51 所示，【非陡峭切削模式】选为"往复"，【步距】设置为 1 mm，【每侧步距数】设置为 5，【顺序】选为"由内向外"。

（5）指定切削参数

如图 9-52 所示，设置【部件余量】为 0.02，其余参数保持默认值。

图 9-51 驱动设置

（6）指定非切削移动参数

如图 9-53 所示，设置【进刀】|【开放区域】的【进刀类型】为"圆弧-平行于刀轴"，【退刀】设置为"抬刀"，其余选项保持默认值；【安全设置选项】选为"自动平面"，单击【确定】按钮。

图 9-52 切削参数

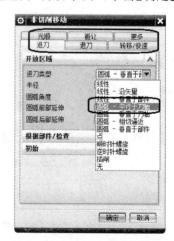

图 9-53 非切削移动参数

（7）指定主轴转速

设置【主轴速度】中的输出模式为 RPM,主轴速度设为 1 500,【方向】选为"顺时针",【进给率】中的【切削】设为 800 mmpm。【更多】选项组中的各参数依次设为 1 500、1 100、800、1 200、1 300、1 500、110、500,单位均为 mmpm。其余选项保持默认值,单击【确定】按钮。

（8）完成多刀路的创建

单击【生成】工具按钮📝,打开【操作】页面,完成"FLOWCUT_MULTIPLE"操作的创建,刀具轨迹如图 9 - 54 所示。

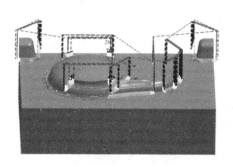

图 9 - 54　刀具轨迹

9.3.6　工序复制加工

本章中用到的与前面章节相同的 CAM 工序,本章不再讲解,按照前面的方法加工全部内容,效果如图 9 - 55 所示。

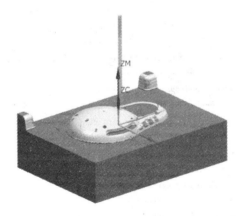

图 9 - 55　零件加工效果

附　　表

附表 1　CAM 会话配置

CAM 会话配置	内　容
cam_express	ASCII 库中的所有设置，以及 GENERAL、MILL、TURN、MILL_TURN、HOLE_MAKING、WEDM、LEGACY、Inch、Metric、Express 和 Tool_Buildingcam_express 配置是 CAM 基本功能角色的默认值
cam_express_part_planner	Teamcenter Manufacturing 库中的所有设置
cam_general	mill_planar、mill_contour、mill_mulit-axis、drill、machining_knowledge、hole_making、turning、wire_edm、solid_tool、probing
cam_library	ASCII 库中的所有设置，以及 GENERAL、MILL、TURN、MILL_TURN、HOLE_MAKING、WEDM、LEGACY、Inch、Metric、Express 和 Tool_Building
cam_teamcenter_library	Teamcenter Manufacturing 库中的所有设置
cam_part_planner_library	mill_feature、hole_making、mill_planar、mill_contour 和 drill
feature_machining	machining_knowledge、mill_feature、hole_making、mill_planar、mill_contour 和 drill
hole_making	machining_knowledge、hole_making、mill_feature、mill_planar、mill_contour 和 drill
hole_making_mw	hole_making、hole_making_mw、mill_planar、mill_contour 和 drill
lathe	turning
lathe_mill	turning、mill_planar、drill 和 hole_making
mill_contour	mill_contour、mill_planar、drill、hole_making、die_sequences 和 mold_sequences
mill_multi-axis	mill_multi_axis、mill_contour、mill_planar、drill 和 hole_making
mill_planar	mill_planar、drill 和 hole_making
wire_edm	wire_edm

附表 2　要创建的 CAM 设置

设　　置	初始设置的内容	可以创建的内容
mill_planar	MCS、工件、程序以及用于钻、粗铣、半精铣和精铣的加工方法	用来进行钻和平面铣的操作以及刀具和组
mill_contour	MCS、工件、程序以及用于钻、粗铣、半精铣和精铣的加工方法	用来进行钻、平面铣和固定轴轮廓铣的操作以及刀具和组
mill_multi-axis	MCS、工件、程序以及用于钻、粗铣、半精铣和精铣的加工方法	用来进行钻、平面铣、固定轴轮廓铣和可变轴轮廓铣的操作以及刀具和组
drill	MCS、工件、程序以及用于钻、粗铣、半精铣和精铣的加工方法	用来进行钻的操作以及刀具和组
machining_knowledge	一个可使用基于特征的加工创建的操作子类型、操作子类型的默认程序父项以及默认加工方法的列表	用来进行钻孔、锪孔、铰、埋头孔加工、沉头孔加工、镗孔、型腔铣、面铣和攻丝的操作以及刀具和组
hole_making	MCS、工件和若干进行钻孔操作的程序以及用于钻孔的方法	用于钻的操作以及刀具和组,包括优化的程序组和特征切削方法几何体组
turning	MCS、工件、程序和六种车加工方法	用来进行车的操作以及刀具和组
wire_edm	MCS、工件、程序和线切割方法	用于进行线切割操作以及刀具和组,包括用于内部和外部修剪序列的几何体组
die_sequences	mill_contour 中的所有内容,以及常用于冲模加工的若干刀具和方法。工艺助理将引导完成创建设置的若干步骤,这可确保系统将所需的选择存储在正确的组中	几何体按照冲模加工的特定加工序列进行分组。工艺助理每次都将引导完成创建序列的若干步骤,这可确保系统将所需的选择存储在正确的组中
mold_sequences	mill_contour 中的所有内容,以及常用于进行模具加工的若干刀具和方法。工艺助理将引导完成创建设置的若干步骤,这可确保系统将所需的选择存储在正确的组中	几何体按照模具加工的特定加工序列进行分组。工艺助理每次都将引导完成创建序列的若干步骤,这可确保系统将所需的选择存储在正确的组中
probing	MCS、工件、程序和铣削方法	使用该设置可创建探测和一般运动操作、实体工具以及探测工具

附表 3 车削工序子类型

图　　标	英文名称	中文名称	说　　明
	CENTERLINE_SPOTDRILL	中心钻电钻	带有驻留的钻循环
	CENTERLINE_DRILLING	中心线钻孔	带有驻留的钻循环
	CENTERLINE_PECKDRILL	中心线啄钻	每次啄钻后完全退刀的钻循环
	CENTERLINE_BREAKCHIP	中心钻断屑	每次啄钻后短退刀或带有驻留的钻循环
	CENTERLINE_REAMING	中心钻铰刀	送入和送出的镗孔循环
	CENTERLINE_TAPPING	中心钻出屑	送入、反向主轴和送出的拔锥循环
	FACING	面加工	粗加工切削,用于面削朝向主轴中心线的部件
	ROUGH_TURN_OD	粗车外侧面	粗加工切削,用于车削与主轴中心平行的部件的外侧
	ROUGH_BACK_TURN	退刀粗车	与 ROUGH_TURN_OD 相同,只不过是远离主轴面的移动
	ROUGH_BORE_ID	粗镗内侧面	粗加工切削,用于镗削与主轴中心平行的部件的内侧
	ROUGH_BACK_BORE	退刀粗镗	与 ROUGH_BORE_ID 相同,只不过是远离主轴面的移动
	FINISH_TURN_OD	精车外侧面	使用各种切削战略,为部件的外部(OD)自动生成精加工切削
	FINISH_BORE_ID	精镗内侧面	使用各种切削战略,为部件的内部(ID)自动生成精加工切削
	FINISH_BACK_BORE	退刀精镗	与 FINISH_BORE_ID 相同,只不过是远离主轴面的移动
	TEACH_MODE	示教模式	生成由用户密切控制的精加工切削
	GROOVE_OD	车外部槽	粗加工切削,用于在部件的外侧(OD)加工槽。有许多用于车削和插入的切削模式可供使用
	GROOVE_ID	车内部槽	粗加工切削,用于在部件的内侧(ID)加工槽。有许多用于车削和插入的切削模式可供使用

图　标	英文名称	中文名称	说　明
	GROOVE_FACE	车外表面槽	粗加工切削,用于在部件外表面上加工槽。有许多用于车削和插入的切削模式可供使用
	THREAD_OD	车外螺纹	在部件的外侧(OD)切削螺纹
	THREAD_ID	车内螺纹	在部件的内侧(ID)切削螺纹
	PARTOFF	示教模式	这是一个预设置的示教模式操作,用于显示棒材 PARTOFF 的操作示例。可以轻松地对其进行更改
	BAR_FEED_STOP	进给杆停止位	这是一个预设置的机床控制操作,用于执行简单的棒材进给和停止操作。可以轻松地对其进行更改
	LATHE_CONTROL	车削机床控制	它只包含机床控制事件
	LATHE_USER	车削用户	此刀轨由用户定制的 NXOpen 程序执行

附表 4　铣削工序子类型

图　标	英文名称	中文名称	说　明
			Mill_Contour 类型
	CAVITY_MILL	型腔铣	基本型腔铣工序,具有很多平面切削模式,用于移除毛坯或 IPW 及工件所定义的部分材料。常用于粗加工
	PLUNGE_MILLING	型腔铣	最适合用较长、较小的刀具对难以触及的深壁进行精加工 插削运动利用刀具沿 Z 轴移动时增加的刚度来高效地切削掉大量毛坯
	CORNER_ROUGH	型腔铣	切削前一把刀具因直径和拐角半径的缘故而无法触及的拐角中的剩余材料
	REST_MILLING	型腔铣	切削前一把刀具因 IPW 而无法触及的剩余材料
	ZLEVEL_PROFILE	深度加工	基本深度铣,用于采用平面铣削方式对部件或切削区域进行轮廓铣
	ZLEVEL_CORNER	深度加工	精加工前一把刀具因直径和拐角半径关系而无法到达的区域
	FIXED_CONTOUR	曲面轮廓铣	基本固定轴曲面轮廓铣,用于以各种驱动方法、空间范围和切削模式对部件或切削区域进行轮廓铣。刀轴是＋ZM

图 标	英文名称	中文名称	说 明
	CONTOUR_AREA	曲面轮廓铣	区域铣削驱动,用于以各种切削模式切削选定的面或切削区域。常用于半精加工和精加工
	CONTOUR_AREA	曲面轮廓铣	曲面区域驱动,它采用单一驱动曲面的 $U-V$ 方向,或者曲面的直角坐标系栅格
	STREAMLINE	曲面轮廓铣	通过跟随自动和/或用户定义流以及交叉曲线来切削面
	CONTOUR_AREA	曲面轮廓铣	与 CONTOUR_AREA 相同,但只切削非陡峭区域。常与 ZLEVEL_PROFILE_STEEP 结合使用,以便在精加工某一切削区域时控制残余高度
	CONTOUR_AREA_DIR_STEEP	曲面轮廓铣	区域铣削驱动,根据切削方向,仅用于切削非陡峭区域。与 CONTOUR_ZIGZAG 或 CONTOUR_AREA 结合使用,以便通过与前一次往复切削成十字交叉的方式来减小残余高度
	FLOWCUT_SINGLE	曲面轮廓铣	清根驱动方法,单一刀路,用于精加工或减少拐角和凹部
	FLOWCUT_MULTIPLE	曲面轮廓铣	清根驱动方法,多条刀路,用于精加工或减少拐角和凹部
	FLOWCUT_REF_TOOL	曲面轮廓铣	清根驱动方法,基于前一参考刀具直径的多条刀路,用于对拐角和凹部进行剩余铣削
	FLOWCUT_SMOOTH	曲面轮廓铣	与 FLOWCUT_REF_TOOL 相同,但结合了平稳进刀、退刀和移刀。用于高速加工
	SOLID_PROFILE_3D	平面铣	特殊 3D 轮廓切削类型,其深度通过选择竖直壁来决定
	PROFILE_3D	平面铣	特殊的 3D 轮廓切削类型,其深度取决于边界的边或曲线。常用于修边模
	CONTOUE_TEXT	曲面轮廓铣	切削制图中注释的文字,用于 3D 雕刻
	MILL_USER	用户自定义	此刀轨由用户定制的 NX Open 程序生成
	MILL_CONTROL	机床控制	只包含机床控制事件
Mill_Planar 类型			
	FACE_MILLING_AREA	面铣削	面铣削区域包括部件几何体、切削区域、壁几何体、检查几何体和自动选择壁
	FACE_MILLING	面铣削	基本面切削,用于切削实体上的平面

图　标	英文名称	中文名称	说　明
	FACE_MILLING_MANUAL	面铣削	混合切削模式,各个面上都不同。其中一个切削模式是手工切削,用于将刀具准确放在所需的位置,就像教学模式一样
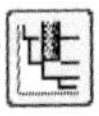	PLANAR_MILL	平面铣	基本平面铣,采用多种切削模式沿 2D 边界和平面的底部进行加工
	PLANAR_PROFILE	平面铣	特殊 2D 轮廓切削类型,用于在不定义毛坯的情况下进行轮廓加工。常用于修边模
	ROUGH_FOLLOW	平面铣	采用跟随部件的切削方法
	ROUGH_ZIGZAG	平面铣	采用往复的切削方法
	ROUGH_ZIG	平面铣	采用单项轮廓的切削方法
	CLEANUP_CORNERS	平面铣	使用来自于前一道工序的 2D IPW,采用跟随部件切削类型进行平面铣。常用于清除拐角,因为这些拐角中有前一把刀留下的材料
	FINISH_WALLS	平面铣	在壁上留有余量的平面铣
	FINISH_FLOOR	平面铣	在底部上留有余量的平面铣
	THREAD_MILLING	螺纹铣	采用螺旋切削来铣削螺纹孔
	PLANAR_TEXT	平面铣(非高速)	切削制图中注释的文字,用于 2D 雕刻
	MILL_CONTROL	螺纹铣	这只包含机床控制事件
	MILL_USER	螺纹铣	此刀轨由用户定制的 NX Open 程序生成

附表 5　钻削工序子类型

图标	英文名称	中文名称	说明
	SPOT_FACING	孔口平面	适用于在斜面上钻出平位
	SPOT_DRILLING	钻中心孔	适用于在平面上钻出中心孔的位置
	DRILLING	标准钻孔	适用于在平面上钻深度较浅的孔
	PECK_ DRILLING	啄孔	适用于在平面上按啄式循环运动钻深孔
	BREAKCHIP_ DRILLING	断屑钻	适用于在平面上按断屑啄式循环运动钻深孔
	BORING	镗钻	适用于在平面上对存在的底孔进行镗铣
	REAMING	铰孔	适用于在平面上对存在的底孔进行铰孔
	COUNTERBORING	锪平底孔	适用于在平面上对存在的锪底孔做成平底埋头孔
	COUNTERSINKING	锪锥形孔	适用于在平面上对存在的锪底孔做成锥形埋头孔
	TAPPING	攻螺纹	适用于在平面上对存在的底孔攻螺纹
	THREAD_MILLING	螺纹铣	适用于在平面上对存在的底孔铣螺纹

参考文献

[1] 吴中林,朱生宏,谌丽容.立体词典:UG NX6.0 注塑模具设计[M].杭州:浙江大学出版社,2012.

[2] 贺炜.模具 CAD/CAM [M].大连:大连理工大学出版社,2007.

[3] 张幼军,王世杰.UG CAD/CAM 基础教程[M].北京:清华大学出版社,2006.

[4] 何满才.模具设计与加工——Master CAM 9.0 实例详解[M].北京:人民邮电出版社,2003.